河北省社会科学基金项目（项目编号：HB15YJ103）

新型城镇化下城镇空间结构优化研究——以河北省为例

王 飞　黄伟建　蔡振禹　卢先亮　著

U0262659

科学出版社

北 京

内 容 简 介

本书涉及的城镇空间结构优化主要以河北省行政区范围内结合部分北京、天津附属区域的城镇空间密度、城镇空间地域与规模结构、城镇空间形态三条主线为研究内容。力求从宏观、中观、微观三个层次把握河北省城镇空间结构全貌。首先，了解河北省行政区范围内的城镇空间密度，从宏观角度研究河北省的城镇空间密集区与非密集区空间分布；其次，深入了解城镇空间地域与规模结构，从宏观、中观、微观层次探索城镇间的相互关系及其功能、职能和规模的作用；最后，研究和分析河北省城镇空间形态，从微观层次探求每个城镇空间结构间的相互隶属关系，最终达到优化目标。

本书学术性较强，主要读者是在校学术型硕士，期望在他们进行学术创作时给以方向和方法；也可供城镇空间结构优化方面的学者进行研究论证；同时也可供政府相关规划部门参考借鉴。

图书在版编目（CIP）数据

新型城镇化下城镇空间结构优化研究：以河北省为例 / 王飞等著. —北京：科学出版社，2019.7

ISBN 978-7-03-058237-9

Ⅰ. ①新… Ⅱ. ①王… Ⅲ. ①城镇-城市空间-空间结构-研究-河北 Ⅳ. ①TU984.222

中国版本图书馆 CIP 数据核字（2018）第 143358 号

责任编辑：陈会迎 / 责任校对：彭珍珍
责任印制：张 伟 / 封面设计：无极书装

科 学 出 版 社 出版
北京东黄城根北街 16 号
邮政编码：100717
http://www.sciencep.com

北京盛通商印快线网络科技有限公司 印刷
科学出版社发行 各地新华书店经销

*

2019 年 7 月第 一 版 开本：720×1000 1/16
2020 年 1 月第二次印刷 印张：14 1/2
字数：300 000

定价：120.00 元
（如有印装质量问题，我社负责调换）

前　言

　　城镇化是国家和人民时刻关注的热点。中华人民共和国成立以来，我国城镇化进程取得了巨大成就。2011 年，我国城镇人口数量超越农村人口，城镇化率达 51.27%，标志着中国由农业大国向工业强国迈进的道路上又前进一大步。然而，我国的城镇化发展引发了诸如空间分布不合理、产业结构失衡、生态环境破坏等问题。中国共产党第十八次全国代表大会中提出建设集约、智能、绿色、低碳的"新型城镇化"道路。本书以河北省为例，针对河北省城镇化进程中存在的问题，在新型城镇化的宏观背景下，提出对其进行城镇空间结构优化。

　　通过梳理国内外相关文献发现，国外对城镇空间结构的研究远远早于国内，城镇空间结构研究最初源于古典区位理论。目前，国外对区域城镇空间的研究范围越来越大，已从一国一地区向跨国、跨区域发展，从传统的区域城镇空间机制向全球化、新经济因素影响的全球范围内的空间机制研究转变；对区域空间结构模式的研究，从传统的增长极模式、核心边缘模式向全球化与信息化背景下的网络城市、多中心城市区域等全新模式转变。我国在城镇空间结构上的研究晚于西方国家。一般认为，我国关于区域城镇空间结构的研究开始于 20 世纪 80 年代。从这个时期开始，在城市规划学、城市地理学、建筑学、区域经济学等领域专家学者的共同努力下，一批关于城镇空间结构研究的学术著作相继出版。国内文献主要研究了城镇空间结构、城镇空间形态和城镇空间规模，将城镇作为经济社会的空间投影和载体，探索社会经济因素与城镇空间的作用关系，从演化规律、动力机制等方面分析城镇空间的具体属性，并提出城镇空间结构优化的具体路径。对城镇空间形态的研究主要集中在特征和影响因素上，并探索城镇空间形态模式和定位。

　　本书共 10 章，包括导论、理论部分、实证部分，以及结论与展望四方面。具体来讲，第 1 章系统介绍了城镇空间结构优化的大环境及意义，也对国内外相关研究做了系统的梳理，从而引出本书的主要研究内容、思路和框架。第 2 章对城镇空间结构的基本理论做了系统分析，进一步对几个比较经典的城镇空间结构理论方法进行文献综述，在此基础上完成了河北省城镇空间结构优化的理论铺垫。第 3 章提出了河北省城镇空间结构优化的内容及目标，并对研究中采用的主成分分析法、聚类分析法和 ArcGIS 软件进行介绍。河北省城镇空间结构优化内容分为静态目标和动态目标,通过文献分析的方法从城镇规模、城镇经济水平和城镇社会生活角度建立城镇实力指标体系,并提出划分城镇等级体系,形成河北省城镇组群,从而实现静态优化目标。通过对河北省现有交通网络进行分析,结合城镇组群划分结果确定河北省发展轴线,实现动态优化目标。第 4 章从城镇空间结构优化的机制入手,选取政府作用机制、市场配置资源机制和社会公众协调机制三个主要影响机制,研究城镇空间结构优化的运行机制,从而破除城镇空间结构优化的阻力和障碍,推动城镇空间结构优化调整。第 5 章首先对河北省城镇空间结构演化历程进行分析;然后指出了影响河北省城镇空间结构演化的主要因素,并分析了它们如何影响河北省城镇空间结构的发展;最后,对河北省城镇空间结构现状进行分析,指出河北省当前存在"弱核多中心"城镇等级体系、城镇规模结构差异明显及各区域发展失衡的现状,同时也指出了河北省的城镇化发展的机遇,特别是详细介绍了京津冀一体化为河北省带来了千载难逢的机遇。第 6 章通过对河北省"双核两翼三带"城镇空间结构的研究,来优化河北省城镇空间结构布局,改善城镇发展质量。第 7 章对河北省城镇空间结构优化运行机制进行分析,找出政府作用机制、市场配置资源机制和社会公众协调机制这三个机制面临的主要问题。从这些问题入手对城镇空间结构优化的总体思路、宏观路径和具体措施进行细致研究,以找到破除影响河北省城镇空间结构优化的体制机制障碍的方法,促进城镇空间结构优化调整。第 8 章是在第 7 章的基础上对当前河北省城镇空间结构存在的显著问题和亟待解决的问题提出具体措施,从总体思路、宏观路径和具体措施三个方面入手,解决城镇空间优化的长期、中期和短期问题,为城镇空间结构优化发展提供有效的政策保障,并提高公众参与城镇各项空间规划的积极性和科学性。第 9 章提出了河北省城镇空间结构优化的内容,采用定量与定性结合的方法,在静态方面对河北省进行空间布局优化,在动态方面确定河北省城镇发展轴线。第 10 章对全书进行了总结,对下一步的研究进行了展望。

　　本书为作者承担的河北省社会科学基金项目(HB15YJ103)的部分成果。本书在编写过程中,得到了河北工程大学河北省重点学科"管理科学与工程"、河北省水生态文明及社会治理研究中心的支持与资助。研究生张小歧,同事黄远、黄亮、杜巍等协助做了大量工作,在此表示感谢。另外,本书参考了国内外大量的研究文献,在此对相关的作者和研究人员表示诚挚的谢意。

　　本书研究面广、视角新颖,尽管作者在撰写过程中做了很大努力,但由于水平有限,书中难免存在疏漏和不妥之处,敬请广大读者批评指正。另外,本书的方法模型,以及静态和动态综合评价的实证分析相关研究还在不断地深入探讨中,相关研究成果将会不断发表或出版。

　　本课题组负责人:王　飞

　　课题组成员:黄伟建　蔡振禹　卢先亮　黄　远　黄　亮　张小歧　杜　巍

作　者

2018 年 11 月

目　　录

第1章 导 论

1.1 城镇空间结构优化的大环境及意义

1.1.1 城镇空间结构优化具有的环境

1. 经济全球化和区域经济一体化

经济全球化和区域经济一体化是以跨国公司和国际金融组织为载体,以信息、资金、劳动力、技术等要素的全球配置和资源整合为对象,以跨国公司选址布局的全球化和区域化为重点,使企业生产、投资和贸易活动实现跨国界、跨区域的整合。一方面,跨国公司的投资和产业布局会带动关联产业和上下游产业的集聚,并通过以生产性和生活性服务业为主的表现形式,促进企业和居民的集中,导致城镇开始形成和发展,并最终影响到城镇空间地域结构、规模结构和功能结构。另一方面,随着区域生产要素、政策条件及市场环境的变化和发展,跨国公司会通过产业转移方式选择最优的区位,实现企业利润最大化,而在竞争的作用下,会产生企业间、地区间及产业间的分工和合作,进而加快区域经济一体化步伐。产业转移会伴随着技术和要素的空间扩散,从而产生劳动地域分工和地区专业化,而区域经济一体化又使城镇大小、密度和规模发生相应变化。这都导致了城镇空间密度、城镇空间功能和城镇空间规模的发展和变迁。

然而,跨国企业的原始选址和随之而来的产业转移大都追求经济利益最大化,在地方"GDP 冲动"思维的影响和助推下,容易导致投资和城镇空间结构按照既有的发展模式和路径惯性发展,从而出现城镇空间结构布局不合理、城镇空间形态单一和城镇空间结构不协调等问题。但是据商务部网站消息,商务部外国投资管理司负责人在 2016 年 1 月指出,2015 年中国吸收外资规模再创新高。2015 年,商务部按照党中央、国务院部署,大力推动外商投资审批管理体制改革,推进自由贸易(简称自贸)试验区建设,进一步扩大各领域对外开放,不断优化外商投资环境,吸收外资规模稳步增长,利用外资质量进一步提升。

商务部外国投资管理司负责人指出,2015 年中国吸收外资主要呈现五个特点。

第一,吸收外资规模再创新高。2015 年,全国设立外商投资企业 26 575 家,同比增长 11.8%;实际使用外资金额 7813.5 亿元(折合 1262.7 亿美元),同比增长 6.4%(未含银行、证券、保险领域数据)。截至 2015 年 12 月底,全国非金融领域累计设立外商投资企业 836 404 家，实际使用外资金额 16 423 亿美元。而河北是北方地区吸引外资较多的省，2015 年实际使用外资金额首超 100 亿美元，2016 年又创佳绩，2016 年 1～4 月河北省实际使用外资情况如表 1-1 所示。

表 1-1   2016 年 1～4 月河北省实际使用外资情况

项目	金额/万美元	同比增长/%
全省实际使用外资	153 790	1.6
对外借款	2 258	-4.2
外商直接投资	116 016	-1.4
外商其他投资	35 516	13.4

第二，外资质量持续提升，产业结构进一步优化。2015 年，外商投资企业平均投资强度进一步提高，单个新设外商投资企业平均投资总额 1530 万美元，比 2014 年（1456 万美元）增长 5.1%。外资产业结构进一步优化。服务业实际使用外资 4770.5 亿元（折合 771.8 亿美元），同比增长 17.3%，在全国总量中的比重为 61.1%。制造业实际使用外资 2452.3 亿元（折合 395.4 亿美元），与上年基本持平，在全国总量中的比重为 31.4%。其中，高技术制造业使用外资量继续增长，实际使用外资 583.5 亿元（折合 94.1 亿美元），同比增长 9.5%，占制造业实际使用外资总量的 23.8%，而钢铁、水泥、电解铝、造船、平板玻璃等国内市场产能严重过剩的行业基本上未批准新设外资企业，有利于加快我国产业结构调整和优化进程。外资并购交易日趋活跃。2015 年，以并购方式设立外商投资企业 1466 家，实际使用外资金额 177.7 亿美元，同比分别增长 14.4% 和 137.1%。并购在实际使用外资中所占比重由 2014 年的 6.3% 上升到 2015 年的 14.1%。

第三，各项改革开放措施初见成效。首先，自贸试验区引资集聚效应凸显。2015 年 1～11 月，广东、天津、福建自贸试验区共设立外商投资企业 6040 家，合同外资 4458.1 亿元，其中通过备案新设外商投资企业 5088 家，合同外资 3326.6 亿元，占比分别为 84.2%、74.6%。扩展区域后的上海自贸试验区吸收外资占全市吸收外资总量的一半。融资租赁、科技研发、创业投资、电子商务、现代物流等高端产业向自贸试验区集聚的态势明显。其次，北京市服务业扩大开放综合试点效果初现。北京市认真落实国务院批复，开展服务业扩大开放试点，放宽科技服务等六大领域外资准入限制，提高投资便利化程度，明确了 141 项具体任务。2015 年，北京市扩大开放的六大重点领域新设外商投资企业 1068 家，实际使用外资 95.5 亿美元，同比分别增长 10.2% 和 62.5%，分别占全市吸收外资总量的 77.1% 和 73.5%；其中，金融、科技领域实际使用外资分别增长 15.7 倍和 14%，分别占全市的 56.4% 和 7.6%。最后，广东省借力自贸试验区和《关于建立更紧密经贸关系的安排》(简称 CEPA),吸收外资总量大幅回升。2015 年 3 月以来,港澳服务提供者在广东省对港澳先行开放领域投资设立公司,合同章程审批制改为备案制,加上广东自贸试验区运营,投资便利化程度大幅提升。2015 年广东省新设立外商投资企业数量同比增长 15.7%,实际使用外资金额增长 42.7%,超过 217 亿美元,其中吸收港资增长 48.3%,吸收澳资增长 222.2%。

第四,全球 500 强跨国公司投资增资踊跃。全球 500 强跨国公司继续在华投资新设企业或追加投资,所投资行业遍及汽车及零部件、石化、能源、基础设施、生物、医药、通信、金融、软件服务等,充分体现了跨国公司依然看好中国市场和来华投资前景。德国奥迪、大众、戴姆勒、汉莎航空,意大利菲亚特,瑞典沃尔沃,韩国现代、起亚汽车、三星电子,日本电气硝子、普利司通、伊藤忠商事,美国英特尔、克莱斯勒、空气产品、礼来等跨国公司都在上述领域投资或增资,单项金额均超过 1 亿美元。跨国公司在华投资设立的地区总部、研发机构等高端功能性机构继续聚集。截至 2015 年,外商投资在华设立研发机构超过 2400 家。

第五,外商投资企业对经济社会促进作用显著。2015 年,外商投资企业创造了我国近 1/2 的对外贸易、1/4 的工业产值、1/7 的城镇就业和 1/5 的税收收入,对经济社会可持续发展的促进作用进一步增强。因此以跨国公司为载体的外商直接投资(foreign direct investment,FDI)的进入会带来城镇空间结构的深刻变化。正如相关研究所得出的结论,外商直接投资存在显著的空间效应,城镇规模大小受到周边城镇外商直接投资增量的影响。

因此,经济全球化和区域经济一体化进程是城镇发展和城镇空间结构变迁的重要动力,研究城镇空间结构优化问题必须考虑经济全球化和区域经济一体化的宏观背景和时代特征。而经济全球化和区域经济一体化是经济社会发展不可逆转的潮流,因此,在城镇规划和城镇治理方面需要清晰地定位城镇空间形态,合理地控制城镇空间密度,科学地优化城镇空间结构,使城镇空间发展和优化达到经济、社会、环境和生态利益的协调统一。

2. 新型城镇化快速推进时代的来临

党的十八大报告中提出建设“新型城镇化”。新型城镇化是以民生、可持续发展和质量为内涵,以追求平等、幸福、转型、绿色、健康和集约为核心目标,以实现区域统筹与协调一体、产业升级与低碳转型、生态文明和集约高效、制度改革和体制创新为重点内容的崭新的城镇化过程[1]。阎树鑫教授等认为新型城镇化在严格意义上来讲并非是一个学术词语,而是一个政治词语;在中国目前的背景下意味着党和政府要加强对城镇化的领导和引导,更加关注城镇化质量的提升[2]。

2011 年,我国城镇人口数量超过农村人口,城镇化率达 51.27%。《国家新型城镇化报告 2015》中指出,我国城镇人口总量达到 77 116 万人,城镇化率达到

56.1%，比世界平均水平约高 1.2 个百分点。河北省城镇化率为 51.33%，远低于中国城镇化水平。除了在"量"上低于国家整体水平以外，河北省在城镇化进程中还产生了很多"质"的问题。河北省人口众多，城镇人口数量较大，但存在部分城镇人口非完全城镇化问题；河北省产业结构不合理，工业结构偏重，工业中的传统产业又占到了 80%以上，且大多是资源型产业[3]。除此之外，河北省城镇化问题还表现在土地过度城镇化，生态环境遭受严重破坏。

城镇的发展受自然资源、地理环境、气候等自然因素和政治、人文、交通等社会因素的综合影响。通俗来讲，城镇即为不同种类的活动因素在地理空间上大规模聚集而形成的产物。根据活动因素种类、聚集程度及地理位置的不同，城镇呈现出不同的发展规模和内在特点，这些不同城镇在空间上的分布形成了城镇空间结构。城镇空间结构的构成要素为流、通道、节点、网络及等级体系[4]。它是一定区域范围内城镇组成的空间形式在城镇体系上的地理投影[5]。城镇空间结构规划是城镇体系规划的核心内容[6]，强调通过区域内其他城镇等级、功能、规模上的差异，辐射带动区域城镇网络整体均衡发展[7]。根据新型城镇化赋予城镇建设的新内涵，结合河北省城镇进程中出现的各种问题，本书从城镇空间结构角度入手，对河北省城镇空间结构进行优化。通过对城镇空间结构的组合优化，为产业发展提供了更加广阔的空间，有利于解决河北省当前城镇化进程中出现的问题，实现新型城镇化发展战略目标。

河北省深入实施"三大战略"的战略背景。2016 年，河北省把握京津冀协同发展重大机遇，以《中国制造 2025》和"互联网+"行动计划为引领，以智能制造为主攻方向，深入实施工业强省战略，重点在"创新、转型、协调、绿色、开放"五个发展方面实现突破，全力打造国家工业转型升级试验区。根据《河北经济年鉴 2017》数据可知，2016 年规模以上工业增加值同比增长 4.8%，民营经济增加值同比增长 14.8%，总资产贡献率达到 11.06%，保持 10%以上增长，规模以上工业单位增加值能耗同比下降 2.9%。然而，河北"人口多、底子薄、不平衡、欠发达"的基本省情没有根本改变，工业化和城镇化进程滞后于全国；产业层次偏低，科技创新能力不强，经济外向度不高，与全国同步全面建成小康社会任务尤为艰巨。如何解决当前和今后一段时间的突出问题和矛盾？答案是"三大战略"——多点多极支撑发展战略，"京津冀一体化"互动、城乡统筹发展战略和创新驱动发展战略。多点多极支撑是总揽，"京津冀一体化"互动、城乡统筹是路径，创新驱动是动力[8]，三者是相互促进、共同发展的一个有机整体，有利于促进河北省从经济大省向经济强省跨越、从总体小康向全面小康跨越。

多点多极支撑发展战略是要解决河北省区域发展不平衡、不协调问题，构建竞相跨越奔小康新格局。这需要河北省内的唐山城镇群、廊坊城镇群、石家庄城镇群的发展与整合；需要省内 11 个地级市充分发挥比较优势，激活地级市发展活力。优化和协调各大城镇群内部的城镇空间结构，以及 11 个地级市的城镇空间发展是贯彻落实多点多极支撑发展战略的关键和突破口。城镇空间结构的优化调整，通过减少要素流动成本、提高区域生产效率的方式最终塑造城镇"点"和城镇"极"，以良性循环、运转有序的城镇空间为载体，实现产业、城镇、人口的协调发展。

"京津冀一体化"互动、城乡统筹发展战略是要解决发展不协调、城乡二元分割的问题，走出"三化"同步发展新路子。推进工业强省、产业兴省，走新型工业化道路，做大做强河北省优势产业，培育特色鲜明的产业集聚区，通过城镇空间结构的优化调整和规划布局，引导产业结构优化布局。强化规划引导，切实解决城乡二元分割状况，通过城镇空间结构优化调整，把城镇群作为河北省新型城镇化建设的主体形态，构建以特大城市为核心、区域中心城市为支撑、中小城市和重点镇为骨干、小城镇为基础，布局合理、层级清晰、功能完善的现代城镇空间格局。

推进创新驱动发展战略，是要解决后劲不足、持续性不够的问题，增强河北省全面跨越提升的动力和活力。河北省已进入由要素驱动向创新驱动过渡的发展阶段，创新驱动是经济和社会发展的动力，也是新型城镇化调整的动力，需要推进体制机制创新，加强科技创新，扩大开放与合作，给河北省新型城镇化注入新的动力和活力。

因此，河北省新型城镇化必须在"三大战略"的时代背景下，通过产业在空间的优化布局、引导人口合理流动、正确引导城镇规划等综合手段实现城镇空间结构的优化，并最终解决河北省全面、协调、可持续发展的根本问题。

1.1.2　研究区域

本书的研究范围是河北省，其地处华北，环抱首都北京，位于东经 113°27′～119°50′，北纬 36°05′～42°40′，总面积为 18.88 万平方公里（1 公里 = 1 千米），省会为石家庄市。北距北京 283 公里，东与天津市毗连并紧傍渤海，东南部、南部衔山东、河南两省，西倚太行山与山西省为邻，西北部、北部与内蒙古自治区交界，东北部与辽宁省接壤。河北省行政区范围内主要包括三大城镇群，分别是唐山城镇群、廊坊城镇群、石家庄城镇群。河北省是中国重要的经济、工业、农业、军事、旅游、文化大省。河北省的唐山港、黄骅港、秦皇岛港均跻身亿吨大港行列，铁路、公路货物周转量居中国大陆首位。2015 年，河北省的经济总量位列华北第一，全国第七。研究河北省城镇空间结构优化问题，有利于探索中国华北地区新型城镇化路径，从而推动新一轮西部大开发。本书主要研究河北省行政区范围内的城市、县城和建制镇的空间结构优化问题，其空间行政区和书中常出现的石家庄城镇组群、唐山城镇组群和廊坊城镇组群相同。

1.1.3 城镇空间结构优化的意义

1. 理论意义

城镇是社会经济活动的空间载体,是一定区域范围内经济活动的中心,城镇空间形态单一、城镇空间密度偏高、城镇空间地域结构和规模结构不合理,将阻碍社会经济活动高效有序地进行。然而,现有对区域空间结构优化的研究成果主要集中在城市内部空间结构优化、经济空间结构优化,将城镇空间结构作为研究对象的成果还相对较少。因为城镇既包括城市,还包括通过交通、网络、信息流和物流与城市发生物质、能量交流的县城和建制镇等,所以本书将城镇空间作为研究对象,将研究范围和视角扩大,更有利于从理论上理清城镇空间的本质,以及城镇空间结构优化对产业布局、城镇发展和新型城镇化的重要作用。首先,本书将构建城镇空间结构指标评价体系,通过功效函数法对城镇空间结构进行多指标综合评价分析,按照一定方法将指标进行无量纲化处理,使城镇空间的评价具有一致性和可比性,有利于研究城镇空间结构优化的评价结果。其次,本书提出了城镇空间结构优化的总体目标——构建以特大城市为核心、区域中心城市为支撑、中小城市和重点城镇为骨干、小城镇为基础的城镇空间结构,总体目标将是本书研究的脉络和主线,既使城镇空间结构优化的目标清晰,又有利于从理论上明确城镇空间结构优化的重心和方向。最后,本书通过城镇空间结构优化机制的探索,理清城镇空间形态单一、城镇空间密度差异大和城镇空间结构无序等问题产生和发展的体制机制障碍,以便采取全面、综合和可操作的措施理顺城镇空间结构优化的政府作用机制、市场配置资源机制、社会公众协调机制。因此,对城镇空间结构优化的研究有利于从理论上进一步认识空间资源的重要作用,以便在城镇规划布局、产业结构调整、经济发展方式转变等方面提高城镇空间载体的利用效率,加强空间管制,降低经济运行的成本。

2. 现实意义

城镇空间结构是区域城镇在地理上的投影,和城镇发展具有密不可分的联系。河北省人口众多,经济总量大,且临近北京、天津,具有非常好的地理优势,但河北省的城镇化进程存在诸多问题,对新型城镇化建设造成了一定的阻碍。本书基于城镇空间结构的点轴理论,首先对河北省各级城镇进行划分,实现城镇组群的优化组合;然后根据城镇组群间的交通状况确定城镇组群的发展轴线,明确城镇发展方向。总体而言,本书研究具有以下几方面意义。

(1)"人""地"互动所形成的空间结构和结果是区域进一步发展的基础[9],并且社会经济要发展就必然要建立与之适应的城镇空间结构模式[10],而现有研究文献多集中在河北省城镇质量分析、产业结构调整、城镇协调研究、城镇化战略研究等方面，对河北省城镇空间结构的研究较少。本书通过对河北省城镇空间结构发展现状分析，采用定量分析方法对河北省城镇空间结构进行优化，丰富了城镇空间结构的理论研究。同时，通过对城镇空间结构的调整和优化为河北省新型城镇化发展提供理论借鉴。

（2）产业是城镇空间结构的重要影响因素，产业的直接载体是企业和人，通过产业的聚集扩散促进城镇的形成和发展，进而推进城镇空间结构的演化。反过来，城镇空间结构对产业同样具有重要的作用，城镇空间结构的合理布局能够有效促进产业的升级，保障产业的持续发展。因此，对河北省城镇空间结构进行优化，能够在很大程度上解决河北省产业失衡的问题，从而实现产业的升级，促进河北省社会、自然的可持续发展。

（3）本书的研究对河北省解决当前城镇化遗留问题，实现新型城镇化建设目标具有积极的意义。河北省城镇化建设无论在"量"和"质"上都与全国平均水平相差较远，而影响城镇化建设的诸多因素中经济、地理、人口最为重要。通过对河北省各级城镇的分析和重组确定河北省城镇发展的"点"，再由河北省交通网络确定"发展轴线"，最大限度发挥河北省地理位置优势，提高区域城镇经济联系，促进新型城镇化建设。

总的来说，通过对区域城镇空间结构与人口、资源、环境等要素的研究，寻找区域城镇空间结构演化的机理、动力机制、影响因素等，发现区域城镇空间结构的不合理之处，探索区域城镇空间结构的优化手段，促进区域经济、社会与环境的可持续发展，提出相关的政策建议，对区域城镇空间结构优化具有重要的理论和现实意义。

1.2　城镇空间结构优化国内外研究概况

1.2.1　国外相关研究概况

通过分析国内外有关城镇空间结构理论的相关文献可以发现，学者往往是基于现实城镇发展情况，在以往研究的基础上提出相关理论。城镇空间结构理论的发展具有十分显著的历史承接特点。因此，通过对国外相关文献的梳理，采用以时间为主要线索的分析方式进行文献归纳和总结。

国外对城镇空间结构的研究要远远早于国内，城镇空间结构研究最初源于古典区位理论。1826 年，杜能（von Thunen）[11] 在孤立国的假设下，认为农作物区位的选择应以其与城市间的运输成本作为依据，提出了著名的农业区位理论，开创了古典区位理论的先河。劳恩哈特（Launhardt）利用几何模型的方法对区位构建模式进行分析,他认为运输所产生的费用应是区位选择的主要考虑因素,并提出漏斗理论[12]。韦伯(Weber)[13]认为进行区位选择应该考虑三大指向:运输、劳动力和聚集,并依此得出总体指向结论,提出著名的工业区位理论。克里斯泰勒(Christaller)[14]提出中心地理理论,深入地探讨了城镇数量、规模、功能及分布的规律性。农业区位理论和工业区位理论都是把成本作为区位选择的重要依据,勒施(Losch)[15]提出了以追求最大利益作为区位选择目标的市场区位理论,为古典区位理论向现代区位理论的发展奠定了理论基础。在古典区位理论盛行的时代,也诞生了一些有关城镇发展空间形态的理论。英国学者 Howard[16]提出了"田园城市"理论。Saarinen[17]提出有机疏散理论。哈里斯(Harris)和乌尔曼(Ullman)[18]提出了多核心模式。

古典区位理论对企业、产业的区位选择及空间结构形式进行探讨,侧重于对微观区域的研究。第二次世界大战结束以后,城市间的交互贸易逐渐加深,区位选择的依据开始由直线向平面网络转变[19]。古典区位理论逐渐完成向现代区位理论的转变,网络基础、空间均衡成为区位研究重点。随着区域性城镇问题的出现,区域经济发展开始成为研究区域空间结构的主要切入点。法国经济学家佩鲁(Perroux)[20]提出增长极理论。乌尔曼[21]通过研究空间的相互影响作用提出城镇间存在的经济物质流通会对城镇发展及空间结构产生影响。弗里德曼(Friedmann)[22]认为城镇空间结构形态是跨国跨地区公司分工协作的主要体现方式,并提出核心边缘模型。Button[23]以人口作为切入点,研究了最佳的城镇人口规模,以及城镇人口规模对政府、企业、居民的经济利益影响过程。此后,学者开始从宏观上研究城镇空间的演化模式。刘易斯(Lewis)[24]提出了二元经济结构的概念,McGee[25]提出了城乡融合区的城镇发展模式,Lynch[26]提出大都市城镇发展模式。1956 年,弗里德曼在《环境和变化》杂志上发表了《世界城市假说》一文,提出了七大著名论断和假说,为世界城市理论的形成奠定了重要基础。在论文中,弗里德曼延续了他 20 世纪 60 年代提出的空间结构理论的思想,着重研究了世界城市的等级层次结构,并对世界城市进行了分类。世界城市假说的实质是关于新的国际劳动分工的空间组织理论,它将城镇化过程与世界经济力量直接联系起来,为世界城市研究提供了一个基本的理论框架[27]。

Peirce 等[28]于 1993 年出版 Citistates: How Urban America Can Prosper in a Competitive World 一书。citistate(城邦国家)与 3000 年前在古希腊就已经出现的 city-state(城邦)有着血缘关系。city-state 比后来出现的 nation-state(国邦)更具有"自然的政治和经济实体"的特征。

citistate 的基本特征如下:①citistate 正在成为国际性城市而具有全球性影响;②citistate 呈现出蓬勃生机,正成为世界人口的主要增长区;③citistate 具有明显的自组织性。Peirce 认为,由于知识、技能、信息日益重要,城市将日益显示其吸引和培育人才的重要潜能和优势。城市也将比国家具有更大的迎接 21 世纪挑战的能力，这些挑战包括经济竞争、社会安定、教育、基础设施建设和改善环境各个方面。citistate 与全球的城镇化紧密相关，在一些重大建设问题上，国家政府在很大程度上要依赖于 citistate 的综合经济实力。citistate 理论既是"20 世纪后半期政治和经济现状中主要因素"的反映，也是对"人类组织的新形式"的理想模式的理解，具有"以城市为中心的经济政治共同体"的含义。

由 Hettne 等提出的"新区域主义方法"（new regionalism approach，NRA）认为，新区域主义与全球结构性变化和全球化紧密联系在一起，不能仅仅从单独的区域观点来理解，而是要把具有区域特质的全球理论考虑进来，形成互动的全球—区域—国家—地方层次，主张在全球变革的进程中，通过集体的人类活动和主体间的互动来建构区域利益和认同，从而推动区域化世界秩序的实现[29]。

欧盟成员国从 1993 年起开始了"欧洲空间展望"跨国空间规划工作，以实现区域与城镇空间的集约发展。加拿大和美国也采取"生长控制"之类的措施，来调控区域城镇空间的演化。

对于这种巨大尺度的城镇群空间现象，政策方面的关注与规划干预不仅限于美国（北美），在西欧和亚洲的日本等发达国家和地区也早已出现，如意大利的"城镇化区域"（urbanized region），日本的"都市圈""大都市圈"（metropolitan region）发展规划。在 20 世纪 80 年代的欧洲，区域规划还被视为"地狱"（limbo），而进入 20 世纪 90 年代后，欧洲次经济区域尺度的空间发展战略规划却得到了前所未有的加强，并且很多的规划空间范围是跨越不同国家的。这些规划实践正是试图在不断扩展的欧洲一体化和全球一体化经济中，在统计区的空间尺度上对城市区域的功能地位进行新的塑造，欧洲的政府传统则保证了这些规划的制定与实施推进[30]。

尼尔·布伦纳[31]探讨了相对固定和静止的地域组织（如城市区域集群和国家）在全球化发展中所起的作用，提出了再地域化（reterritorialisation）的概念，认为再地域化是全球化的固有现象，城镇空间和国家机器等地域组织互为因果，他们既是全球化的前提，也是全球化作用于地方的载体与结果，当代欧洲城市管治是城市转型与国家地域重构相互作用的产物。

Taylor[32, 33]提出了世界城市网络的概念，根据全球经济的组织结构分析城市间的关系，将世界城市看作是连接到一个单一的世界范围网络的"全球服务中心"。他认为全球化世界里的城市不仅仅如通常认为的那样进行竞争，更为重要的还有他们的合作关系。这一特征受到"欧洲空间展望"的强烈鼓励。

彼得·霍尔和考蒂·佩因出版了《多中心大都市：来自欧洲巨型城市区域的经验》（*The Polycentric Metropolis*：*Learning from Mega-city Regions in Europe*）一

书，提出多中心巨型城市区域（mega-city region，MCR）这一新现象正在当今世界上高度城镇化地区出现，它的出现经历了一个从中心大城市到邻近小城市的漫长扩散过程。本书指出这一新形式是由形态上分离但功能上联系的 10～50 个城镇集聚在一个或多个较大的中心城市周围，通过新的劳动分工显示巨大的经济力量[34-36]。

　　这些基于不同研究视角所提出的区位理论对城镇空间结构理论的发展提供了研究基础。随着经济全球化程度的加深，区域之间的交流合作和相互竞争态势也愈加明显，城镇空间结构研究达到了更加复杂和深入的地步。20 世纪 90 年代以后，信息化、全球经济一体化、可持续发展等理论与思想融入了城镇空间结构的研究中。美国大规划师 Wright 与 Stein 等提出了自然生态空间融合的区域城市（regional city）；Cutler 提出"动态多核心城镇群体模式"[37]。克劳兹·昆斯曼以"生态足印"（ecological footprint）来反证人类必须有节制地使用"空间"资源[38]。Dendrinos 利用生态模型对影响城镇变化的因素进行模拟[39]。Nijkamp 和 Reggiani[40]利用回归模型、洛伦兹模型对城镇空间结构的演化周期、城镇空间结构的影响作用进行研究。1998 年，Krugman[41]运用数学方法对经济增长、经济规模和城镇空间结构之间的关系进行研究，提出了中心外围发展模型。Albrechts 等[42]在经济一体化的背景下重点研究了国际城镇网络体系。Jacobs-Crisioni 等[43]通过空间计量方法对城镇空间聚集与城市发展的影响关系进行研究。David[44]通过文献分析和对意大利三个区域的实证分析研究了城镇空间结构对环境的影响，他对城镇空间结构进行定义，并最终得出多中心城镇空间模型并不会减少环境污染。Angel 和 Blei[45]研究了城镇空间结构的大型失调模式、生活社区模式、单中心城市模式、多中心城市模式和约束发展模式，通过对美国 50 个大型城市的数据分析证实了约束发展模式能够包含其他模型的多数特征，更加适合对美国城镇空间结构的分布描述。Giorgio[46]对空间结构和经济聚集进行研究，研究结果表明，通过空间经济长期在不同区域的收敛，进而诱导空间结构产生聚集。

　　目前，国外对区域城镇空间的研究尺度越来越大，已经从一国一地区向跨国跨区域发展，从传统的区域内城镇空间机制向全球化、新经济因素影响的全球范围内空间机制研究转变；对区域空间结构模式的研究，从传统的增长极模式、核心边缘模式向全球化与信息化背景下的网络城市、多中心城市区域等全新模式转变。

　　因此，国外对于城镇空间结构研究的相关文献为其建立了良好的理论框架，无论在城镇空间形态还是在城镇发展模式、城镇空间组合等方面均有系统全面的理论研究，为本书研究提供了良好的研究视角和理论基础。很多学者通过把握空间结构推动的主导因素对城镇空间结构的演化进行分析，为本书对河北省进行空间结构现状描述提供了分析思路。城镇空间结构的相关研究是随着城镇发展而不断变化的，随着研究条件和研究技术的日益发展，国外学者对城镇空间结构进行相关研究越来越便利和深入，空间结构的相关理论也更加完善。但不同国家和地区的城镇空间发展状况并非完全相同，我国是社会主义国家，政府根据国家的城镇发展情况制定了相应的经济方针和政策，这与国外的经济发展模式有一些不同。因此，对河北省进行城镇空间结构优化不能照搬国外的研究理论，要结合我国城镇空间结构的实际情况切实有效地进行研究。

1.2.2　国内相关研究概况

我国在区域城镇空间结构上的研究晚于西方国家。一般认为，我国关于区域城镇空间结构的研究开始于 20 世纪 80 年代。从这个时期开始，在城市规划学、城市地理学、建筑学、区域经济学及城市经济学专家学者的共同努力下，一批学术著作相继出版。

1. 城镇空间结构的演化阶段与趋势研究

1993 年，南京大学博士学位论文《中国城市空间结构模式的发展研究》分析了我国不同历史时期城镇空间结构要素的内容和布局形态特征，探讨了各个历史时期城镇空间结构的基本模式，并展望了我国城镇空间结构的演变趋势。

1995 年，中国科学院陆大道院士出版了《区域发展及其空间结构》一书，揭示了区域发展过程中包括区域城镇空间结构在内的空间结构演变的一般特征，并对他 1984 年提出的"点-轴系统模式"的内在机制进行了详细的阐述，提出了由社会经济结构中以农业占绝对优势的阶段、过渡阶段、工业化和经济起飞阶段、技术工业和高消费阶段等四个阶段组成的区域空间结构演变过程的观点，系统揭示了不同发展阶段空间结构的一般特点[47]。

我国学者宁越敏分析了城镇体系演化的模式，提出城镇空间分布是动态的，其发展演变与经济、社会发展密切相关，具有明显的阶段性，此模式也把城镇体系的演化分为离散阶段（低水平均衡阶段）、极化阶段、扩散阶段、成熟阶段（高级均衡阶段）等四个阶段。其中，成熟阶段就对应于信息化与产业高技术化发展阶段，区域生产力向均衡化发展，空间结构网络化，形成点-轴-网络系统，整个区域成为一个高度发达的城镇化区域[48,49]。

1997 年，姚士谋等撰写的《中国的城市群》一书，探讨了我国的城市群形成现象、规律、空间分布和发展趋势，首次提出了"城市群"的基本概念，推动了我国城市群的研究。该书于 2001 年进行修改出版，增加了许多新的观点和内容，具有很大的参考价值，为区域城镇空间结构研究提供了许多有益的启示[50]。

薛东前和姚士谋[51]分析了河北城镇群形成的自然背景与社会经济背景，指出内聚力、辐射力和内部功能联系是城镇群形成的支撑体系。历史基础和区位条件是河北城镇群兴起的前提，资源开发和工业项目的建设加速了城镇群的发展，发达的交通网络成为城镇群形成的纽带，商品经济，特别是发达的农业促进了城镇群的形成。河北城镇群的演化经历了孤立城市阶段、城镇群萌芽阶段、城镇群发展停滞和动荡阶段、城市区域阶段、城镇群阶段。

朱英明等[52]提出，城镇群地域结构的形成是一个复杂的社会经济累积过程，是城镇群区域城市结构的时空结合过程。城镇群地域结构的类型取决于由城镇群区域各城市之间的关联方式所决定的功能地域结构的合理性，各城市功能地域结构的市场化联系越密切，城镇群地域结构类型越有利于发挥城镇群的整体功能。城镇群地域的交通区位扩展和城市功能强化的有机统一过程，是城镇群地域结构的功能组织递变的阶段性规律的反映。城镇群地域结构演化可划分为分散发展的单核心城市阶段、城市组团阶段、城市组群扩展阶段、城镇群形成阶段四个阶段。

马丽和刘毅[53]指出在经济全球化时期，区域空间结构的形成与演变一方面受到国外跨国公司、外商直接投资所进行的生产活动的力量的影响；另一方面受到本国已有的经济基础和地方环境所形成的区位锁定力量的影响。在这两种力量的交互作用下，生产活动的空间区位区域将呈现出复杂的集聚或扩散趋势，使该时期的区域空间结构表现为两种主要的趋势：全球经济活动空间联系趋于网络化；经济活动空间分布趋于不均衡。

王开泳等[54]认为，城市的空间结构将实现要素推动阶段—投资推动阶段—创新推动阶段的演变。进而在时空的框架下系统分析，推证了在知识经济条件下城市空间结构将由紧凑型向松散型转化，各种经济实体呈现大分散、小集中、多样化、多中心布局的演变趋势。

唐茂华[55]提出城镇群体空间是经济和城市自然演化的必然结果，在新的历史条件下，城镇群体空间呈现三大发展趋势：大城市的深度拓展与中小城市的强势整合；城镇群产业链与产业集群并行不悖、交错发展；城市空间形态由纵向的中心地模式向对等结网的网络城市模式转化。

2. 对城镇空间的研究现状

一是强调城镇空间作为经济社会活动的空间载体和空间投影。例如，陈田[56]认为城镇空间结构是地域范围内城镇之间的空间配置形式，是社会结构和自然环境特征在城镇载体上的空间投影。沈玉芳[57]以长三角为研究范围，强调了转变经济发展方式和产业结构升级必须以合理有序的城镇空间作为支撑和载体，基础设施网络、市场体系和产业组织网络是推动城镇空间结构优化的主要抓手。

李松志和张晓明[58]强调城镇空间扩展和空间资源优化是城镇化在地域空间上的具体反映，以龙川县为例分析了其城镇空间现状特征和存在的问题，从城镇空间拓展方向、景观空间与功能分区等方面提出优化方案。车前进等[59]强调城镇空间扩展是城镇化作用于地理空间的直接结果，并利用分形维数、间隙度指数、扩展速度指数、扩展强度指数和空间关联模型揭示了区域城镇空间扩展的多样性。

二是分析社会经济因素或现象与城镇空间的相互作用关系。例如，周可法和吴世新[60]运用遥感（remote sensing，RS）和地理信息系统（geographic information system，GIS）方法研究了新疆城镇空间变化，从土地利用的调查与分析方面研究了城镇空间的变化情况。谢守红[61]强调了高速公路在城镇空间结构布局方面的重要作用，提出应采取点轴布局模式，更好地带动湖南城镇地域空间的发展。杜宏苑和张小雷[62]对新疆87个城镇集聚能力进行度量及评析，表明其城镇空间呈现出极化趋势，中心城市对周边城镇空间的集聚作用很强，且这种极化效应深受绿洲扩展、资源开发和政治因素的影响。张国华等[63]探讨了综合交通规划与城镇空间结构的相互关系，综合交通设施的成形加快了城镇空间形成和演化，从而形成城镇空间发展带，促进城镇空间结构的升级。沈玉芳[64]基于产业结构升级和城镇空间模式协同发展的视角，对长三角区域城镇空间结构特征进行了分析，并提出了优化和重构的目标与思路。钟业喜和尚正永[65]应用分形方法，从城镇空间分布的向心性、均衡性和城镇要素相关性方面测算了鄱阳湖生态区城镇空间结构分形特征的集聚维数、网格维数和关联维数，提出了强化中心、轴线发展、圈层优化的发展战略。郑卫和邢尚青[66]从土地产权的角度探讨了城镇空间的一个新现象——空间碎化现象，认为集体土地所有制的产权设计使土地使用具有低廉性和排外性，限制了经济要素的自由流动，是导致城镇空间碎化形成的关键原因。

三是从演化规律、动力机制、表现特征或类型等方面分析城镇空间的具体属性。陈涛和李后强[67]通过城镇空间体系的 Koch 模型对中心地理论进行修正，其优点是能反映城镇空间变化的动态性，能模拟区域城镇的形成和演化规律，预测城镇空间扩散。王凯[68]通过近50年中国城镇发展背景分析，发现城镇空间结构发生了四次重要变化，分别在20世纪50年代、60年代、80年代和21世纪初，并指出城镇空间发展受到政治、经济体制的直接影响，受到自然条件、地理环境等因素的间接影响，建议应积极开展国家层面的空间规划。韦善豪和覃照素[69]揭示了广西沿海区域城镇空间结构现状特征、演化过程及机理、动力机制及演化方式，提出生态维护应作为城镇空间演化的重点之一。唐亦功和王天航[70]应用图论的方法对山西各地区城镇分布规律及其与中心位置的离散程度进行估计和分析，获得了城镇空间的理论中心区位，在此中心城镇加大投资和扩大城镇空间规模，可以使其辐射效应达到最大。张国华等[4]总结城镇空间发展规律和特征后发现，知识经济与高速化时代城镇空间结构的变迁已由传统的"中心节点"向开放的"门户节点"转化，具有"区域中心"的潜在双重性质和促进区域多中心网络式空间结构变迁的作用。贾百俊和李建伟[71]分析了丝绸之路沿线的城镇空间分布，依据城镇发展的不同阶段提出了三种空间分布形态——散点型、串珠型和网络型，总结了城镇空间演变的三个特征，即空间发展的差异性、中心城镇的游移性和城址变迁的宜居性。高晓路等[72]探讨了区域城镇空间格局的定量化识别方法，第一种是通过人口、产业或交通优势识别具有较大发展潜力的城镇或者城镇集聚区（空间节点），第二种是通过空间节点之间的交通联系，利用多维尺度分析方法展现城镇之间的空间关系（空间联系），第三种是确定城镇空间的影响范围，进而确定城镇空间的整体架构（空间圈域）。

四是城镇空间结构优化的具体路径。胡彬和谭琛君[73]认为长江流域城镇空间结构优化应以城市区域作为空间结构重组的基础性功能单元，提出以构建区域空间价值最大化、空间联系优化、空间竞争力重塑和空间创新能力挖掘等目标为一体的区域空间政策体系。何伟[74]应用分形理论构建了区域城镇空间结构优化的指标体系和协调度函数，分析了淮安市城镇空间结构优化趋势和各个指标功效变动，并提出了优化路径。鲍海君等[75]引入精明增长理论，认为浙江城镇空间扩展速度过快，资源要素利用率低，交通干线的扩展呈现无序特征，建议紧凑式与填充式开发相结合，提高土地利用效率，并设定城市增长边界。陈存友等[76]从辐射效应、屏蔽效应和规划效应角度分析，认为望城县城镇空间结构应选择"网络城市"、实施"点轴开发"、采取"强势攀援"、推动"组团联动"。郭荣朝和苗长虹[77]利用建成区面积扩展强度指数、城镇经济增长强度指数发现河南省镇平县城镇空间结构存在明显"廊道效应"，"交通节点作用"更加突出，城镇空间结构优化必须培育增长极和特色产业族群。李快满和石培基[78]基于主体功能区视角，通过对区内各级城镇进行中心性分析确定中心城市，提出兰州经济区"一个双核心、两个圈层、一条重点发展带、五条发展轴、五个区域发展副中心"的城镇空间结构布局结构优化模式的构想。

3. 对城镇空间形态的研究现状

一是城镇空间形态的特征或者影响因素研究。杨山和沈宁泽[79]认为城镇空间形态是城镇规划、城镇建设和土地利用的重要参考，他们在遥感技术分析下提取了空间信息和数据，并在此基础上对无锡城外部形态特征做了分形研究。赵河和向俊[80]认为无论从内部功能形态还是外部物质空间形态来讲，川渝小城镇空间形态演变都呈现出异质性、不稳定性和割裂性特征，并在此基础上分析了城镇空间形态的演变。熊亚平和任云兰[81]考察了铁路运营管理机构对城镇空间形态演变和特征的影响，交通条件居于重要地位，与地理位置、资源状况和政治环境共同影响着城镇空间形态的演变。

二是探寻城镇空间形态的模式、定位和类型。王建国和陈乐平[82]借助航空遥感技术研究苏南地区城镇空间形态演变过程，发现主要呈现出沿交通路线"线"和"面"结合的网络化和有总体蓝图规划的有序性扩张。阚耀平[83]研究了清代新疆城镇形态与布局模式，认为其城镇形态演变模式为块状—条形状—块状的发展过程，且多具有双城形态，平原城镇空间形态多呈现出矩形，山麓城镇空间形态则多呈现不规则形状。江昼[84]从城镇建设和城镇空间形态的发展和定位出发，提出了苏南地区城镇空间形态转变必须摒弃"摊大饼"式发展格局，走"集约化"与"可持续"的发展道路。朱建达[85]对中华人民共和国成立后小城镇空间形态发展的背景、特征、模式演化规律等进行了分析，总结了多集均布零散型、单核向心集聚型、单核外延扩展型、多核集群网络型四种类型的城镇空间形态。宋连盛[86]对新型城镇化的内涵进行了定义，指出新型城镇化的内涵不是单一的而是全面的，不是抽象的而是具体的，不是自然的而是包含着人为建构，它蕴含着主体人的自主选择、路径选择与秩序重构，揭示了新型城镇化所具有的内在本质特性，展现出新型城镇化的"新型"之处，成为规范新型城镇化理论研究、推进新型城镇化建设实践的必要前提。正是在这个层面上，我们才能说新型城镇化是对城镇化及小城镇理论与实践的扬弃与超越。

4. 对城镇空间规模的研究现状

一是城镇空间规模的分布或者分形状况研究。朱士鹏等[87]应用分形理论对广西北部湾经济区城镇规模分布进行了研究，发现城镇规模比较分散，首位城市垄断性强，提出加快首位城市对周边城镇的辐射，利用生态位错位竞争原理，促进城镇空间结构优化。苏海宽等[88]在阐述分形理论和城镇规模分布理论基础上，分析了鲁南经济带城镇规模分布的分形特征，表明城镇规模分布比较集中，首位城市作用不突出，重点应该发展中心城镇，加快重点经济轴线建设。

二是城镇规模变动或者最佳城镇规模探讨。周国富和黄敏毓[89]通过对西方学者对最佳城镇空间规模理论研究的梳理，从管理角度最佳、居民角度最佳和企业生产角度最佳三方面，检验了我国最佳的城镇规模，对城镇化道路和城镇规划有参考价值。

三是城镇空间结构主要载体的探究。城镇空间结构以城镇为主要载体，而城镇是在自然因素和社会因素综合作用下发展的。因此，城镇空间结构并非十分完善，需要人为地进行控制和引导，以满足城镇进一步发展的需要。国内对于城镇空间结构重组优化的研究文献可以分为理论研究文献和实例优化文献。理论研究文献指通过定量或定性的方法对城镇空间结构优化重组相关理论进行论证的研究文献。宋家泰和顾朝林[5]分析了城镇空间结构优化的概念和目标、城镇体系的内在影响机制等，为城镇空间结构在国内的研究建立了理论框架。陈田[56]以省域为基本单位提出了进行城镇空间结构优化的理论依据、遵循的原则，并分析了空间组织形式的内容和方法。蒙莉娜等[90]利用 ArcGIS 软件，以济南市的城镇交通系统为调查对象，通过实证研究证实了点轴系统可以反映空间结构形态，是进行地理空间优化的理论基础。实例优化文献指以某片区域为例进行城镇空间结构优化的研究文献。例如，徐美和刘春腊[91]以长株潭城镇群为研究对象，提出采用反"K"字形建设模式对其空间结构进行优化整合。郭荣朝等[92]基于河南省镇平县1990～2008年的社会经济数据和增强型专题绘图仪（enhanced thematic mapper，ETM）数据，利用城镇建成区面积、扩展强度指数、城镇经济增长强度指数等指标，对河南省镇平县进行空间结构优化。尚正永等[93]通过构建六个中心城市七条城镇发展聚合轴和拓展轴对粤闽湘赣省际边界区域进行城镇空间结构优化。郭荣朝等[94]基于1995～2000年的社会经济数据，深入分析了河南省周口市城镇空间结构的演化趋势，提出一系列的城镇空间结构优化建议。胡述聚[95]以吉林省为例，研究了城镇体系空间结构调整与优化的动力，并总结出五大基础动力。并且以五大动力为基础确定了新型城镇化背景下符合吉林省城镇发展实际情况较为科学合理的优化模式。崔大树和孙杨[96]以湖州市旅游景区为案例，通过分形理论对其进行测算评价，并据此提出了两方面的优化措施。刘静玉等[97]对中原经济区的城镇进行优化重组研究，确定了城镇的发展轴线。王发曾等[98]对中原经济区的30个地级市进行分析，确定了以郑州为核心的城市体系，并提出五点具体的城镇空间优化措施。

国内文献主要研究了城镇空间、城镇空间形态和城镇空间规模，将城镇作为经济社会的空间投影和载体，探索社会经济因素与城镇空间的作用关系，从演化规律、动力机制等方面分析城镇空间的具体属性，并提出城镇空间结构优化的具体路径。对城镇空间形态的研究主要集中在特征和影响因素上，并探索城镇空间形态模式和定位。对城镇空间密度的研究体现在上述的研究中，很少有单独对城镇空间密度做研究的。

5. 对河北省范围内城镇空间结构的研究现状

河北省城市体系中一共有 11 个地级市、22 个县级市，按人口来分，特大、大、中、小城市数量比例为 6∶6∶13∶8，分别占全省城市总数的 18.2%、18.2%、39.4%、24.2%。城市等级及规模结构具体表现为：①特大城市比例较高，规模较小。石家庄、唐山、邯郸、保定、沧州、邢台为河北省 6 个特大城市，2015 年省会城市石家庄常住人口（不含辛集市）为 1007.11 万人，特大城市规模仍然偏小，经济实力薄弱，缺乏主导产业，首位城市作用不突出，核心竞争力不强，对全省经济社会发展的辐射、带动作用不明显。②大中城市比例偏低，难以起到承上启下的作用。城市等级规模体系的发展规律一般为：城镇化前期—大城市发展—小城市发展—中等城市发展—均衡发展五个时期。河北省城市体系规模目前已进入第三阶段，面临中等城市发展不到位的困境，中等城市个数仅占全省的 39.4%。因此，河北省应进一步发展大中城市，且积极发展小城市，使其大力发展成中等城市，形成合理的城市结构体系。

河北省地貌类型齐全，城市空间分布受地貌形态影响较大。高原、山地主要分布于省内的北部、西部，对城市的形成和发展具有较大的限制作用，城市空间布局具有明显的平原指向，北疏、南密。张家口、承德两市面积为 76 372 平方公里，占全省总面积的 40.7%，但由于农业基础薄弱，交通不便，城市发展缓慢，广大面积范围内只有两座地级市，缺乏中小城市层次，而冀中南包括石家庄、保定、沧州、衡水、邢台及邯郸 6 市全部区域及廊坊市一部分区域，县级行政区域个数达 97 个，占全省县级行政区域个数的 57.7%，面积约 9 万平方公里，腹地广阔的平原地区、便利的交通区位条件和有利的资源禀赋为城市发展奠定了良好基础。

总的来说，我国对城镇空间结构的研究起步晚，总体上移植和借鉴西方空间结构理论较多，而适用于我国城镇空间体系发展的理论较少；以定性研究为主，结合实际区域空间案例的研究方法较少；以宏观研究为主，对县域空间结构的调整优化涉及较少；此外，对于区域城镇空间结构的合理性评价，虽然近年来有所进展，但随着可持续发展理念日益实施，现存的评价体系显然已不能满足现实的需求。

虽然国内关于城镇空间结构理论的研究起步较晚，但是研究的深度和广度均能够实时反映我国城镇空间的变化，为我国城镇空间结构的发展提供理论指导和实践方针。对城镇空间结构重组优化方面的文献往往是针对某一区域展开，这是因为城镇空间结构在不同区域不同环境表现不同，必须针对性地进行研究。本书正是基于这种情况，以河北省为研究对象进行城镇空间结构优化。城镇空间结构优化研究的方式有很多种，一些学者通过对区域的现有环境分析，定性提出了相应的优化措施；一些学者基于某种理论从不同角度入手进行优化；还有一些学者通过定量的方法进行优化研究。本书在对这些文献进行归纳综述后，结合本书研究目的，基于点轴理论、城镇空间结构演化理论对河北省进行现状分析，采用定量与定性结合的方法进行城镇空间结构的优化研究，为促进河北省城镇空间结构布局合理，推进新型城镇化建设提供理论依据。

1.3　研究内容与框架结构的介绍

1.3.1　研究内容

通过借鉴学者对我国城镇空间结构优化的研究，本书以河北省行政空间范围内的 11 个地级市为研究对象，对河北省城镇空间结构优化问题的研究主要分为理论部分和实证部分。

第一部分为理论部分，主要包括城镇空间内涵及其概念的界定、城镇空间基本理论、城镇空间优化评价方法和城镇空间机制研究。首先，对城镇空间结构优化的研究背景、范围和意义进行说明，并通过对国内外研究成果的分析，梳理本书的主要创新点和不足之处。其次，对城镇空间结构基本理论进行分析，构建本书研究的理论基础，清晰界定城镇空间结构、城镇空间密度、城镇空间功能、规模结构及城镇空间形态等概念，并在基本理论的指导下分析理论对城镇空间结构优化的启示。再次，以基本理论为支撑和指导，探讨城镇空间结构优化的内涵和指标评价体系，以便判断城镇空间结构优化的现实格局。最后，探讨城镇空间结构优化机制，从理论上理清机制的内涵和要素，通过政府作用机制、市场配置资源机制和社会公众协调机制三个方面综合分析，为后面分析河北省城镇空间结构优化的体制机制障碍做好理论铺垫。

第二部分为实证部分，主要包括河北省城镇空间结构的历史演变和现实格局、基于前面内容对城镇空间研究主线的实证研究、河北省城镇空间结构优化机制及其问题、河北省城镇空间结构优化重点及其条件和本书的对策建议部分。首先是河北省城镇空间结构的历史演变和现实格局，简述中国城镇空间结构演变的概况，以便从整个城镇空间结构优化的宏观背景下，结合城镇化发展的不同时期把握河北省城镇空间结构演变和现实格局。其次是本书的核心实证部分，通过静态、动态目标分析来探讨城镇空间结构现实格局的具体类型，从而把握河北省城镇空间结构的类型和特征，通过功效函数与协调函数判断河北省城镇空间结构所处的具体阶段，通过城镇组群的划分对影响河北省城镇空间结构优化的指标进行显著性分析，探索促进城镇空间结构优化的重点和内容。再次是河北省城镇空间结构优化机制及其问题，通过实证部分的研究可以发现城镇空间结构的影响因素，通过前面对机制的研究，逐一比较分析，理清河北省城镇空间结构优化的政府作用机制、市场配置资源机制和社会公众协调机制三方面的障碍。最后为本书的对策建议部分，通过对问题和机制的深入剖析，有针对性地采取对策措施。

1.3.2 研究框架结构的构建

本书在新型城镇化的时代背景下，提出对河北省城镇空间结构进行优化。通过对城镇空间结构优化的思路的整理和内容的研究，构建了本书研究的理论分析框架，如图 1-1 所示。

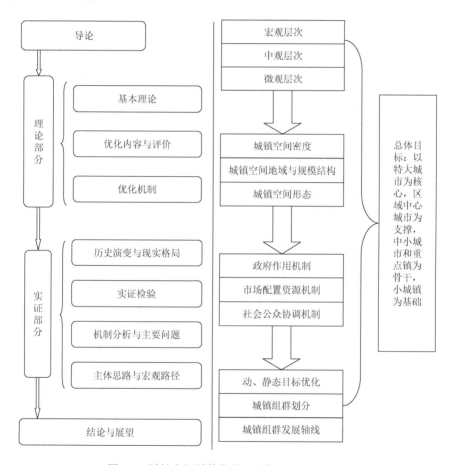

图 1-1 城镇空间结构优化理论框架和分析路径

从图 1-1 可以看出，本书的主体有四大部分，分别是导论、理论部分、实证部分，以及结论与展望。贯穿全书的主要是一个总体目标、三个研究层次、三条逻辑线索、三大方法和三大优化机制。具体地讲，本书从宏观、中观和微观三个研究层次，以城镇空间密度、城镇空间地域与规模结构、城镇空间形态为三条逻辑线索，通过动、静态目标优化，城镇组群划分，以及城镇组群发展轴线得出城镇空间结构优化的类型、评价结果及其影响因素显著性，并从政府作用机制、市场配置资源机制与社会公众协调机制三大优化机制角度解决和理顺城镇空间结构优化的各种体制机制障碍，最终实现以特大城市为核心、区域中心城市为支撑、中小城市和重点镇为骨干、小城镇为基础的总体目标。

1.3.3　河北省城镇空间研究进展

代学珍和杨吾扬[99]在分析河北省开发现状的基础上，指出河北省空间开发战略应采取优区位开发，空间组织形式应为点轴式渐进扩散，指出了不同现状等级的点轴系统，论证了河北省加快区域开发的战略措施。

代学珍[100]运用主成分分析法计算北京、天津及河北省 25 个城市的综合实力，并依此建立等级层次，最后结合定性分析确定河北省区域开发的经济增长极，得出河北省区域开发的增长极系统与河北省自然条件和区域经济发展水平差异大体吻合的结论。

王亚欣[101]对河北省城市体系的现状特征进行研究，置河北省于全国及沿海省区的大环境中，进行城市体系比较分析，找出目前河北省城市发展中存在的不足，并在此基础上提出进一步完善河北省城市体系的发展设想。指出河北省城镇空间结构布局将由"二轴一圈"模式发展成为"二带一圈"模式，提出建立"环京津经济圈"。

黄朝永和甄峰[102]认为河北省空间开发应分成省内和省际两个方面同时进行。具体来说，开发应分南北两区，北部以唐山市为中心，联合京津构成三角增长极，然后向四周作梯度推进。南部以石家庄市为中心，邯郸市为副中心，沿石邯一线形成发展轴，然后向东西两翼梯度推进。完整的空间开发模式应为省内外联合开发，分成分区培育增长极、点轴梯度推进、京津冀联合开发、环渤海大联合开发四个步骤进行。

陆玉麒和董平[103]探讨双核结构模式在河北省区域开发中的应用，在两环经济模式的基础上寻找更具体的重点开发轴线，认为河北省近中期最大的区域发展驱动轴是石家庄—黄骅轴线。

张莉和陆玉麒[104]测定了 11 个地级市的影响范围，预测河北省城市发展近期内整体上处于多中心城市阶段，未来将形成京广铁路沿线、京山铁路沿线和京津二市轴线三轴发展，冀西北和冀东南双核并存的空间发展趋势。

郑占秋和王海乾[105]提出建立以"环京津城市体系、冀中城镇体系和冀南城镇体系"为龙头的空间组织模式，进一步强化点、轴、群、带结构体系，依托全省交通运输网络完善全省城镇空间结构布局的方案。

陈璐和薛维君[106]提出"京张承""京廊保""京秦沧"三个"金三角"经济发

展的路径选择、突破口和具体实施方略，并提出了相应对策建议。对于"京廊保"三角的发展，更是指出"靠城吃城""借势造势"的发展思路。

穆学明和穆立欣[107]通过对京津冀区域的结构优化与城市布局研究，提出"T"字形城市带的建设与开发设想，总体构想是由北京、天津、京津唐高新技术产业带构成京津双心轴向城市带，与由环渤海前沿开放城市秦皇岛、唐山（含王滩港）、宁河、滨海新区（含汉沽、塘沽、海河下游区域、大港）、黄骅、沧州市构成的环渤海明珠链组成"T"形城市带，该布局结构是京津冀九城市主体布局。

于涛方和吴志强[108]分析京津冀地区城镇空间结构呈"两心、一带和五轴、六星"特征［两心——北京和天津，一带——（北）京—廊（坊）—（天）津—塘（沽）走廊带，五轴——京广走廊城镇发展轴、京沪走廊城镇发展轴、京沈走廊轴、京张走廊轴和京承走廊轴，六星——保定、沧州、唐山、秦皇岛、张家口和承德六个外围都市区］。"两心、一带和五轴、六星"空间格局形态反映了城镇和经济发展的"圈层扩散＋轴线推进"特征，是未来京津冀城市区域发育和发展所依赖的重要路径。

孙桂平[109]提出河北省空间发展应采取以点带线、以中心城市发展带动边远地区发展战略，以"一个密集带+两个双极核"为空间框架，构建大都市区、城镇密集区、点轴发展带及城镇点状发展区的空间结构体系。

李晓珍[110]研究了河北省区域经济差异现状，从地区发展基础、政策、体制环境、要素流动、经济结构等方面分析区域差异产生原因，提出针对性对策建议。

张冉[111]从历史、区位、政策、产业结构等方面对河北省区域经济差异问题进行分析，并提出相应的区域调控政策。

甄建岗[112]把河北省区域经济差异分解为区域内差异和区域间差异，指出河北省"一线"地区区域经济差异在扩大，并且通过构建综合指标，从自然地理因素、产业结构因素、政策因素及人力资本因素等方面深入分析河北省区域经济差异，针对存在问题提出相应解决策略。

吴良镛[113]在《京津冀地区城乡空间发展规划研究》（即《一期报告》）基础上，以首都地区和河北地区整体的观念，深入分析京津冀地区现状，提出京津冀地区城乡空间发展的"一轴三带"——京津发展轴、滨海新兴产业带、山前传统发展带，以及燕山—太行山山区生态文化带构想，并提议建设"大滨海新区"，对京津冀地区城镇空间结构布局产生深远影响。

张磊[114]选取河北省环渤海城市为研究对象，论述了河北省环渤海城市体系空间布局特征，指出河北省环渤海城市体系应采取一个大都市区、一个城市密集区和四条点轴发展带的空间战略。

樊杰[115]研究的着眼点放在京津冀都市圈（包括北京、天津两个直辖市和河北省的石家庄、廊坊、保定、唐山、秦皇岛、沧州、张家口和承德八市），提出将京津两市建设成为在全球具有重要意义的"双核门户城市"，形成"一心三带"（北京世界城市和京津双核结构巨型国际城市核心，京津唐秦城市密集带、京保石城市密集带和京津沧城市密集带）城市密集都市圈基本格局。最终建成以北京作为创新基地和国家门户城市，以综合型城市天津为区域核心，以工业、商贸、旅游和其他特色产业为发展动力的互相协调的城镇职能结构，形成以北京—廊坊—天津—滨海新区为脊梁的城市体系发展主轴，以北京—保定—石家庄和北京—唐山—秦皇岛为次轴的城市发展密集带，意在构建一个与产业集群发展吻合的"起飞的飞机"形的空间结构。

杨丽华[116]从河北省新型城镇化的实际出发，利用态势分析法综合分析出河北省新型城镇化发展的优势、劣势、机遇与挑战，以定量与定性分析相结合的方式，有利于判断河北省新型城镇化整体发展的状态。最后，提出了实现河北省新型城镇化发展的战略，力求为推动河北省新型城镇化的发展提供具有建设性和可操作性的对策建议。

综合上述观点，结合历史考察，无论是对京津冀三省市的综合研究还是对河北省省域或部分区域的研究，均呈现出如下特征。

（1）研究的区域范围在扩大，从20世纪80年代初期的仅仅对京津唐地区的研究，逐步扩大到现阶段对京津冀一省二市的综合研究，研究的区域范围不断扩大，研究的综合性日渐加强，研究方法也日益多样化。

（2）各学者都很重视"点-轴"渐进式开发理论的应用，都结合当时的情况构建相应的点轴开发体系，重视中心城市的作用，努力开发增长轴线。

（3）各学者都高度重视京津和渤海。内环京津、外环渤海是河北省的独有特征，京津二市对河北省影响巨大。随着京津的发展，其影响方式正在发生微妙的变化，京津二市对河北省的辐散作用在逐渐加强。河北省要想更好更快地发展，必须善于捕捉这种变化，因势利导，为己所用。同样，正是由于长期位于京瓷重地，虽居沿海，但沿海开放意识并不强。增强沿海开放意识，利用"两环"优势发展自己，是河北省今后的发展方向。但是，根据京津冀区域经济发展现状，河北省与京津二市之间存在一定的落差。增长极理论的失败教训告诫我们，过大的经济落差不利于区域经济协调发展。"发达的中心城市，落后的腹地"局面影响了河北省顺利承接京津产业转移。要想更好地与京津融合，河北省必须加速自身发展，提升自身经济实力，以便有能力承接京津增长极的扩散效应。

目前情况下河北省构建什么样的城镇空间结构，如何优化当前的空间结构才能更好地立足自身优势，挖掘自身潜力，提升自身经济实力，促进河北省经济又好又快发展，也正是本书研究的出发点。

1.4　研　究　方　法

1. 理论分析与实证分析相结合

本书应用了区域经济学、产业经济学、发展经济学、空间经济学及工程管理等学科的相关理论知识，深入浅出地总结城镇空间结构的相关理论，并进行城镇空间结构优化的必要性、目标和路径等方面的探索，梳理了城镇空间结构优化调整的政府作用机制、市场配置资源机制和社会公众协调机制。在理论分析的基础上进行了实证分析，在涉及城镇空间结构的分布总体格局、城镇空间形态、城镇空间密度和城镇空间结构的基本情况方面，采用官方公布的权威数据进行客观的分析和说明。通过理论与实证分析相结合的方法，既为本书的研究与分析增加了多学科的思维，又能够通过数据分析和比较使研究更加符合城镇空间结构优化的客观实际。

2. 文献分析

根据本书的研究内容查阅相关文献，对古典区位理论进行总结分析；对城镇空间结构的相关理论进行梳理，包括二元经济结构、点轴理论和空间结构演化理论。这些理论都是本书研究的理论基础，通过对这些理论的总结，指出它们之间存在的共同之处，以及在本书研究中的应用。

3. 定性分析与定量分析相结合

通过定性分析的方法提出在新型城镇化背景下对河北省进行城镇空间结构优化的必要性，进而对河北省城镇空间结构的演化历程及主要影响因素进行分析。在此基础上进行定量研究，研究数据从《中国统计年鉴 2015》、《河北经济年鉴2015》、河北省统计局官方网站及相关数据网站获取。通过 SPSS21.0 软件对数据进行分析，建立河北省城镇等级体系；采用 ArcGIS10.1 软件对空间结构的现状、城镇重组结果进行可视化表达。

4. 静态分析与动态分析相结合

本书在研究城镇空间总体格局、空间形态、空间密度和空间规模等方面，采用的是静态分析方法，通过对理论推导和客观数据进行分析，总结出城镇空间结构的客观类型、特征及存在的问题。在静态分析基础上，本书增加了动态分析方法，在城镇空间结构优化的目标设计上，本书在考虑城镇空间结构发展的现状与特征基础上，充分对城镇空间结构发展的方向和趋势进行分析，总结出城镇空间结构优化的动态目标。本书站在可持续发展的视角,应用动态分析与发展的眼光对城镇空间结构优化的原则、内容和重点进行了客观的分析和研究。

1.5　主要的创新点和理论不足之处

1.5.1　主要创新点

许多学者对城镇化发展进行研究,从人口、土地、经济、产业等角度对城镇化的发展做出研究,这些研究对城镇化的发展具有一定的理论意义。对城镇空间结构的研究能够把上述视角有效地结合到一起,通过对城镇空间结构的优化促进人口、土地、产业和经济的城镇化发展。本书的创新之处主要体现在两个方面:一是理论方面,本书提出城镇空间结构优化和城镇化实现由"量"到"质"提升的紧密关联性,在此基础上,对城镇空间结构进行系统的分析,并阐述城镇空间结构演化历程;二是研究进程方面,本书在进行城镇空间结构优化之前对河北省当前城镇空间结构进行定量评价,即空间结构优化基于定量评价更具可信度。在城镇空间结构评价中首先进行城镇综合实力评分,然后进行等级排序,最后根据等级排序依次进行归属划分,评价过程逻辑严密,有别于传统优化流程。

具体说来,本书围绕河北省构建以特大城市为核心、区域中心城市为支撑、中小城市和重点镇为骨干、小城镇为基础,布局合理、层次清晰、功能完善的城镇空间格局的总体目标,以城镇空间结构理论为指导,着力在以下四个方面进行了新的探索。

1. 研究视角的创新

本书的研究视角从单个城市空间结构优化问题扩展到了河北省范围内城镇空间结构优化调整问题,既考虑了不同城镇空间规模、地域结构,又分析了包含大中小城镇在内的多个城镇的空间结构定位、相互功能及其空间联系,是对以往单个城市空间结构优化研究的丰富和拓展。

2. 研究内容的创新

一方面,提出了城镇空间结构优化的静态目标和动态目标,是对城镇空间结构优化目标的尝试性探索,并对城镇空间优化评价指标进行了客观分析,得出了河北省整个城镇空间结构所处的阶段及其特征。另一方面,通过对城镇空间结构优化机制的理论研究,从政府作用机制、市场配置资源机制和社会公众协调机制三个方面,详细梳理了河北省城镇空间结构优化体制机制障碍,并提出了推进城镇空间结构优化调整的宏观路径和创新机制。

3. 对研究方法进行新的探索

通过研究分析大量城镇空间结构相关文献，本书进行了如下创新性的尝试。

（1）在定量、定性分析结合的基础上，采用 ArcGIS 软件对河北省当前城镇空间结构状况进行可视化表达，ArcGIS 软件中涉及的人口密度、土地面积、人均国内生产总值（gross domestic product，GDP）等数据均来自河北省统计文件。

（2）县级城镇是区域空间结构的重要组成部分，对空间结构演化和发展起着关键的作用。但已有相关文献很少涉及对县级城镇的定量化研究，或定量化指标较为单一和片面。本书从城镇规模、城镇经济水平和城镇社会生活三个维度较为全面地建立了河北省县级以上城镇实力指标体系。

（3）全书的研究数据主要来源于 2015 年河北省统计文件（数据是 2014 年经济数据），同时，为了与河北省的经济发展紧密联系，本书也引用了一部分 2016 年和 2017 年的经济数据。采用主成分分析和聚类分析的方法对河北省 143 个城镇进行分类，根据分类结果建立城镇等级体系。

（4）已有文献多集中在对河北省城镇质量分析、产业结构调整、城镇协调研究、城镇化战略研究等方面，对河北省城镇空间结构研究较少。本书基于点轴理论，提出了对河北省进行城镇空间结构优化的两方面目标：静态目标和动态目标。静态目标是对河北省城镇空间结构布局进行优化，形成大中小城镇功能互补的合理空间布局；动态目标是根据现有的交通网络，制定城镇发展轴线。

（5）在前人的基础上将河北省划为"双核两翼三带"进行系统分析，详细分析主要城镇空间结构优化中的难处并提出解决办法。

1.5.2　理论不足之处

城镇空间结构优化是一个长期的系统性工程，是一个不断改进、不断完善的工程，城镇空间结构优化涉及的利益主体既有政府、企业，也有居民和个人，城镇空间结构优化的推动力既有政府力量，也有市场力量。目前国内还是由政府主导大方向，市场主攻细节方面，所以城镇空间结构优化涉及的范围广、利益关系复杂、影响深远，并且它是一个利国利民的系统性工程。本书力求做到理论与实践的紧密结合，理论不离实践、实践紧随理论。但由于作者的知识和学术水平有限，构建的城镇空间结构优化的三条线索未必能够得到学者的普遍认同，对城镇空间结构优化机制的研究还有待继续深入和拓展，在提出城镇空间结构优化的重点时难免出现片面和薄弱的环节，对城镇空间结构优化指标的设计还不够深入和全面，数据和资料搜集的难度大也使本书在研究过程中未能深入两千余个建制镇，这些都是本书存在的不足之处，希望在未来的研究中继续深入并加以改进。

1.6　本章小结

　　本章提出通过对河北省城镇空间结构进行优化，实现产业升级，解决城镇建设遗留问题，建设现代化的新型城镇。首先介绍了河北省在经济全球化大背景和京津冀一体化机遇下的城镇空间结构优化。通过对以往文献的整理和阅读，对城镇空间结构相关的国内外文献综述进行了总结，比较系统详细地介绍了目前国内外对于城镇空间结构优化的基本思路。熟读这些参考文献更是吸取前人经验，使自己能对城镇空间结构有更深刻的理解，同时也能够为接下来的章节做好理论铺垫。本章的最后介绍了本书研究的主要方法和思路框架，以及本书的不足之处，为本书梳理提供了良好的视角。

第2章 城镇空间结构基本理论

对河北省城镇空间结构进行优化研究必须明确城镇空间结构的概念并对相关的理论进行说明。本章首先对城镇空间的概念进行辨析,确定研究对象的范畴。通过梳理学者对城镇空间结构的定义和概括,结合本书研究目的对城镇空间结构的概念和基本内涵进行界定。然后,以时间序列为主介绍分析了古典区位理论。城镇空间结构研究起源于欧美的区位理论,至今已有很长的研究历史。最初,国外学者通过对生产资料、成本的研究分析了城市区位特点,例如,杜能的农业区位理论、韦伯的工业区位理论。之后,随着城镇化进程的加快,学者逐渐开始聚焦于城镇的空间布局、规模、职能关系等,形成了城镇空间结构理论的雏形,如克里斯泰勒的中心地理论、勒施的市场区位理论。古典区位理论和城镇空间结构理论都是区域经济学的衍生和发展,古典区位理论是城镇空间结构理论的起源。最后,对研究中涉及的城镇空间结构理论进行梳理。国内外学者从不同视角对城镇空间结构的构成、形态、内在机制等进行研究,不断完善城镇空间结构相关理论。通过对相关理论的分析和总结,介绍了城镇空间结构研究中的四大理论,分别是城乡二元结构理论、点轴开发理论、空间结构演化理论和区域空间结构要素理论。四大理论共同构成城镇空间结构优化的理论支撑,为后续研究奠定了基础。

2.1 城镇空间内涵和相关概念

2.1.1 城镇空间内涵及其相关概念界定

1. 城镇和城市辨析

城市指非农产业和非农业人口聚集,并具有完善的配套功能设施的区域。城市的由来可以追溯到中国古代的"城"和"市"。"城"和"市"在严格意义上而言是具有不同定义、不同功能的区域。"城"最初是为了抵御野兽的侵袭而设立的防御性区域,后来逐渐演变成抵挡战争冲击,其多以城墙作为主要的防御设施,并不具备现代意义上的城市所包含的一些物质要素。"市"是人们进行商品交换和贸易的主要场所,最初的"市"没有固定的场所,往往根据人群的分布或者货物分布发生变动。随着"城"的防御性功能的完善,逐渐聚集了大量的人群,而"市"

为了交易的便捷性和安全性选择"城"作为主要的交易场所。随着"城"和"市"在地理位置上的重合，逐渐实现功能的耦合和发展，形成了如今的城市。

城镇是以非农业人口为主，具有一定的商业基础和与之配套的设施的区域。"镇"是随"城"防御性功能发展而产生的军事性区域，其主要为"城"的防御提供信息和战事便利。随着"镇"的军事性作用的发展，其逐渐聚集了大量的人群，提供了货物交换和交易的固定场所。因此，在宋朝时期，"镇"的军事作用逐渐淡化，而是以小规模"城"的经济贸易作用成为农村和城市间的中转枢纽。

由于"城""市""镇"在功能上的相互叠加和影响，产生了城市、城镇和市镇等名词，而现代人多以城市作为乡村的对立称呼，出现了名词概念混淆的情况。日常生活中，对于城镇和城市两个名词的使用并不严谨。我国对城市和城镇具有严格的行政划分：只有在行政划分中设为直辖市、地级市、县级市的才能称为城市；而县及县级以上机关所在区域，或者常住人口大于 2000 人，小于 10 万人，且非农业人口比重占到 50%以上的区域称为城镇。本书旨在对河北省整个省内人口、产业在地理位置上较为集中的区域进行空间布局优化，并非仅仅研究地级市、副省级城市和县级市等城市。因此，本着学术研究严谨的原则选择城镇作为本书的主要研究对象。

2. 城镇空间研究形式

根据以上对城镇和城市的辨析，本书认为城镇的范围要大于城市，城镇包含城市。国外学者对城镇空间进行了大量的研究，界定了城镇空间的概念，并尝试从不同角度构建城镇空间框架，这些研究为我国城镇发展提供了宝贵的理论借鉴，但我国的城镇发展模式具有明显的中国特色，由于自然资源、环境、地理位置及政策的不同，我国各地区的城镇发展呈现出不同发展模式。基于这种情况，通过对相关文献的分析总结，并结合中国城镇发展的特点，把城镇空间分为三种研究形式，分别为城镇内部空间、单一城镇空间和多个城镇空间。其模型如图 2-1 所示。

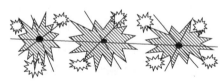

城镇内部空间　　　　　单一城镇空间　　　　　　　多个城镇空间

图 2-1　空间结构的三种形式

资料来源：朱喜刚. 2002. 城市空间集中与分散论[M]. 北京：中国建筑工业出版社：9-10

　　城镇内部空间是空间结构的形式之一，是在城镇发展中衍生出的内部结构形式。区位理论便是早期针对城镇内部空间所提出的理论，杜能和韦伯以农业布局、成本因素为主要依据，提出了农业区位理论和工业区位理论。后期很多学者从各个角度对城镇内部空间的理论进行完善和发展。城镇内部空间是人类社会活动和自然环境的载体，对城镇内部空间结构进行研究可以深度挖掘影响城镇发展的内在机制，为我国各城镇的发展提供有效的理论借鉴。但城镇内部空间具有明显的个性特点，不能反映整体城镇空间结构的变化，也不能作为区域范围内整体城镇规划的重要理论支撑点。

　　单一城镇空间是对城市内部空间研究范围的扩展，它是某个大型城市及其周围不同规模程度的城镇在空间范围内具有辐射影响的区域空间形式。在区域面积较小或区域城市首创度很高的情况下，区域内第一大城市的空间结构对区域整体空间结构有着重要的影响。关于单一城镇空间结构，有最经典的三种模式，具体如下。

　　（1）伯吉斯的同心圆模式。1923 年，伯吉斯通过对芝加哥城市土地利用结构进行调查分析，提出了城市土地利用具有同心圆模式。他认为，城市内部空间结构围绕单一核心，不同用途的土地有规则地由内到外扩展，形成由五个同心圆组成的圈层式结构。第一环带是中心商业区，第二环带是过渡地带，第三环带是工人住宅带，第四环带是良好住宅带，最外围是第五环带通勤带。同心圆模式的特点是建筑密度低，环境好，遍布高级住宅，属富人区。但是由于伯吉斯的同心圆模式是以 20 世纪 20 年代流行的城市土地利用结构的经验观察为基础提出的，虽然符合单中心城市的发展模式，但是忽略了交通运输、社会用地偏好等方面的影响，与现实存在一定偏差。

　　（2）霍伊特的扇形模式。霍伊特通过对美国 64 个中小城市及纽约、芝加哥等著名城市的住宅区进行分析，于 1939 年提出扇形模式。虽然霍伊特的扇形模式增加了方向要素，但这一模式仍然没有脱离城市地域的圈层概念，可以认为扇形模式是同心圆模式的变形。

　　（3）哈里斯和乌尔曼的多核心模式。1933 年，麦肯齐（Mckenzie）最先提出多核心模式，之后由哈里斯和乌尔曼于 1945 年加以发展。该理论强调，城市中心的商业中心数量会随着城市的发展逐渐增多，其中一个商业区成长为城市的主要核心，位于最优区位；其余随着城市交通网、工业区的成长而发展为次核心，随着城市规模的扩大，新的极核中心又会产生。哈里斯和乌尔曼还考虑到，高级住宅偏好于环境友好的区位，虽然这种多元结构涉及地域分化中多种职能的结节作用，但对多核心之间的联系涉及甚少，尤其是没有深入探讨核心之间的等级差别和它们在城市发展中的地位，是一个不小的遗憾。因此，单一城镇空间研究可以就某一大型城市及其周围区域的发展规划、交通布局、产业分布等进行理论分析和指导，但这并不符合对一定区域范围进行空间结构分析。

　　多个城镇空间是在单一城镇空间研究范围上的扩展，它是对地理位置上相邻的多个单一城镇空间进行综合分析，是一种反映整体区域范围内城镇功能、规模和形态的空间结构形式。多个城镇空间模式具有很好的整合性，不同城镇间能够取长补短，相互学习，相互监督，弥补了城市内部空间、单一城镇空间的不足，使城镇健康发展，并呈现样式的多样化。本书重点是明确河北省各级城镇的实力规模，通过对比城镇间的空间、经济、交通等联系程度，明确大型城市的主导作用、中小城市的过渡连接作用及不同规模城镇的基础支撑作用，根据交通路线确定各级城镇发展轴线，最终实现城镇空间结构优化的目的。因此，本书以多个城镇空间模型作为研究的主要依据。

　　综上所述，本书所考察的城镇空间指这样一些城镇密集区，它是由人口、资源、环境、经济、社会等构成的复杂系统，由城市中心地带、城郊区、乡村腹地组成，以一到几个大城市或特大城市为核心。这些核心具有显著的集聚效应与扩散效应，依托区内密集的基础设施网络和频繁的社会、经济、政治、文化往来，有效辐射并带动周边一定范围内的一批中小城市、小城镇和与城市（镇）有密切联系的广大乡村地区。在全球经济一体化、信息化及城镇化进程下，城镇空间呈现出群组化、网络化、整体化的发展特征，通常是一批中小城市、小城镇及乡村地区围绕一到几个大城市形成多个城镇组群，是由多个城镇组群组成的、由各类网络相连接的庞大的发展实体。

　　城镇空间作为由人口、资源、环境、经济、社会等构成的复杂系统，伴随着动态演化和跃迁，整个城镇空间系统在结构、功能、层次、开放性和相互作用方面日趋复杂，随着城市区域的复杂程度的提高和外部环境的变化，时刻存在着各种随机的和不确定的扰动因素；其资源、环境、生态及社会因素等对人口迁移、产业聚集、城市发展及区域城镇空间结构等产生重要影响，深刻影响着城镇区域的发展和城镇空间结构的形成演化，而城镇区域的发展、区域城镇空间结构的演化又对城镇区域的资源、环境、经济等存在着反馈效应；城镇区域的组成部分在地理、环境、经济、文化等方面有着明显的内在联系；每一个城镇区域都是由一个或几个中心城市及周边城镇、居民区共同构成的有机整体，这种改变了原有建制的城镇区域呈现出与传统行政区划明显不同的自组织性特征。城镇区域内的城镇具有不同的性质、类型和等级规模，各城镇之间具有区域的整体性和系统性等特点，这些城镇在全球化背景下，有着共同的经济、社会发展前景，它们相互竞争又相互协作，最终使其所在的区域成为在一定范围内有一定影响力、竞争力的区域。随着全球化进程和城镇化的加速发展，城市间的竞争正在由单个城市间的竞争转变为以核心城市为中心的城镇空间之间的竞争。

2.1.2　城镇空间结构及其相关内容概念界定

城镇空间结构具有不同的定义，国外的波恩（Bonrne）、哈维（Harvey）、富勒（Foley）、韦伯、凯塞尔（Kaiser），国内的陈田、柴彦威、江曼琦、郭洪懋、张秀生等都对城镇空间结构做出了不同的界定。有的从静态的空间分布、空间形态、空间体系和空间景观的角度进行定义，也有的从动态的运行机制、空间相互作用、空间差异演变等来定义城镇空间结构。

城镇是由自然资源、地理环境、气候等自然因素和政治、人文、交通条件等社会经济因素合力形成的结果。通俗来讲，城镇是不同种类的活动因素在地理空间上大规模聚集而形成的产物。根据活动因素种类、聚集程度及地理位置的不同，城镇呈现出不同的发展规模和内在特点，这些不同城镇在空间上的分布形成了城镇空间结构。因此，本书定义城镇空间结构为一定区域范围内城镇在地理空间上的组合形式，也是城镇体系中的社会、自然和经济特征的空间表现形式[56]。

1. 城镇空间结构的构成要素

城镇空间结构由三个要素构成，分别是节点及节点体系、线及网络和域面（简称点、线、面）。节点是基本构成要素，指在一定地理空间内经济活动极度聚集形成的中心化区域。节点本身是一片集聚的地理空间，其具有完善的功能系统和独特的地理位置。除此之外，节点是一个相对的概念，它是参照研究区域范围而设定的，在不同的参照情况下具有不同的表现形式。节点并非独立存在，由于贸易往来而存在一定的相互关系，节点关系有五种，分别为互补关系、从属关系、依附关系、松散关系和排斥关系。互补关系指的是节点在地域上通过各自分工协作完成产品生产，节点在产业上具有不同的布局，通过流通贸易满足市场需求。从属关系主要表现为政治上的从属。依附关系指经济上的依附，卫星城是依附关系中的典型代表。松散关系指节点的联系并非固定，时而联系时而各自发展。排斥关系指节点间在经济发展上存在相互竞争关系。

节点内部的功能系统和节点间的相互关系引申出城镇空间结构体系中的线和网络要素。线在城镇空间结构中表现为交通路线、市政工程路线和通信路线等，线在空间上的组合形成网络。通过线和网络实现空间地域中节点与节点的关系互动，实现城镇内部系统功能的正常运行。在对线和网络要素进行分析时，重点应关注交通路线。交通路线是进行资源流动、经济贸易的空间载体，交通网络是实现整体区域范围内经济健康稳定发展的基础。

域面是节点和线的基础，泛指除了节点（城镇）、线（交通网络）以外的农村区域[117]。域面的发展与区域整体经济发展具有十分紧密的关系。通常而言，域面的经济基础越好，区域间的节点数量越多，网络系统越发达，有利于完善区域内城镇功能和空间秩序；域面的经济基础越差，节点的经济流通性越差，不利于区域整体的协调发展。

城镇的样式多种多样，在这里以表格的形式列举城镇空间结构要素的不同类型组成，如表 2-1 所示。

表 2-1　空间结构要素的组合模式

要素及其组合	空间子系统	空间组合类型
点-点	节点系统	村镇系统、集镇系统、城市体系
点-线	经济枢纽系统	交通枢纽、工业枢纽
点-面	城市-区域系统	城镇聚集区、城市经济区
线-线	网络设施系统	交通通信网络、电力网络、给排水网络
线-面	产业区域系统	作物带、工矿带、工业走廊
面-面	宏观经济地域系统	基本经济区、经济地带
点-线-面	空间经济一体化系统	等级规模体系

2. 城镇空间结构的基本特点

根据城镇空间结构的定义及内容可以归纳总结出其具有四大特点，分别为系统性、功能性、区域差异性和综合性[118]。

系统性反映的是空间体系中城镇间相互联系、密不可分的特点。信息时代的到来使城镇间的联系更加密切，其具体特点如下：①每个城镇都不是一个独立存在的个体，它们之间相互联系为一个系统，每一个城镇空间结构除了自身的系统外，还是更大系统中的子系统；②城镇布局不是杂乱无章的，而是相互联系、相互依赖的集合体，而城镇空间结构的有机整体性、层次性、稳定性、动态性和开放性决定了要系统合理规划城镇体系；③城镇空间结构是一个复杂的体系，表面上是杂乱无章的，但在实际各种约束下，是一个有序的复杂体系，其结构除了线性系统所具有的形式外，还包含复杂的非线性作用。

功能性主要体现在三方面，分别为组织功能、优化功能和指示功能。任何系统都是结构和功能的统一体，结构和功能相互依赖、相互制约，区域城镇空间结构作为系统，自身具有特定的功能。组织功能，就是通过空间结构的组织形式，将区域内要素连接起来，经济活动在城镇内进行。优化功能，就是区域城镇空间结构利用自身的特性，通过结构调整，能够显著增加经济效益。合理的区域城镇空间结构，能够促进经济发展；反之，不合理的区域城镇空间结构则会制约城镇发展。指示功能，则指区域城镇空间结构直接反映区域经济发展水平。城镇空间结构是一定区域范围内城镇发展的产物，通过对空间结构的判定和分析能够及时指出城镇发展中存在的问题，实现有效组织优化城镇发展的目的。

区域差异性指不同区域内空间结构形式具有较大的差别。区域差异性是人文地理学的精髓，世界上没有完全相同的地域，在对区域城镇进行规划时，需要注意的是，不同的区域空间结构不同，不能照搬别处的成功经验，需要结合本地的实际；范围不同，可能造成的差异也不同，尤其是面对较大的区域，要进行适当划分，不能一概而论。例如，河北省的冀南、冀中、冀北经济、社会、文化差异较大，其城市发展各不相同，这就需要在部署全局的同时，针对不同地区做出相应的规划。因此，在对城镇空间结构进行优化时，不能生搬硬套，要结合城镇空间的实际情况，针对性地做出规划。

综合性反映的是城镇空间结构总是在一定程度上落后于人们的生产活动和经济发展，需要根据实时的结构特点、经济形势、发展方向等综合做出调整。虽然人们追求与经济发展水平一致的城镇化，但是城市建设的必要时效使城镇空间结构不能直接反映经济发展水平。城镇空间结构调整与区域经济发展水平在时间上不同步，城镇空间结构调整落后于区域经济发展水平。对于城镇空间结构来说，随着资源的优化配置和经济发展格局的变化，它总是在不断变化的，呈现出由低级到高级的发展过程，反映了社会经济空间的集聚与分散。又由于城镇空间结构对社会的影响通过城镇布局、区域人口、产业结构等环节表现出来，其经济效益具有间接性、滞后性等，难以直接得出结论，往往不能直接评价出结构的优劣性；另外，城镇空间结构不断运动，处于演变状态，这也提醒我们城镇空间结构必须结合当代背景的实际和发展需要不断优化。

2.2　古典区位理论

2.2.1　农业区位理论

19 世纪初期，杜能通过对德国的社会环境进行分析提出了著名的农业区位理论。当时德国有 90%的人口生活在农村，土地改革使土地实现私有化，农民进行农业生产具有很高的积极主动性；市场对农作物的配置作用激励农民适当地控制农作物的品种、数量和规模。随着生产力的提高，越来越多的农民开始向城市移动，工商业和农业的关系越来越密切。地域交通因素是影响农业产业发展、农作物品种分布的重要因素，正是在这样的环境下，杜能提出了"孤立国"假设。假设中的孤立国周围是肥沃的土地，没有河流山川，与其他国家完全隔绝。在这个国家中只有一个城市，城市的农作物由周边农村供给，城市提供整个国家的商品。基于此假设，杜能提出了"杜能环"，如图 2-2 所示。

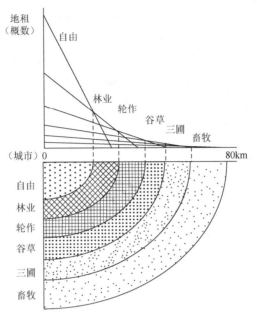

图 2-2　农业区位理论空间区位图

杜能环的第一环带为自由区，该区域主要用来生产一些较为新鲜的农作物。由于第一环带距离城市最近，可以为这些农作物提供养料，最大限度地保障产品的新鲜，防止产品腐烂。第一环带的终点即第二环带的起点，在这个位置，这些产品的运输已经不具备任何优势。第二环带为林业区，在这个区域内生产木材比生产粮食具有更大的利润且更便利。因此，选择第二环带生产木材，为城市提供能源和燃料。第三环带、第四环带和第五环带主要生产谷物，根据距离的远近实行不同的耕作制度。第六环带距离城市最远，此地域的土地成本最低，可以降低生产成本，但是距离远也导致运输成本的提高。把第六环带定为畜牧区，生产成本的降低可以弥补运输成本的提高。

杜能的农业区位理论是基于"孤立国"假设，以利润、生产成本、市场价格和运输成本为依据划分了城市边缘区域。杜能的假设在当时具有一定的适用性，但是已经满足不了当今社会发展的需要。杜能的贡献不在于他得出的结论，而在于其研究的思路和区位思想。杜能提出的农业区位理论主要基于地租成本和运输成本，通过对两方面因素的把握不仅能够对农业生产进行区位布局，还能延伸到其他行业的区域选择中。杜能的这一分析视角为区位理论的后续研究提供了基本的立足点[119]。

2.2.2　工业区位理论

德国经济学家韦伯在《纯粹区位理论》中创立了较为完整的工业区位理论体

系,这种体系在区位理论中具有较大的影响[120]。韦伯重点分析了工业经济活动中的生产环节、消费环节和销售环节,并以此构成了工业区位理论的主要研究依据。

韦伯对"区位因素"和"区位单元"的概念进行辨析,提出了区位理论分析的前提和假设。他认为区位因素能够有效降低经济活动成本,可以分为一般因素和特殊因素,是经济活动发生的前提和动因。区位单元指经济活动作用的地理空间。工业区位理论的主要内容包括三个依据,分别为运输指向、劳动力指向、集聚指向,三者共同构成区位选择的总体指向[121]。运输指向是基于运输成本提出的概念,运输成本由货物本身属性、运输范围和运输类型三方面因素组成。劳动力指向是以劳动力成本为考量而提出的概念。在进行区位选择时,要面临运输成本和劳动力成本的取舍,当劳动力节省成本大于运输增加成本时劳动力成本才可以成为区位因素。通过分析工业劳动偏差,韦伯提出劳动力指向主要取决于劳动力系数。劳动力系数反映区位内的劳动力成本,其数值越大,劳动力成本越高,劳动力指向越明显。集聚指向是基于企业经济生产中的聚集和分散成本而提出的概念。成本聚集和分散在一定程度上都可以成为成本优势的一种形式。一般而言,当聚集所节约的数额大于运输指向和劳动力指向增加的成本时,便出现聚集行为;分散因素是随着聚集土地租金的上涨而增加的,当土地租金上涨到一定程度后企业会选择进行分散经营。成本聚集和分散的本质都是在市场作用下成本最优的选择形式。韦伯根据以上三个指向活动对企业的生产经营进行判断和分析,以企业生产过程、原材料来源、市场联系等角度作为切入点,得出了企业总体指向的结论。

工业区位理论体系在很大程度上继承和发展了农业区位理论,在当时具有划时代的意义和作用。但工业区位理论中还存在一些缺陷,韦伯的假设基于完全竞争市场,以市场最低成本作为区位选择的唯一依据,但现实生活中,完全竞争市场并不存在,区位的选择并非以最低成本作为唯一依据;随着交通运输行业的进步,运输成本已经不被作为影响企业区位选择的主要因素;新时代下的经济形势使企业生产活动在整体运营中的比例有所下降,对该理论体系形成一定的冲击。

2.2.3　中心地理论

1933 年,德国学者克里斯泰勒提出了中心地理论。他深入地研究了城镇数量、规模、功能,采用六边形对城镇的等级和分布进行总结[122]。但当时中心地理论并未引起学术界的重视,直到 1940 年德国地理经济学家勒施采用数学模型对企业区位理论进行推导,得出与克里斯泰勒非常类似的六边形区位模型,才引起了学术界巨大的轰动[14]。

克里斯泰勒认为空间经济的发展会逐渐呈现出聚集的趋势,随着聚集程度的不断加深，资源会出现倾斜式的流动，往往产生区域空间的中心地。区域的中心地是区域范围内的经济中心，通常表现为城镇的形式。根据中心地的大小规模及提供的产品种类，可以对其进行等级划分。克里斯泰勒提出了中心度（用符号 K 表示）的概念，可以用来量化中心地的重要程度进而进行等级划分。在数值上，中心度等于中心地所能提供的服务（包括提供给其他服务区和中心地本身的服务）与其自身居民所需服务之比，这里的"服务"可取不同参数加以量化[123]。中心度值越大表示中心地对于周边区域的重要性越强，其等级越高，反之则表示中心地的重要性弱，等级低。与中心地对应的一个概念为补充区，指接受服务和消费产品的区域。根据中心地理论的前提假设，不同等级的中心地会对应不同大小的补充区，在单个中心地的影响作用下补充区理论上应呈圆形［图 2-3（a）］。当多个中心地出现时，其对应的补充区会产生交集，中心地之间不断进行竞争，补充区的交互区域开始出现重叠，填补空白区域［图 2-3（b）］，最终会形成正六边形的补充区形状，如图 2-3（c）所示。只有在这种形状下，补充区内的消费者才能实现最经济、最便捷的消费。

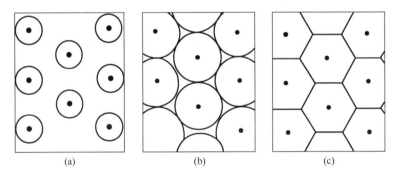

图 2-3　中心地理论城镇空间发展趋势

　　中心地之间除了竞争活动以外还会有经济的贸易和物品的流通，这些不同等级规模的中心地在相互的关系基础上形成了中心地等级体系。克里斯泰勒对影响等级体系的因素进行分析，总结出三大原则体系，如图 2-4 所示。在市场原则下形成的等级体系，每一级低级中心地会受到三个高级中心地的辐射，因此每个高等级的中心地实际上除了自身以外，还会关联两个低等级中心城市，称为 $K=3$ 系统。此中心地系统的中心地数目依次是 1, 2, 6, 18, …；对应的补充区面积自高等级至低等级呈 3 倍递减。在交通原则下形成的等级体系中，每一个低级中心地都位于两个高级中心地的中间位置，因此每个高级中心地会包含除自身以外的三个低级中心地，称为 $K=4$ 系统。$K=4$ 系统的中心地数量自高等级到低等级依次为 1, 3, 12, 48, …；对应的补充区的面积自高等级到低等级呈 4 倍递减。按行政原则形成的等级体系中,每一个高等级的中心地周围有 6 个低等级中心地,称为 *K*=7 系统。此系统的中心地数量自高到低依次为 1, 6, 42, 294, …; 对应的补充区面积呈 7 倍递减。

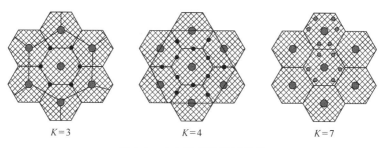

$K=3$ $K=4$ $K=7$

图 2-4 中心地理论城镇体系

克里斯泰勒作为兼具地理学和经济学素养的学者,通过归纳-演绎法,建立了中心地理论体系,再加上勒施及后来学者的补充和发展,使区位论由古典向近代学派发展,使地理学由描述性转向分析区域经济空间规律,使地理学在研究对象和方法上有了新的指引,因此,他被尊为“理论地理学之父”。

克里斯泰勒以城市为中心,研究市场腹地,得出了聚落三角形、市场六边形的高效市场网格理论;勒施则通过对工业区位的考察,从一般、局部均衡角度出发,寻求整个区域的平衡,提出了市场体系的经济景观,这是现代城市地理学形成的基础。勒施的理论得益于广泛的研究,不仅适用于第三产业,对市场指向型工业同样适用。

中心地理论揭示了一定区域内城镇的等级、规模、职能之间的相互联系和相互作用,同时也是现代地理学、城市地理学和商业地理学的理论基础,为城市等级划分、城市社会经济空间模型、城市区位职能等的研究提供重要的指导意义。但是,我们仍要看到中心地理论的局限性,具体表现为:假设不完全符合客观实际,消费者不是理性的经济人,其消费行为非完全理性;区域内各种因素错综复杂,不是固定 *K* 值能够概括的;忽视中心地的集聚效应,不同级别、同级之间的中心地相互作用,造成的影响也是不同的。同时中心地理论是基于某个静态时间节点对城镇空间体系动态发展的研究,忽视了中心地系统中的多元化联系。在城镇等级体系演化发展中,未能考虑自然、文化、政治等因素的影响,使其整体模型缺乏人地耦合的系统分析。随着交通条件和信息技术的不断发展,城镇间的联系越来越便利,高等级城镇对低等级城镇的辐射越来越强。中心地理论必须不断进行创新,采用先进的技术条件,把静态研究转向动态研究,更好地适应新时代城镇空间体系的发展。尽管中心地理论条件过于理想化,忽视了许多区域内不和谐因素造成的不可避免的缺陷,但是它创造了以数学研究城镇空间结构的历史,使其研究更具科学性，至今仍是研究城镇空间结构的重要理论之一。同时中心地理论较为系统地对区域城镇空间体系进行分析，是城市地理学中重要的基础理论。

2.2.4　市场区位理论

勒施在 1940 年发表了著作《区位经济学》，提出了以追求最大利益作为区位选择的市场区位理论。19 世纪三四十年代，西方资本主义国家受工业革命的影响，生产力大幅度提高，生产关系与生产力发展的脱轨引发了巨大的社会矛盾。国家内部出现了寡头垄断，完全竞争市场已经被垄断市场所替代，企业所获取的最大利益已经不再单纯地取决于自身经营活动的成本。对于生产者来说，必须寻求最有利的生产中心和销售中心；对于消费者来说，要依赖于生产单位和消费中心地点的选择[124]。

市场区位理论以最大利益原则为出发点，分析了供给和需求对区位选择的影响。勒施认为供给和需求是企业在经营活动中必须要考虑的两方面因素，是对农业区位理论和工业区位理论的综合。农业区位理论中认为供应是区位选择的核心因素，工业区位理论中认为需求起着重要的影响作用。勒施通过对市场的研究和分析，把市场中的经济因素分成了供给市场和需求市场。企业在进行区位选择时既要考虑供给过程中所产生的生产成本、运输成本和销售成本，也要考虑需求市场对于产品的需求力度，以最终利润作为区位选择的依据。市场区位理论涉及系统平衡理论。以往的区位理论大多是描述个别企业进行区位选择的一般性规律，没有涉及市场中产业相关企业之间的相互关系。勒施通过分析市场经济中各单位之间的相互关系，提出区位方程，对经济单位进行综合配置，保持区位系统的整体平衡。除此之外，市场区位理论重点研究了区域的形状。市场中的每个企业在一定范围内存在圆形的垄断市场，市场的边缘区域成为企业竞争的主要场所。尽管如此，圆形市场区并不能完全覆盖整个区域，一旦有空白区位的存在便会引起新的企业进入，最终市场区会成为六边形的形状。这种形状外观上接近圆形，消费人群接受商品较便捷，没有空白区位，能够使企业的产品面向所有消费群体。

勒施所提出的理论标志着古典区位理论的结束，同时也揭开了新古典区位理论的研究篇章。后续学者在勒施市场区位理论的基础上，对区域空间发展做出进一步研究，得出新古典区位理论的重要内容——新古典宏观区位论。新古典宏观区位论在市场区位理论研究的基础上，除了考虑生产利益最大化，还考虑消费效用最大化，使整体研究模型更接近区域发展实际情况。然而，新古典宏观区位论最终仍未把规模报酬的变化和不完全市场竞争的情景考虑在内，在一定程度上影响了其对于区域选择的适用性。

2.2.5　古典区位理论对城镇空间结构优化研究的启示

古典区位理论与传统经济学的最大不同点或者亮点是,关注了空间选址布局、空间距离与空间相互关系对企业生产经营活动的影响。杜能关心了地租、运输费用和生产成本对孤立国各圈层的生产栽培的影响,将生产费用最低看成是农业生产布局的最高原则。韦伯也从最小成本问题角度研究了企业运输成本对经营绩效的影响,认为企业区位选择是集聚力与分散力平衡后的结果。他们以完全竞争市场为基础研究单个组织成本最小化问题,忽略了农业圈层和企业布局中的城镇空间载体,没有将企业区位与城镇等级规模等结合在一起分析。而克里斯泰勒以多个生产者多种产品的布局为基础,以不完全竞争市场结构为前提,研究企业区位与城镇体系和市场组织结构的相互关系,关注了城镇规模、等级及城镇体系衍生发展的规律。勒施重视需求因素作用,以利润最大化作为企业选址布局的依据,提出了正六边形市场网络模型,进而研究了各种企业在城镇空间集聚后形成的城镇空间结构和形态。古典区位理论从单纯关注企业生产布局到关注企业布局与城镇关系,城镇空间结构优化应该关注城镇空间载体的产业布局、要素流动、城镇空间联系,以及在大中小城镇基础上形成的城镇功能和规模结构。

2.3　城镇空间结构理论

2.3.1　城乡二元结构理论

城乡二元结构是发展中国家从传统社会向现代社会过渡的必经阶段,是发展中国家经济结构转型和城镇化发展所共有的特征。刘易斯于 1954 年发表的《劳动无限供给条件下的经济发展》中对二元结构理论做了经典的解释,模型将发展中国家的经济分成工业和农业两个部门,农业部门的劳动力无限供给并以传统方式进行生产,工业部门以现代化的手段进行生产。劳动力无限供给迫使农业部门的劳动者被迫接受仅能维持最低生活保障的工资水平,农业劳动力的边际生产效率为零,意味着农业部门存在大量过剩的劳动力,这种劳动力过剩的本质就是失业,其对生产未能起到任何作用,农村剩余劳动力的转移不会对农业生产部门产生影响,因此将这部分劳动力转移到工业部门既能增加就业,又能增加国民收入。现代工业部门追求利润最大化,对劳动力的需求由资本总量决定,如图 2-5 所示。现代工业部门经济增长的初级阶段,资本总量为 K_1,劳动力的需求曲线为 D_1K_1,追求利润最大化的工业部门会在 F 点雇用工人,因此现代工业部门的总就业量为 OL_1,工人工资总额为区域 $OWFL_1$,总产出为区域 OD_1FL_1,总利润为区域 WD_1F。

假如工业部门将所有利润用于扩大再生产，这时候劳动力的需求曲线为D_2K_2，工业部门的就业均衡点也就提高到了 G 点，工业部门对劳动力的需求量也增加到了 OL_2。这样工业部门通过利润扩大再生产，不断地吸收农村剩余劳动力，农业部门仅扮演劳动力供给的角色，直到农业部门剩余劳动力全部被工业部门所吸收，推动工业劳动生产率提高，农业就业者收入增加，工业部门和农业部门均衡发展，二元经济结构逐渐消失。

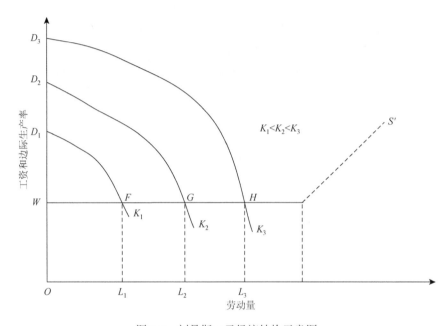

图 2-5　刘易斯二元经济结构示意图

刘易斯对国家经济中资本积累的源泉进行深入浅出的剖析，但他所提出的一些假设往往和发展中国家的实际情况有很大的偏差。基于这种情况，费景汉和拉尼斯提出了二元经济转型理论。他们认为最初的社会只有农业部门，所有人进行农业劳动并平均分配农产品，随着工业部门的出现，农业部门人口开始向工业部门转移。在转移的第一个阶段，农业部门的劳动边际收益为零，随着劳动人口不断转向工业部门，农业部门总产量并未发生变化，但由于消费人群减少，开始出现农业剩余。在转移的第二个阶段，农业部门劳动人口的转移促使劳动边际收益变大，但劳动边际收益仍低于总体劳动工资，当农业部门的总产量开始降低，总产量已经不足以应对总需求时，出现农产品的短缺，农业部门的平均工资水平开始上涨。转移的第三阶段，随着农业部门平均工资水平的提高，劳动人口的转移开始在一定程度上被抑制，并逐渐在供给、需求市场的调节作用下达到一个供需均衡点。农业部门和工业部门逐渐实现市场化，实现向一元经济结构过渡。

2.3.2 区域空间结构要素理论

在社会经济发展过程中，由于劳动对象、劳动条件和生产方式的不同，生产力各要素相互结合和流动所需要的空间规模便不一样，凡是采取分散形式进行生产的单位，其需要的城镇空间也就较大。由于生产力体系内部生产分工的不断发展，各种类型的生产单位组织在一起，占据城镇空间大的生产单位联系在一起构成农村，即区域空间结构的域面要素，占据城镇空间小的生产单位集中于一点便成为城镇，即区域空间结构中的节点要素。区域内部各个生产部门之间为了正常的生产活动需要进行各种联系，包括产品的交换、生产人员的交往，资金、信息、技术的流动，由于各个生产部门布局在不同的城镇空间，需要运输路线和信息传递路线进行连接，从而构成了区域空间结构的网络要素。因而，区域空间结构的基本要素包括三个方面：节点及节点体系、线及网络、域面。

节点及节点体系是产业和人口的集聚地，是经济活动极化而形成的中心，主要表现为城镇节点。一定区域范围内的节点之间存在规模上的差异，不同节点之间在数量上和规模上组成的相互关系就构成了节点的规模等级结构。同时城镇作为区域范围内社会经济活动分工的结果，通过不同分工、职能及各种形式和渠道的协助配合，服务于整个区域，构成了城镇空间功能结构。不同城镇节点通过线路及由线路组成的网络，进行城镇间的物质能量、人员和信息交流，城镇基础设施水平及城镇基础设施网络是衡量城镇空间结构要素的重要指标，交通线路的规划和建设能够促进城镇空间功能的相互协调和相互促进。区域空间结构三大要素的基础是域面，没有域面就不会有节点、线路和网络，域面是节点和网络及它们的作用和影响在空间范围内的扩张和表现，评价域面的经济发展水平和经济规模是域面研究的重要内容，域面的发展水平越高、经济规模越大，其节点就越多，网络就越密集，空间结构便更加合理，空间结构功能就越趋于完善。因此，研究区域空间结构的三要素有利于对城镇空间结构研究对象进行细分，通过对城镇空间规模的合理控制可以突出节点（城镇）在区域城镇系统中的极化和辐射作用，通过对交通网络的合理规划可以有效促进各个城镇节点的物质能量交流，通过对城镇空间密度的分析和研究可以明确域面所处的阶段和水平，从而探索城镇空间结构优化的路径和措施。

2.3.3 点轴开发理论

点轴开发理论最早是由 Zaremba 和 Malisz 基于增长极理论提出的概念。1950 年，佩鲁提出增长极理论，他认为任何国家都不可能完全实现经济均衡发展的目标，国家经济因素中必然存在一个或多个产业能够率先兴起，并带领其他产业和部门的发展。在经济空间力场中，这种推进经济发展的产业单位被称为增长极。从国家整体经济空间结构来看，经济增长中心（增长极）率先出现在具有一定经济规模，交通发达、资源丰富的地区。随着增长极的不断发展，其可以通过多种方式带动周边地区发展，并逐渐带动整个区域的经济增长。因此，佩鲁认为应通过发展增长极来实现区域经济发展。

点轴开发理论沿用了增长极理论中的经济发展模式，以点为中心，纳入轴线作为经济空间发展的内生变量，是对增长极理论的进一步发展。增长极的出现一方面带动了部门和产业的发展，另一方面也增加了经济增长中心之间的经济交互活动。交通路线作为承载经济交互的物质载体，为经济交互活动提供了便利，即为轴线。轴线加快了资源流通，衍生了很多产业，进而吸引了大批人口向路线两端聚集，产生新的增长极，点轴之间的相互促进和发展形成了点轴开发理论。陆大道认为点轴开发模式是一种有效的空间结构研究形式，并提出点轴系统模型[125]。点轴系统中的"点"和"轴"均是研究的重点内容。其中，"点"为人口、经济、资源的空间聚集地，是区域的中心城镇；"轴"是连接各级中心城镇的产业群带或人口聚集带，轴线周围具有一定的产业基础和经济规模，因此被称为"发展轴线"。通过"点"和"发展轴线"的结合实现不同区域间的功能设施的最佳组合，避免资源的浪费和布局脱离现象。同时，两者的结合可以为国家区域发展战略和地区区域发展战略同步提供良好的视角，明确区域经济发展方向，提高组织建设的管理水平[47]。除此之外，点轴开发理论中还提出了区域可达性的概念，指出从交通方式、时间、交通辐射范围等方面对区域可达性进行测量。

点轴开发理论较为客观地体现了空间经济发展的规律性特征，指出经济的增长并非要同步进行。合理运用点轴开发理论，首先，对区域范围内已有城镇的经济基础、地理位置、政治地位等进行综合考量，确定城镇等级结构；其次，根据交通路线的辐射范围及影响程度，分别制定不同等级的发展轴线；最后，通过建立城镇等级结构和制定交通发展轴线形成区域空间城镇发展体系，集中优势资源发展重点高等级城镇，通过交通发展轴线逐步发展低等级城镇，最终实现整体经济的增长。本书正是基于点轴开发理论，提出城镇空间结构的优化内容。

2.3.4　空间结构演化理论

区域空间结构是随着生产力的发展逐渐进行演化的，空间结构演化理论最早由怀特海德提出。刘勇在研究中认为规模报酬递增是区域空间结构演化的动力，其主要通过专业化分工、聚集、扩散的方式作用于空间结构[126]。专业化分工是区域进行产业升级、企业产权变革、经济体制优化的必然结果，其必会导致区域经济的发展，而经济发展会促使空间结构变化。具体来说，专业化分工可以从四方面影响空间结构演化。第一，分工和专业化能够影响城市内部空间结构演化。根据增长极理论和中心地理论，城市往往作为区域中的经济增长中心发展其优势产业，带动城市的发展，完善城市内部结构。第二，分工和专业化促进区域内经济活动频繁发生，在乘数效应的作用下，对周边区域产业结构的形成具有一定的影响作用。第三，分工能够促使各种要素在区域空间内快速流通。生产要素的每一次流通都会引起价值提升，在分工格局下，生产要素会得到最佳的配置，要素在配置过程中会影响空间结构的演化。第四，在分工和专业化的发展格局下，处在价值链不同阶段的企业会进行最佳区位选择，最终会造成产业链在空间区域上的连续，形成具有较强依存关系的空间结构特征。古典区位理论多以运输成本作为产业或企业分布的重要依据，这与当时的社会环境具有很大的关系，到了市场区位理论时期，企业的聚集或分散更多的是关注边际效益和顾客需求，以最终所获得的利润作为聚集或分散的主要选择依据。聚集和分散是企业经营的一种方式，它们在一定程度上能够影响空间结构的演化进程。空间结构发展的前期，自然资源和社会资源通过聚集的方式促进城镇的形成，随着聚集程度的不断加深，城镇的规模也变得越来越大。此时，聚集中心城市对周边地区的辐射作用随着距离的增加会逐渐降低，以交通路线为主要载体的分散成为空间结构演化的主导。中心城市在城市的扩散发展下逐渐形成了各级规模的城市，并在交通轴线的连接作用下相互促进和发展。

空间结构演化最初以原始社会中的家庭形态为主，逐步发展到部落形态，然后发展成自治区或城镇，最后形成全国范围内的城镇空间结构形态。通过对空间结构内在动力机制的研究，可以把其演化分为四个阶段。

（1）第一阶段：低水平均衡阶段。该阶段处于工业化生产的前期，生产工具落后，生产力水平较低，农业为主导产业，且农业产量仅能够满足人们的基本生活需求。这个阶段城镇分布多以自然资源的地理位置为主要依据，交通不发达，城镇之间联系不紧密，没有形成城镇的等级体系。产业单一、基础设施薄弱、经济发展水平低下等导致城镇之间很少进行经济活动，不存在空间网络关系，城镇在空间上呈现均衡的独立分布。

（2）第二阶段：极核聚集阶段。该阶段发生在工业化的初期。工业革命的到来为生产技术带来了颠覆式的提升，在很大程度上使生产力水平提高，城镇开始有能力为城镇之间的道路做好铺垫，形成初始的运输体系。这个阶段最为明显的特征是城镇发展的不均衡现象。从传统意义上看，各种因素的综合促使个别地区的经济飞速发展，而有些地区仍处于传统农业产业发展阶段，经济发展的落差使城镇间的差距越来越大，逐步形成了城镇等级体系。但是从空间结构变化看，这一阶段的工业化是按照"点、轴、集聚带"的顺序逐渐演进的，即经济活动优先聚集在节点上，再通过交通路线达到向周围地区扩散的效果，经过一定时期的发展，在区域内形成重要的带状经济活动区。原料地、消费地和加工地三者之间的联系在交通的辅助下日益加强，使城镇的空间分布由中心点逐渐向交通干线等区域扩散，形成了沿交通线布局的城镇空间结构。因此随着高等级城镇内部结构的不断完善，其经济活动开始逐步向周边城镇以纵向为主进行扩散。此时，在经济发达地区开始形成点轴初始发展状态[127]。

（3）第三阶段：扩散均衡阶段。该阶段发生在工业的现代化时期。随着生产技术的不断提升，极化效应越来越普遍，大量生产资源开始向城镇的周围扩展。这个阶段区域内会出现多个中心城市，由原来单独的"中心、外围"结构逐步发展为多个核心城镇为主的空间结构，城镇间的经济活动联系也由第二阶段的纵向联系转变为横向联系。城镇间的联系随着基础设施的完善越来越频繁，逐步形成了具有一定规模的空间网络格局。

这样的一个粗具规模的空间网络格局主要是基于交通网络和高新技术产业的空间结构及传统工业的空间结构的改良，它仍遵守现代产业区位论原理，在布局上追求经济总成本最小化。但是，高新技术产业与传统的工业制造业的经济活动有明显的区别，因此，高新技术产业型的区域城镇空间系统结构具有不同的特征。这种空间结构的基本空间单元如表 2-2 所示。

表 2-2　空间结构的基本空间单元

类别	基本空间单元
第一类	研究与开发基地，由理工类高校和科研机构组成
第二类	科技产业区，由工厂、仓库组成
第三类	交通枢纽区，由各种交通站、场、港等组成
第四类	居住区
第五类	基础服务区，由商业服务、医疗保健、文化、金融、通信、运动娱乐等设施和场地组成
第六类	郊区及田园景观，由农业生产、旅游观光、生态系统等用地组成

城镇的中心由基础服务区组成，这样能够满足生活、娱乐、生产等方面的需要。生产区与科技研发区紧密相邻，达到节约成本、提供便利的实验条件等优势；生产区的产品需要运输销售，交通必须便捷，因此交通枢纽区紧靠其边；居住区散布在整个城镇空间结构中，以满足各方面的成本、收益因素需要。这样，由基本空间单元构成的区域城镇空间结构系统，以高新技术为核心，就像工业时代的区域城镇空间结构系统那样。虽然高新技术的区位自由度大，但是城镇空间结构的成功会带动其他区位的模仿，从而形成区域城镇空间结构分布的相似性现象。

这也就是城镇之间相互学习、相互模仿的扩散均衡阶段。城镇之间的联系日益紧密，逐渐形成复杂而有效的空间系统。

（4）第四阶段：空间一体化阶段。该阶段发生在工业化后期。在此阶段，生产技术得到了全面的提升，信息化时代的到来使城镇间的联系更为密切。城镇内部具有完善的功能设施，城镇之间具有便利的交通网络。此时的城镇空间结构呈现出以信息化为基础的多中心、网络化和均衡化的特征[128]。

信息的采集、生产、销售等多个环节共同组成信息化的核心部分。信息产业的规模不可捉摸，大小规模共存；产业布局也是如此，但总体趋势是向小型、分散和个性化发展。与地理空间可现实观察不同，信息网络空间无法直接观察到，但其客观存在。在现代社会里，信息网络空间占有极其重要的地位，成为新的资源优势，地理空间的许多功能正逐步被取代。信息化社会得益于信息网络空间的发展，带动了经济、社会的变革，进一步深化了城镇空间结构的布局。

在基于信息产业和信息网络的城镇空间结构系统中，城镇空间的中心区位地位有所下降，城镇空间系统中心的分布出现分散化和有限的均匀化；交通网络关于城镇空间结构的作用也有所降低，人类的活动不再局限于交通网络，城镇布局更加灵活化，因此，城镇空间结构系统的边界出现模糊化。但是，城镇空间结构的层次等级性仍然存在，宏观的城镇空间结构呈现为一种大小不等的城镇空间系统层次相互嵌套的模式，或者说是大小不同的经济板块的组合模式。

分析城镇空间结构的形成机制，主要是要了解它的内在运作方式，包含有关结构组成部分的相互关系，以及发生的各种变化和相互关系。首先是要明确导致这种变化的因素究竟是什么；其次要了解这些因素是怎么相互作用又共同作用于城镇空间结构的形成的，包括若干因素的作用点、作用方式、作用结果及相互关系等。

城镇空间结构的形成机制就是城镇区域内部、外部各种力量相互作用的物质空间反映，各种类型的城镇空间结构的形成需要有动力的牵引，是各种要素在相互作用之后产生的合力作用的结果，体现为城镇空间结构的形成和演变。而真正导致城镇空间结构形成和演变的组合力量却是无形的。它存在于历史进程中各种政治运动、经济改革、社会变迁、文化演进、技术创新的背后，难以形象地描述。

因此，城镇间的等级结构会逐渐被压缩，贫富差距逐渐缩小，社会资源的分配会越来越合理。区域空间结构的演化实现了从量变到质变的提升，最终使得区域空间被充分利用，各地区空间结构相互依赖、相互影响，达到空间一体化的程度。

2.3.5　城镇空间结构理论对城镇空间结构优化研究的启示

城乡二元结构转化理论客观地面对了城镇空间发展和城镇化面临的二元结构

问题，强调通过城乡一体化和统筹城乡发展的路径缩小城乡差距。而区域空间结构要素理论，将城镇空间要素划分为点、线和面三个层次，阐述了城镇、城镇交通网络和城镇辐射范围的相互关系和优化发展途径，强调城镇节点在数量上和规模上的关系，通过不同城镇的分工与协调，以及城镇交通网络的有效利用，使得城镇功能得以充分发挥，最终服务于整个城镇空间系统。点轴开发理论继承了区域空间结构要素理论对空间要素的基本划分，并根据理论自身的逻辑在城镇空间范围内选择具有开发潜力的交通干线，在此基础上培育和发展基础条件较好的中心城镇，确定城镇发展方向和功能，等到城镇综合经济实力增强后再重点开发其他发展轴和中心城镇。而空间结构演化理论不仅继承了区域空间结构要素理论，而且是点轴开发理论的进一步深化和推进，强调强化网络和点轴系统的延伸，提高区域内各城镇节点与城镇腹地联系的广度和强度，通过新旧点轴的不断扩散和经纬交织，逐渐在城镇空间上形成一个城镇网络体系，促进城乡一体化发展。尤其是在中国城镇化滞后于工业化进程的客观现实条件下，将城镇空间结构作为研究对象，探索城镇节点与周边城镇组成的开放和动态系统网络的关系，城镇群与周边城镇群的空间联系，以及交通干线的优化布局，不仅有利于解决城镇内部空间结构优化，而且有利于促进城镇产业向周边城镇转移，实现大中小城镇协调发展，消除城乡二元经济结构。

2.4 城镇空间相互作用理论

2.4.1 空间引力模型

通过大量研究发现，空间相互作用随着距离增加呈递减的趋势，这与我们的经验判断趋于一致。城镇间的相互作用是通过引力与斥力来实现的，城镇空间体系变迁取决于两者的合力，类似于增长极理论中的"极化效应"和"扩散效应"。当引力大于斥力时，城市中心会吸引周边地区资源要素的集聚，中心城市的规模越来越大，密度越来越高，城镇空间随之逐步膨胀；当斥力大于引力时，资源要素会逐步向城市郊区扩散，郊区化和逆城镇化占据主导地位，产业逐渐向外梯度转移，城市功能向边缘地区有机疏散，城镇空间结构随之出现变化。只有这两种作用力不平衡时，城镇空间才有调整和优化的动力；而当这两种力平衡时，城镇空间则保持稳定。

2.4.2 城镇空间相互作用理论的介绍

城镇空间相互作用理论是城市地理学的基本理论，城镇空间结构的演进总是伴随着不同社会经济客体与周边区域或者其他社会经济客体发生作用，在这种空间相互作用变迁和演进进程中，空间被分为一定结构、一定功能和一定规模的城镇体系。空间相互作用是非常复杂的，既应当包括城市和区域的宏观对象，又应当包括城市和区域内商业、城市综合体、文化设施、基础设施等在内的微观对象。空间相互作用的内容，既应当包括有形的物质、能量、人员，也应当包括无形的信息、技术、知识和文化等[129]。

空间相互作用关系的研究是一个复杂的进程，规范地分析已经不能满足客观发展的需要，要通过定量的方法研究空间相互作用关系，需要在一定假设条件基础上应用数学、统计学、物理学和信息技术研究成果进行跨学科的交叉研究。Chorley 和 Haggett[130]在 1967 年出版的《地理模型》中引入物理学中的热量传导的三种形式用于分析，将空间相互作用分为对流、传导和辐射。对流指的是物流和人口要素的流动，传导指的是要素对流的纽带，主要表现为货币流动，辐射指的是技术、知识、思想和政策的空间扩散。空间相互作用主要凭借交通网络、有线和无线的信息通信技术设施来进行。哈尔斯和乌尔曼认识到空间相互作用的一般原理，提出了互补性、介入机会和移动性三个原则。互补性来源于国际贸易理论开创者俄林（Ohlin），即由地区之间自然、地理、气候、区位和人文等差异造成的生产结构差异，当这两种差异互补时就构成地区之间的贸易往来，也可以理解成两地的产品相对于对方来讲都具有比较优势。介入机会在后来的学者斯托佛发展的迁移机会理论中提到，一定数量的人口在某一位置上运动，人数与距离的机会数成正比，与起止点间的介入机会成反比，尽可能减少介入机会是防止空间被袭夺的根本途径。移动性指的是生产要素和产品具有在地区之间的空间运动的特征，影响移动性的主要因素是时间成本和空间成本，它们都表现在运输成本上，这种运输成本直接影响区域比较优势、城镇空间集聚或者分散、城镇空间之间的联系程度等，这也就是后来以克鲁格曼（Krugman）为代表的空间经济学研究的重要内容。空间相互作用和联系的大小随着距离的增加而减小，形成了著名的"距离衰减理论"。

2.4.3　城镇空间相互作用理论对城镇空间结构优化研究的启示

通过整理现有城镇空间结构的研究文献，对研究中涉及的相关概念进行界定，回顾了古典区位理论和城镇空间结构相关理论。以空间结构演化理论为依据，对河北省城镇空间结构发展现状进行分析。在点轴开发理论的基础上，首先分析了河北省各级城镇，确定了发展"点"；然后制定河北省发展"轴线"。其中在进行"点"分析时，运用古典区位理论中的中心地理论，建立河北省城镇等级体系。

　　城镇空间结构理论和古典区位理论共同构成了本书研究的理论基础。通过对它们进行深入分析可以发现，城镇空间结构理论和古典区位理论是相通的，它们具有很多相同点和十分紧密的关联性。通过分析这些理论可以总结三个主要相关点。第一，这些理论都是基于当时的社会环境所提出。在之前的理论介绍部分对每个理论提出的背景和假设均有所涉及，古典区位理论按照时间序列的方式依次阐述。提出者往往都是根据当时的人口分布、产业和城镇发展状况提出有关城镇结构方面的理论。第二，每个理论都有其适用的价值，但随着城镇结构的发展都会被新的理论替代。农业区位理论是整个古典区位理论发展的开端，它的提出对于区域经济学研究具有重要的理论意义。但随着社会的发展，这种理论思想已经逐渐和城镇空间结构的演化出现偏差，于是又诞生了新的工业区位理论。工业区位理论的研究思想和内容在当时更具有适用性。当城镇发展到一定规模时又有新的理论被提出，即中心地理论。接着在研究内容上更加成熟的市场区位理论被提出，市场区位理论的提出不仅仅是完善了古典区位理论的研究，更是开启了现代区位理论的篇章。第三，很多理论都可以从不同角度反映其他理论的主旨内容。农业区位理论和工业区位理论实际上都是从成本的影响因素角度分析区位选择；中心地理论、增长极理论、点轴开发理论在城镇形态格局方面具有相同的认识；城乡二元结构理论是从产业视角研究了城镇发展内在机制，和市场区位理论的研究具有一些相似之处；空间结构演化理论正是基于之前的研究理论对现有城镇空间发展的历程进行总结，并对未来空间结构进行展望等。本书也正是基于这些理论展开对河北省城镇空间结构优化的研究，其中，古典区位理论、点轴开发理论为河北省城镇空间结构优化研究的理论基础，空间结构演化理论为城镇空间结构演化历程分析的理论依据。通过对基础理论的把握，明确研究的内容和方向，以期能够客观地为河北省城镇发展提供理论借鉴。

2.5　本章小结

　　古典区位论研究空间区位、运输成本对单个企业、企业群和城镇空间结构布局及发展的影响，是后来区域经济学、经济地理学、城市地理学和空间经济学等学科产生和发展的基础性理论。城镇空间结构理论主要从对城乡关系和空间要素的研究入手展开对城镇空间结构的研究，而空间相互作用理论则是从城镇之间的相互作用及空间联系入手研究城镇空间结构。这些理论有利于为研究河北省城镇空间结构优化提供基本体系和框架，有利于明确城镇空间结构优化的节点、轴线和域面等要素及要素之间的相互作用关系，有利于从城镇空间的宏观视角研究城镇空间的现实格局、引力大小和城镇空间结构基本类型。但这些理论也存在一定的不足：一是假设条件过于抽象，是一种完全理想化的理论模式，在现实中几乎很难存在。例如，杜能环模式是完全均质下的理论模式，所假设的与外界不发生任何联系的"孤立国"在现实中很少存在，且片面强调运输成本的作用，忽视了不同规模中心城镇的作用及城镇空间联系的作用。二是考虑的分析要素相对单一，忽视了对客观经济活动的全面把握。例如，工业区位理论假设已知材料供应地的地理分布、产品消费地的分布及城镇规模，在价格不变的条件下，工业布局依据成本最小化原则进行区位布局和城镇空间选址，很显然市场价格是瞬息万变的，完全竞争条件基本不存在，更重要的是仅考虑了企业选址和布局成本要素，而忽略了更为关键的利润要素及城镇空间整体环境因素。三是研究问题方法和结论不能直接应用于指导河北省城镇空间发展。例如，城乡二元结构理论即使排除严格的假设条件，由于国情不同、发展背景不同、社会制度不同等，都需要进行理论与实践的再认识，进而应用于指导城镇空间结构优化的客观实践。即便如此，城镇空间结构基本理论依然对本书的研究有着重要的启示。

第一，城镇空间结构理论承认了发展中国家存在城乡二元结构，提出通过统筹城乡发展和城乡一体化发展实现二元结构转化。因此，本书结合河北省城镇空间结构优化的现实背景，不仅充分考虑了城乡二元现实，还考虑了不同大小、规模的城镇之间的关系，以及不同城镇群在促进城镇空间结构优化方面的作用。

第二，城镇空间结构基本理论不仅明确了空间的节点、轴线和域面，强调城镇节点和轴线对城镇空间结构升级的重要作用，还在此基础上提出了开发的顺序和层次。因此，本书在城镇空间现实格局的综合分析上，理清了河北省城镇空间结构优化的原则、重点和主要内容，充分考虑了节点、轴线和域面的作用，明确了人口流动、产业布局、交通规划及城镇群之间的相互关系对城镇空间结构优化的重要作用。

第三，很多理论都可以从不同角度反映其他理论的主旨内容。农业区位理论和工业区位理论实际上都是从成本的影响因素角度分析区位选择；中心地理论、增长极理论、点轴开发理论在城镇形态格局方面具有相同的认识；二元经济结构理论是从产业视角研究了城镇发展内在机制，和市场区位理论的研究具有一些相似之处；空间结构演化理论正是基于之前的研究理论对现有城镇空间发展的历程进行总结和对未来空间结构进行展望等。

第四，克里斯泰勒的中心地理论关注了城镇空间分布、规模、等级和职能的相互关系和规律，认为中心地体系受到三个条件或者原则的支配，分别是市场原则、交通原则和行政原则。本书在此基础上不仅详细分析了河北省城镇空间结构的分布、规模和职能，而且结合河北省城镇空间结构优化的客观实际，从理论上分析了政府作用机制、市场配置资源机制和社会公众协调机制，并对应分析了阻碍机制运行的因素，提出了基于机制设计的城镇空间结构优化路径。

因此，古典区位理论、城镇空间结构理论和空间相互作用理论在方法上和分析框架上形成了严密的逻辑，已基本形成了一套完整的理论体系，但在将古典经典理论引入河北省城镇空间结构变迁进程的客观环境中，需要明确河北省城镇空间结构的现实格局、类型和所处的阶段，分析城镇空间结构优化的体制机制障碍，明确城镇空间结构优化的重点内容，从而促进河北省城镇空间结构优化调整。

第3章 城镇空间结构优化内容及其评价

《国家新型城镇化规划（2014—2020年）》（以下简称《规划》）按照走中国特色新型城镇化道路、全面提高城镇化质量的新要求，明确了今后一个时期城镇化的发展路径、主要目标和战略任务，是指导全国城镇化健康发展的宏观性、战略性、基础性规划。原国土资源部全程参与了《规划》的研究和编制，重点在城镇建设用地现状分析和规模控制、土地管理制度改革等方面提供了基础支撑。城镇作为经济、社会、文化和科技活动的载体，本身是一个复杂的系统和概念，因此需要合理界定城镇空间结构优化的内容及其分析框架。本章构建了以城镇空间密度、城镇空间地域与规模结构和城镇空间形态为重点的研究内容，始终围绕城镇空间结构优化的总体目标，将其分解为可以进行定量研究的子目标，并分析城镇空间结构优化的指标体系和评价方法，以便为下面章节分析河北省城镇空间结构优化所处的具体阶段做好理论与方法的铺垫。

3.1 城镇空间结构优化的含义

优化是工程技术、项目管理和经济管理研究的重要内容，它是在一定的资源要素约束条件下，通过有计划、有目的、有层次的活动，达到约束条件下利润最大化或者效用最大化的状态，如优化资源配置、产业结构优化和空间结构优化等概念。城镇空间结构优化涉及经济、产业、人口等多种因素，是一个包含经济扩散、产业调整和人口迁移的复杂进程，既是一种经济行为，又是一种社会行为。城镇空间结构优化既能改变空间布局和空间形态中的无序混乱状态，提升空间生产的效率和质量，又能形成合理的城镇空间结构布局，使经济发展与城镇发展相协调。面对"以人为本、四化同步、优化布局、生态文明、文化传承"的新型城镇化要求，土地制度改革如何为农业人口转移服务，如何科学合理地控制城市用地规模，如何实现城乡土地要素均衡分配，都是值得思考的重要问题。

本书定义的城镇空间结构基于前面所讲的城镇空间系统，主要指除乡村以外的城市、建制镇地域空间范围内所形成的生产功能区和生活功能区的空间布局和状态。当然，其中包括城市内部空间结构、单一的城镇空间结构和多个城镇空间构成的城镇空间系统，包括有形的建筑物、交通路网和无形的城镇功能、城镇规模等要素形成的空间组合和状态。

城镇空间结构优化指的是根据城镇发展水平、城镇发展阶段和城镇资源环境综合承载力的现实情况，通过改变城镇密度、城镇形态、城镇功能和城镇规模来实现城镇资源配置的最优状态。本书研究的城镇空间结构优化问题，主要是通过政府作用机制、市场配置资源机制和社会公众协调机制的共同作用，对城镇之间形成的城镇空间密度、城镇地域与规模结构、城镇空间形态、城镇区位、功能定位、产业布局等进行优化调整，使之能够形成以特大城市为核心、区域中心城市为支撑、中小城市和重点镇为骨干、小城镇为基础，布局合理、层级清晰、功能完善的城镇空间格局。需要特别指出的是，城镇空间结构优化方法没有固定的数学模型，优化的目标和方法因时而异、因地而别，仅能通过一些简单的数据分析大致判断城镇空间结构各项指标的变化。本书将通过空间引力模型探讨城镇空间结构现实格局的具体类型，通过功效函数与协调函数判断河北省城镇空间结构所处的具体阶段，通过空间滞后模型（spatial lag model，SLM）对影响河北省城镇空间结构优化的指标进行显著性分析。

3.1.1　城镇空间结构优化的成果

《中共中央关于全面深化改革若干重大问题的决定》提出要"坚持走中国特色新型城镇化道路，推进以人为核心的城镇化"，努力为中国城镇化建设提出要求并指明方向。问题就在于：要想进行城镇空间结构优化就必须正确理解新型城镇化的本质内涵。然而，学术界关于什么是城镇空间结构优化，至今尚无统一和明确的定义，一些研究者往往在缺乏反思性与批判性的情况下直接将此概念用于分析中国各地城镇空间结构优化建设实践。定义不准、概念不明、内涵不清不利于深入推进城镇空间结构优化理论研究与学术探索。这就需要我们首先理清究竟何为城镇空间结构优化，它有哪些内在规定性。

现代意义的城镇化虽然较早地出现于欧洲，但是，城镇空间结构优化却是在城镇化基础上发展起来的一个颇具中国特色的概念，是小城镇及城镇化概念的扬弃。近年来，伴随着《国家新型城镇化规划（2014—2020年）》的实施，学术界围绕"新型城镇化内涵"进行了探索，初步形成了三方面的研究成果。

一是从目标导向入手探索城镇空间结构优化的内涵。一方面，城镇空间结构优化就是要以人为本来实现经济与社会的发展。城镇空间结构优化就是重视"迁移或流动人口的市民化和社会融合"，追求"人民的福利和幸福"的"人的城镇化"，这是城镇空间结构优化的核心内涵与目标要求。也就是说，城镇空间结构优化是将"城镇化的动力、目标和发展过程回归到人本身，将人的权利、人的发展能力、人的福利和幸福作为城镇化的核心"。另一方面，人是城镇空间结构优化的主体，离开了人，城镇空间结构优化就"无从谈起"，因此，城镇空间结构优化就是"人的现代性"。在一些学者看来,城镇空间结构优化必然体现为经济发展方式的优化,受土地资源有限、城市规划调整过快、城市环境质量下降、城乡关系不协调等因素的影响,城镇空间结构优化应当实行包容性区域发展政策,促进空间经济的相对协调平衡布局、合理发展。

二是基于资源整合探索城镇空间结构优化的内涵。将城镇空间结构优化当成一个从设计到实施均涉及各方资源的庞大系统工程,这就要协调各要素之间的关系,实现整体性发展。城镇空间结构优化按照"统筹城乡、布局合理、节约土地、功能完善、以大带小"原则来发展,是一种"资源节约、环境友好、经济高效、社会和谐、城乡一体的集约、智慧、低碳、绿色"城镇化过程。它又是工业、农业和信息等要素向城镇聚集与整合,使得"产业结构与产业布局不断优化,产业竞争力持续提升;进城人口逐渐享受到与城市居民一样的公共服务和幸福感"的城镇化过程。同时城镇空间结构优化还是经济、社会及生态等资源有效整合的"环境友好、集约发展、规模结构合理"城镇化。这表明,资源与要素的集中构成了城镇空间结构优化建设的重要方面,城镇空间结构优化是各要素有机整合的城镇化。

三是运用对比的方法探寻城镇空间结构优化的内涵。通过与相关概念的对比,应该更能凸显城镇空间结构优化的内涵。城镇空间结构优化中的"优化"并不是仅仅指时间或空间上的"优化",而是通过创新力求在城镇化的"观念、质量及推进战略上有重大改变"。在发展理念上,它树立质量观念,强调"以人为本";在发展模式上,强调"资源保护、集约发展";在空间形态上,注重"特大、大、中、小城市及小城镇协调发展";在市政建设上,注重文化保护、凸显地方特色,让居民"望得见山、看得见水、记得住乡愁";在可持续发展上,更加注重"生态文明建设,避免城市病"。与过去的城镇化优化相比,城镇空间结构优化强调空间格局上"城乡一体"和推进方式上"城乡统筹"。有学者发现,与城镇化及小城镇等概念相比,城镇空间结构优化概念更符合中国国情,能够反映当前中国城镇化在集聚与辐射主体、发展指向等方面的区别。这些研究对于理清并规范城镇空间结构优化内涵具有重要的学术价值与实践价值。

通过对国内文献的梳理发现,学者倾向于从具体内容、涉及范围、目标追求及实现路径等方面探讨城镇空间结构优化内涵,回答了城镇空间结构优化所具有的构成要素。应当看到,现有的研究还存在三点不足。第一,抽象地界定城镇空间结构优化概念内涵,尤其是抽象地谈论人作为城镇空间结构优化的主体与目标,而没有具体地规定人作为城镇空间结构优化的主体和目标所具有的内在规定性和内容,这种停留在抽象和模糊层面的探索不利于规范和发展城镇空间结构优化的建设实践与学术探索。第二,一些研究缺乏明确的针对性。城镇空间结构优化不是空穴来风,而是对城镇化的反思与超越,是对旧城镇的克服与保留,城镇空间结构优化的内涵理应建立在与城镇化及小城镇相比较的基础上。可是，现有的研究没有把它与城镇化进行对比，从中揭示出城镇空间结构优化相对于城镇化而言的"优化"在何处，进而无法准确揭示出城镇空间结构优化的内在本质属性。第三，现有的研究常常把城镇空间结构优化理解成一个自发的过程，只是笼统地说明城镇空间结构优化是一个资源的集中过程，而没有看到城镇空间结构优化实际上是资源与要素的集中，以及它们更高效地合理利用。这意味着在开展城镇空间结构优化建设及研究之前必须首先理清这一概念及命题的本真之意。

3.1.2 城镇空间结构优化的内涵

城镇空间结构优化来源于城镇化及小城镇建设，没有城镇化就没有城镇空间结构优化。改革开放之初，我国苏南农村地区依托良好的工商业文化基础，凭借临近上海、毗邻杭州的区位优势，采取"三来一补"方式发展经济，一批批乡镇企业拔地而起，吸引了本地农村人口"离土不离乡、进厂不进城"前来就业，从而带动了农村人口、农业经济与农村社会的转型与变迁。其中，1981 年，苏南地区在经济结构、土地使用、人口和城镇等方面已经发生了很大的变化，显示出城镇化在苏南地区的建设成就。1983 年，有学者把这种以集体经济和乡镇企业为核心、追求共同富裕的城镇化发展道路概括为"苏南模式"。21 世纪初，广东、福建、浙江、江苏、山东等地结合实际，以产业推动城镇化建设，走出一条被誉为产城融合的"新型城镇化之路"，这为中央制定新型城镇化战略提供了实践依据。2007年以来，中央数次提出要"推进以人为核心的新型城镇化"建设，发布《国家新型城镇化规划（2014—2020 年）》，下发了《国家新型城镇化综合试点方案》，力争到 2020 年全面推广试点地区的成功经验。这些政策实践为我们深化城镇空间结构优化研究提供了现实根据。

对城镇空间结构优化进行学术研究的首要前提是必须准确界定"何为城镇空间结构优化"，与过去的城镇化或小城镇相比，如今的城镇空间结构优化的优化点在何处？城镇空间结构优化的独特内涵是什么？何为城镇空间结构优化是城镇空间结构优化研究领域的"元问题"，这个问题不解决就容易迷失城镇空间结构优化的研究方向。在我们看来，必须将其放在与城镇化及小城镇相比较的高度、反思城镇空间结构优化对城镇化及小城镇的超越才能科学揭示这一概念内涵。依据这一参照系，作者认为城镇空间结构优化的内涵集中体现在以下六个方面。

第一，生活方式的优化。这是乡村人口和城镇人口原有的劳动就业、社会交往、待人接物乃至休闲娱乐等方式向城镇转变和优化的过程。因此，城镇空间结构优化不只是农村人口的非农化，更不是指农业户籍的非农化，它是农村人口在向非农业人口转变过程中所内含的生活观念、生活态度、生活内容，也就是生活方式的非农化转变和优化，它更是城镇人口自身素质、生活态度、生活内容、生活观念的优化，包含"活动主体"、"活动条件"及"活动形式"等向新型城镇化的转变和优化。从活动主体看，以往人们更多地关注城镇化过程中主体的变动形式，把户籍作为小城镇或城镇化的依据，似乎城镇化或小城镇建设就是户籍的变动。而城镇空间结构优化就是要着重关注农村户籍向非农户籍转变过程中所体现出来的人们的生活观念、生活方式及生活内容由传统向现代的转变，政府要给予他们这样的权利，努力使转变为城镇户籍的农村人口尽快缩小与城镇户籍人口的职业差异、生活差异，形成相互包容的差异性文化，避免城镇化对农村文化的吞噬，促进城乡居民之间的互动与融合，而城镇原住人民则应该以包容的心态来接纳他们、帮助他们、学习他们，这是对社会整体生活方式的扬弃，最终获得生活方式的优化。从活动条件来看，城乡人口迁移的内驱力来自生活条件的改善及生活品质的提升，城镇空间结构优化为此还拓展了生活条件范围。一方面，以往的城镇化主要追求城镇数量的增多及规模的扩大，而城镇空间结构优化还关注城镇化对农村生活条件的改善和对城镇居民的帮助。另一方面，以往的城镇空间结构优化主要局限于劳动者劳动报酬的提高，城镇经济总量的扩大，而城镇空间结构优化还要关注经济质量的提升、劳动条件的改善及劳动环境的优化。从活动形式角度看，与城镇化及小城镇建设不同，城镇空间结构优化还要融入现代信息社会的生产与生活方式，实现从农业社会生活形式向工业社会及信息社会生活形式的跨越。

第二，就业方式的优化。城镇空间结构优化不仅要求农村人口采取城市居民的就业模式、就业类型及就业报酬，还要实现从以往依靠资源的就业转变为现在的依靠市场力量获得就业。通过这种就业方式的转变，农民从原来的以第一产业就业为主逐步过渡到以第二产业及第三产业就业为主；从原来的"靠天吃饭"到现在的"靠社会吃饭"与"靠人吃饭"；从原来的依附于土地资源的就业到现在的自主创业、自由职业；从原来的只能从事简单制造业和简单服务业到现在能够通过培训从事难以替代的复杂劳动，成为高端制造业和高端服务业领域内的现代产业工人；从原来的以占用就业岗位为主转变为能够创造新的就业岗位并进行自主创业；由原来的异地就业为主到现在的本地就业，以及能够大量地吸引外来人口前来就业；从以解决生存问题的就业类型为主到现在的以提升就业质量、促进自身发展的就业类型为主；他们的就业所得从以实物报酬为主转变为现在的以货币收入为主，并且其劳动报酬能够与城镇居民社会平均工资基本持平。而城镇居民更可以从中得到更大的发展，利用农村人口带来的红利，相互发展，互取有无，城镇居民的工作状态得到改善。总的来说，原有的劳动力资源通过技能提升能够实现就地就业而可以不必要涌入其他地区就业。因此，城镇空间结构优化不仅要关注就业岗位及就业所得，而且要关注就业环境，应为劳动者营造一个舒适的就业环境，提供完备的劳动保障及劳动保护，按照城乡统筹乃至城乡一体化原则完善最低工资标准，有效保护劳动者的合法权益，最终形成工业社会的生产关系与就业景象。

第三，公共服务的优化。以往的城镇空间结构优化及小城镇建设主要关注人口向城镇的集聚，实现农村人口向城镇人口的转变，较少涉及公共服务城镇化问题，而这些转变并不能让民众享有基本公共服务。现在城镇空间结构优化注重公共服务的规划及基本公共服务的投入，强调城镇化建设"水平与质量"的稳步提升，这就需要加强公共服务均等化建设，注重公共服务的普遍性。它包括四个层面：①城镇的公共服务与城市的公共服务均等，把公共服务尤其是城市的公共服务扩展到新型城镇化建设中使之成为优化的有机组成部分，明确城镇化所追求的"优化"很大程度上就是要按照未来城市标准开展公共服务的建设，通过公共服务的完善发挥城镇的聚集作用、辐射作用及带动作用；②城镇空间结构优化建设要与城乡协调发展建设相协调，妥善解决好农民的土地流转、就业与社会保障等问题，促进农业以适度规模经营，加快实现由传统农业向专业化、标准化、规模化、集约化的现代农业转变，做到城镇与其所管辖的村庄实现基本公共服务均等化；③优化过程中更要加强教育、就业、医疗、社保、住房、文化项目、体育设施、环境保护、公共安全等领域的投入，在基本公共服务项目一致性基础上兼顾城镇对于公共服务的特殊性需求，实现普遍性与特殊性的结合；④城镇空间结构优化的公共服务供给方式避免走过去城镇化的老路，采取财政投入与社会投入结合、政府购买与非政府供给结合、国有部门与私营部门合作等方式，以提高公共服务的供给效率，做到公共服务供给方式的多样化及无差别化。

第四，居住区域的优化。一方面，城镇是城市与乡村的中途驿站，城镇空间结构优化是工业厂房和非农产业合理布局和更高效地利用以实现自身的优化提高，它依托产业发展与城镇建设，提升城镇的服务能力、服务水准和服务效率，促进城镇空间结构布局的重新规划与整体优化，抹平中心城区与周围村庄的沟壑。也就是说，它通过三次产业结构的调整与优化形成更为合理的人口空间区域分布，促进本地人口与外来人口、农业户籍人口与非农户籍人口的和谐相处，避免城市中反复出现的高档社区与城中村或棚户区这一两极分化现象在城镇区域的重现，缩小各类人员的空间居住差异，它是居住空间上的"优化"。另一方面，城镇空间结构优化改变了人口集中居住的手段。以往城镇化的居住人口是在政府干预下以"同心圆"方式向外扩展和推进，政府设立开发区或新城区吸引人力资源及货币资本的集中，由此使得这些地方率先进入城镇化，在这个同心圆的外围仍然是广袤的农村，"圆内"与"圆外"形成了新的城乡二元对立现象。而现在城镇空间结构优化则打破行政区域壁垒，它由原来那种依靠自然资源实行人口集中居住向技术先进、工业强大、信息业发达、服务业繁荣的区域集中居住，由原来那种单纯地依靠政府的力量到现在更多地依靠市场与社会的力量引导人口的集中居住，它通过缩小城乡差距引导城市空间区域的扩张。

第五，社会治理的优化。以往的城镇化及小城镇建设是基于熟人社会逐渐形成的空间区域集中，它仍然没有摆脱熟人关系的影子，社会治理的手段主要依靠人治，这样的治理在很大程度上是建立在大家庭基础之上村庄治理的扩大化与延续。城镇空间结构优化要从原来的熟人社会治理结构、治理手段及治理方式过渡到陌生人社会的治理手段与方式，实现治理主体、治理对象、治理内容及治理手段的变革。在治理主体上，城镇空间结构优化的治理主体是多元的，政府、企业及社会组织乃至民众本身都可以成为社会治理的主体，不仅本地城乡居民是社会治理的主体，外来务工人员同样可以成为治理主体为社会治理建言献策。在治理对象上，城镇空间结构优化打破治理对象的户籍及身份界限，将所有工作、学习、生活在本辖区范围内的人员都纳入治理对象。在治理内容上，不仅包括农民的土地流转，还包括农民就业技能及劳动保护的培训；不仅包括经济秩序的治理，还包括社会秩序的重建；不仅包括正式组织的治理，还包括非政府组织的治理。在治理手段上，城镇空间结构优化的治理从依靠经验、权力到综合运用多种现代治理手段，实现由依靠经验治理到更多地依靠法制治理，从原来的依靠关系治理到现在的依靠规则治理，扎实推进社会及人的治理现代化，实现由传统的人向现代的人的嬗变。

第六，人居环境的优化。与城镇化或小城镇优化建设相比，城镇空间结构优化绝不走先污染后治理的老路，它从建设之初就强化环境意识，重视环境保护，守住生态环境的红线，在城镇的空间分布规划、城镇的产业发展规划及居民生活空间规划等各个环节均把环境纳入其中加以考量，注重资源的利用率和资源整合的效率，把生态文明建设放在优化建设的突出位置，追求经济效益、社会效益及环境效益相统一的绿色发展，强调人口、资源与环境的协调，避免重建设轻环境保护、先污染后治理等情况的再度发生，防止优化建设的推进带来资源浪费及环境恶化，努力使优化建设与资源环境约束相一致，让生活在城镇的人们"望得见山、看得见水"。不仅如此，城镇空间结构优化建设还注重人文环境的塑造，着力建设一座座有文化、有内涵的新型城镇，一座座资源节约型、环境友好型的新型城镇，让生活在这里的人们"记得住乡愁"，实现自然环境与人文环境的和谐统一。这是新型城镇化建设不同于城镇化及小城镇建设的重要之处，也是城镇空间结构优化的应有内涵，更是有中国特色城镇空间结构优化道路的重要内容。

上述六个方面是一个有机整体，它揭示了城镇空间结构优化所具有的内在的而不是外在的、本质的而不是表象的独特内涵，展现出城镇优化的"优化"之处，成为规范城镇空间结构优化理论研究、推进城镇空间结构优化建设实践的有益指导。

3.1.3　城镇空间结构优化的特性

一方面,作为与城镇化相比较而出现的"城镇空间结构优化"概念不是单一的而是全面的,不是抽象的而是具体的,不是自然的而是包含着人为建构的过程,蕴含着主体人的自主选择、路径选择与秩序重构;另一方面,城镇空间结构优化是客观经济规律的要求,有其内在的运动规律,不同自然条件和经济发展水平的地方城镇空间结构优化的模式也不相同,不存在主观思辨的模式,也不存在到处通用的模式。

第一,城镇空间结构优化是具体的而不是抽象的。城镇空间结构优化不是简单地将城镇优化的一些要素放置在今天情境下的重复建设和随意搭配,也不是优化城镇个别属性及特征的改造,而是在对城镇化及小城镇建设经验进行总结后的重塑与再造,尤其要对以往小城镇或城镇化建设的理念与思想、项目与内容、方式及途径等加以全面反思,探索出一条有中国特色,符合当地实际,切实促进人口、资源与环境,经济、社会与人文相适应可持续的城镇优化之路,既要避免简单地抄袭发达国家的城镇化模式,也要避免对原有城镇化或小城镇建设的沿袭,还要着力避免人口单向转移、土地大量闲置、产业结构失衡、就业质量不高、公共服务不足、生活质量低下、环境污染严重的城镇化。在我们看来,城镇空间结构优化包含生活方式、就业方式、公共服务、居住空间、社会治理、人居环境等因素在内的项目完整、内容丰富、体系严密的城镇化,是包含多方面关系与属性的有机整体。其中,居住区域和人居环境的优化为民众提供了良好的生活基础,框定了城镇空间结构优化发展的地理位置与空间区域;公共服务与社会治理的优化为民众提供了优质的服务保障,消除城镇空间结构优化建设中的各种障碍;而生活方式和就业方式的优化又满足了民众的多层次需求,它们是城镇空间结构优化的直接体现与必然要求。这六个方面内在地统一于城镇与人的全面发展中,构成了城镇空间结构优化建设的动态系统。

第二,城镇空间结构优化的相对性。"相对性"即区别,城镇空间结构优化的相对性包括:优化目标的相对性、优化方法的相对性和优化评价标准的相对性。城镇空间结构优化目标的相对性指城镇空间结构的优化目标没有固定的数学模型,其优化目标因时而异、因地有别。例如,平原地区的城镇空间结构不同于山区,有特大城市的城镇空间结构有别于大中城市的区域。城镇空间结构优化方法的相对性指任何一种优化方法都是特定时间人们对城镇空间结构系统研究的结果,是数学方法和经济、管理、社会、伦理等学科进步的综合反映;采用什么原理设计预测模型?该模型包括哪些指标?指标的系数要如何确定?这些都取决于相关学科的进步和研究者的思路。例如,无论建立的优化模型多么科学、完备，如果没有计算机的发明和应用，可能毫无意义。优化方法的相对性说明优化方法处于不断进步之中，今天的优化方法与过去相比，是较为优化的方法；而相对于未来而言，则必然落后。城镇空间结构优化评价标准的相对性指如何评价优化方案，并从中选出最优方案也具有相对性。由于知识背景和价值观念的不同，不同的人对同一优化方案可能有不同的评价标准；即使对于同一个人，其在不同情绪状态下，选择的结果也会不同。加之评价方法较多，如在投资项目上就有决定型、比较型、不确定性、系统分析法、价值工程等多种评价方法，采取不同的评价方法可能得出截然不同的结果。

第三，城镇空间结构优化是全面的而不是片面的。与以往的城镇化及小城镇建设相比，城镇空间结构优化是一个内容全面的系统。它不仅着眼于经济领域，而且关注社会建设特别是社会福利领域，实现经济与社会的协调发展，避免以往城镇化一味地重视经济建设所带来的"意外性后果"，它尤其重视人的发展，把经济发展作为人发展的手段，强调人是城镇空间结构优化建设的主体及目的，从空间区域到人居环境、从生活方式到就业方式、从公共服务到社会治理，致力于实现人的现代化，避免城镇化建设中"见物不见人"情形的再度发生；城镇空间结构优化不仅注重经济发展总量，重视有关"量"的方面的规定性，如城镇化率、企业数量、经济总量、城镇区域面积等指标，更关注城镇化建设"质"的方面，如城镇化所带来的产业结构的优化、本地人口就业方式的转变、收入劳动的提升及劳动报酬结构的合理、城镇空间结构布局的平衡、人居环境的优美、民众生活的和谐等，它们是城镇空间结构优化注重质量建设与质量发展的体现；从项目上看，城镇空间结构优化不仅关注硬件的投入，而且注重软件建设，特别注重服务意识、服务水平及服务技能方面的建设；从内容上看，城镇空间结构优化是一个项目齐全的有机整体，包含了人们的生活方式、就业方式、公共服务、居住区域、社会治理、人居环境等在内的社会系统。

第四，城镇空间结构优化的动态性即时间性。由于生产力的不断进步，城镇经济也处于不断发展中，城镇空间结构始终处于进步状态，总体上由低级不断向高级迈进，因此，前一阶段的优化对于后一阶段来说，只是进一步优化的前提和条件；后一阶段的优化则是在前一阶段发展的基础上进行扬弃，其优化约束条件和优化的目标函数不同于前一阶段，不仅具有量的差别，有时还具有质的差别。例如，经济欠发达地区的城镇空间结构特征是中心城市居垄断地位，重点是依照增长极、点轴开发理论等要求，发挥区域中心城市和各级中心城镇的作用，以谋求极化效应；当区域经济进入发达阶段，区域内形成多个城镇，区域交通、通信条件得到显著改善时，其城镇空间结构布局方式要随之改变，目标是形成网状城镇空间格局，以促进区域经济的平衡发展。

第五，城镇空间结构优化是人为建构的而不是自然的过程。如果说城镇化主要建立在自然选择基础上，那么，城镇空间结构优化一开始就是一个自主选择的过程，如发展方式、发展道路及发展路径的选择等，包含着主体人的自主创造与自主建构。以往的城镇化是在农村经济逐步发展之后"自在"形成的，是顺势而为的结果，城镇空间结构优化是对城镇化所形成的经验予以概括和提升，对城镇化进程中所产生的弊端加以去除和摒弃，因而是一个"自为"的过程；以往的城镇化主要是农村人口、资源等要素向城镇的单向流动，城镇空间结构优化则是一个双向流动过程，包含着人口及资源的"逆流动"，如城市人才到城镇就业、城市人口到城镇生活、城市资源投向城镇、城市的公共服务向乡村延伸，从而有助于形成城乡一体的社会格局；以往的城镇优化在民众的生活就业、政府的公共服务及社会治理等方面采取事后补救式措施，城镇空间结构优化扭转了这一发展理念，它试图对产业分布、生态环境、民众的生活与就业、公共服务、社会治理及人居环境方面进行前瞻性的规划，对整个镇区的空间分布进行主动设计和重构。也就是说，城镇空间结构优化不仅蕴含着城镇人口数量与规模的扩大，更是城镇结构与功能的转变。

总之，作为一种"人造环境"的城镇空间结构优化更有助于人与自然、人与社会的和谐统一，是随着人本身的发展而需要创造出的一种适应生产方式的"人文景观"，体现了新型城镇化从"无序"到"有序"，从"有序"到"顺序"的重建过程。正是在这个层面上才能够说城镇空间结构优化是对城镇化及小城镇理论与实践的扬弃和超越。

3.2　城镇空间结构优化内容及其分析框架

3.2.1　城镇空间结构优化内容

城镇空间结构优化主要以河北行政区范围内的城镇空间密度、城镇空间地域与规模结构、城镇空间形态三条线索为研究内容，力求从宏观层面、中观层面和微观层面把握河北省城镇空间结构的全貌，并通过对机制的研究与分析，理清城镇空间结构优化的体制机制障碍，最终实现河北省城镇空间结构优化的总体目标——以特大城市为核心、区域中心城市为支撑、中小城市和重点镇为骨干、小城镇为基础，布局合理、层级清晰、功能完善的城镇空间格局。本书研究内容的三条线索具有非常强的逻辑关系，城镇空间密度是从河北省的宏观角度去研究城镇空间密集区与非密集区空间分布，有利于分析河北省城镇空间的重心和格局，其中城镇空间密度包括了城镇密度和人口密度。城镇空间地域与规模结构是从中观层次探索城镇间的相互关系及其功能、职能和规模的作用，空间地域结构主要是在分工基础上形成的一定城镇功能及其组合，各个城镇功能的有机组合形成了河北省这个整体；规模结构主要从经济规模、人口和产业规模探索城镇的布局，以及在此基础上形成的各类城镇之间的关系。城镇空间形态是由单个城镇的功能和单个城镇在整个城镇集合内的职能演变而来的，城镇职能分化带动着城镇空间形态分化，因此从这个角度来讲城镇空间形态是一个相对微观的概念。因此，本书以布局合理、层级清晰、功能完善的现代城镇空间格局为目标，从三条线索深入研究河北省城镇空间结构及其优化问题，力争有利于河北省城镇空间结构优化调整并对其他区域城镇空间结构优化起到一定借鉴作用。

3.2.2 城镇空间结构优化分析框架

城镇空间结构优化分析框架是本书的核心和重点部分，既是实证部分研究的重要内容，又是贯穿于全书研究的主线，其框架结构示意图如图 3-1 所示。

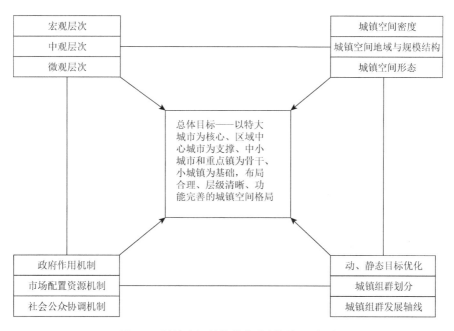

图 3-1 城镇空间结构优化分析框架示意图

城镇空间结构优化的分析框架主要是对三个研究层次、三条逻辑线索、三大方法和三大优化机制的综合分析，最终实现总体目标。总体目标包含了促进城镇空间合理布局的静态目标和推动城镇空间作用有序进行的动态目标。三个视角分别从宏观层次、中观层次与微观层次去把握，以构建全面的视角去研究和探讨城镇空间结构优化。三条逻辑线索即城镇空间密度、城镇空间地域与规模结构、城镇空间形态，城镇空间密度从整个河北行政区范围内的宏观视角把握城镇发展的重心并确定城镇发展的重点和内容，城镇空间地域与规模结构从中观视角研究产业布局、功能定位和规模调整对城镇空间结构优化的影响，城镇空间形态从相对微观视角结合城镇区位条件、发展水平及其在城镇空间系统中的作用和功能进行研究。三大方法承接三条逻辑线索进行，通过对城镇动、静态目标的确定，来对城镇组群的划分及其发展轴线进行研究。以三大优化机制即政府作用机制、市场配置资源机制与社会公众协调机制为切入点，对客观存在的体制机制障碍进行有效的疏导和调整，通过机制的有效运行最终实现总体目标。

3.2.3　城镇空间结构优化的作用

城镇空间结构是结构和功能的统一体，是区域社会经济发展的内在反映，其变化具有结构转换效应，因而合理调整和优化城镇空间结构显得越来越重要。

1. 城镇空间结构的优化有助于经济结构的调整和完善

经济结构指区域内各经济单位之间的内在经济、技术、制度及组织联系和数量关系，区域经济结构包括区域产业结构、所有制结构、企业结构、技术结构、生产要素结构、城乡结构和城镇空间结构在内的诸多结构，它决定了城镇资源配置的基本模式，是影响城镇经济发展的重要因素之一。在城镇经济结构调整中，城镇产业结构的调整和生产要素的配置都与城镇空间结构优化有关，这两个方面是区域经济结构调整的关键环节。城镇化的进程与经济结构的进化密切相关，城镇化的推进必然产生城市的群体化和网络化，推进城镇化是解决经济结构调整问题的关键。在经济体制和技术进步一定的前提下，区域经济发展在很大程度上取决于区域生产要素的空间分布状况。因为城镇不但是生产要素的"容器"，而且是人类活动的主要场所，尤其是当城镇化水平较高时，城镇经济是区域经济的主体，区域经济的发展状况、趋势与城镇空间结构的优化有直接关系。随着城镇化水平的提高，原来的城镇规模扩大，大城市由高度集中结构向分散结构转化，新城市产生，经济活动由第一产业向第二、第三产业转化，农村人口转化为城镇人口，由此带动整个区域产业结构的优化。例如，我国当前经济结构存在的主要问题之一就是城镇化水平低，为此，在《中共中央关于制定国民经济和社会发展第十三个五年规划的建议》中，政府提出"十三五"期间要积极稳妥地推进城镇化,在着重发展小城镇,转移农村人口的同时,完善区域性中心城市的功能,发挥大城市的辐射带动作用,为经济发展提供广阔的市场和持久的动力,这是优化城乡经济结构,促进国民经济良性循环和社会协调发展的重大措施。

2. 城镇空间结构的优化有助于消除市场机制的缺陷

市场机制指市场经济的内在调节机理和方式,是市场中包含的一种能使价格、供求、竞争、风险、利率等各种市场要素之间互相联系、互相适应、互相制约、互相作用、自行协调的自组织能力,是经济运行的基本机制,对资源配置起基础性作用。但是,市场机制这只"看不见的手",也有自身的缺陷,还会"失灵"。市场失灵(market failure)指市场机制不能实现资源的有效配置,给经济运行带来震荡、损害生态效益等情况。市场机制强调个人的作用,忽视集体的作用;强调个人利益,忽视社会利益;强调利益,忽视平等。此外,市场机制的调节表现为它的滞后性,社会为此要付出巨大的代价,造成社会的混乱等。这些都是政府所不愿意看到的,政府要制定和实施一系列政策,以弥补市场机制的缺陷。

城镇空间是城镇生产力的主要载体、经济活动的主要场所和重要的空间资源,市场机制对其结构的形成和优化并不总是合乎人们的需要,市场机制也能导致区域城镇空间结构的无序和混乱。其缺陷或失灵主要表现在两个方面:一是城镇土地市场存在缺陷,土地资源配置达不到帕累托最优状态。城镇土地有其特殊的属性,是一种不可再生且永续使用的稀缺性资源,且土地的交易对象具有固定性,实质上土地产权的交易只是一种契约的交易,使得城镇土地交易市场极易导致信息不对称,城镇土地市场是一个不完全竞争的市场,完全依靠土地市场很难对城镇土地资源进行有效配置。例如,房地产开发商追求的是企业利润最大化,尽量提高建筑密度和容积率,与社会效益和生态效益相矛盾,需要政府运用政策和手段进行干预,以协调开发商和城市长远发展之间的矛盾。二是外部影响。经济学理论认为,个人的活动会带来外部影响,分为外部经济和外部不经济两种,其中,外部不经济有生产的外部不经济和消费的外部不经济,指个人的生产或消费活动给社会上其他成员带来危害或不利的影响,还可能导致资源的配置失当,但个人却并不为此而支付足够抵偿这种危害的成本。外部不经济在区域城镇空间结构上的主要表现为:人口、产业在城市的过分聚集所带来的各种负面影响。聚集原理是城市和区域经济理论中的经典思想,是产业在空间集中布局的方式,聚集能使企业享受专业化、规模化所带来的好处,本质上是一种外部经济。但是,正如整体事物的发展都有度的规定性一样,不合理的聚集必然会使弊大于利。这种不合理的聚集主要有聚集过度和聚集不足两种情况。聚集过度指单位面积的城镇土地配置过多的企业或居住过多的人口，产生拥挤成本，降低经济活动的效率，还带来如用地、用水、用电、交通紧张及环境恶化等问题，"城市病"主要是由聚集过度造成的。而聚集不足是聚集过度的相反情况，指城镇的吸引力较小、人气不足、城镇企业群体低于适宜规模，致使公共（用）服务配置成本过高。在河北省，很多小城镇只有几千人，无法产生聚集效益，很难步入发展的快车道。聚集过度和聚集不足都会强化二元结构，使人口和生产要素过分从农村流向城镇、从小城镇流向大城市，加大农村和城市、大城市和小城市的差距，同样需要进行政策调整优化。

3. 城镇空间结构的优化有助于提高区域资源的利用效率

经济活动是人类活动的场合和基础，而经济活动的物质基础则来自自然界，即对自然资源的开发和利用；随着科学技术的进步，人们对自然资源开发利用的方式、强度和范围不断扩大，大大推动了经济的增长和社会的进步，但滥用自然资源则会带来严重的生态灾难。对自然资源开发利用的一个核心思想是：在尊重客观规律和维护生态平衡的基础上，根据经济发展要求，最优化开发利用资源。而合理的区域城镇空间结构则使区域资源开发利用效率的提高成为可能。一般地，城市经济效率与城市规模成正比，即城市规模越大，城市经济效率越高。以京津冀的13个主要城市为研究对象，北京和天津作为直辖市本就是经济发展重地，经济效率分别排在第一、第二。而河北省各地级市经济效率（以GDP衡量）从高到低的排序见表3-1。

表 3-1　河北省各地级市 GDP 排名

地级市	2016 年 GDP/亿元	2016 年人均 GDP/元	GDP 排名	人均 GDP 排名
唐山	6 306.2	80 836	1	1
石家庄	5 857.8	54 738	2	3
沧州	3 533.4	47 473	3	4
保定	3 435.3	29 737	4	10
邯郸	3 337.1	35 377	5	7
廊坊	2 706.3	59 307	6	2
邢台	1 954.8	26 799	7	11
张家口	1 461.1	33 044	8	8
承德	1 432.9	40 591	9	6
衡水	1 413.4	31 866	10	9
秦皇岛	1 339.5	43 586	11	5

人均 GDP 排名前三的唐山、廊坊、石家庄的城市规模扩张速度明显快于排名处于后位的几个城市。山东曲阜师范大学的刘兆鳃等对山东省的城市经济效率做了定量研究，得出山东省 1993 年 40 个城市的经济效率与城市规模的相关系数为0.8921，二者呈高度的正相关，城市经济效率随城市规模等级的提高而递进。国内外的研究都表明：大城市的经济效率高于中小城市；在一定范围内，城市规模越大，经济效率越高，这是城镇化的一种规律性现象。城市规模越大，其吸引范围和辐射范围也越大，容易形成大尺度的空间结构。

4. 区域城镇空间结构的优化有助于实现区域的可持续发展

人口、资源和环境是当今世界面临的三大难题，而在中国，这三大难题更为突出。与世界各国相比，中国几乎所有国土资源人均占有量都大大低于世界平均水平，我国的人均淡水、耕地、森林、草地和林地资源占有量只有世界平均水平的 25%、33.3%、14.3%、32.3%和 26%，根据公布的全国第二次遥感调查结果，中国的水土流失面积达 356 万平方公里，占国土总面积的 37%，其中水力侵蚀面积达 165 万平方公里，风力侵蚀面积达 191 万平方公里；沙化面积达 168.9 万平方公里，占国土总面积的 17.6%；全国受严重污染的耕地有 2186.7 万公顷，占全国耕地总面积的 16%；矿产资源人均拥有量也远低于世界平均水平。而且，我国人口基数大，已超过 13 亿人（不包括港澳台地区），还处于人口生育高峰期，工业中速度型、外延式生产方式仍没有得到根本性改观，“城市病”蔓延，人均资源数量和城乡生态环境质量仍在继续下降，人口、资源、环境和经济发展之间存在非常尖锐的矛盾，北方的风沙和缺水问题就是城市生存、发展的头号难题。目前，唯一可供选择的就是走可持续发展的道路。区域城镇的可持续发展是区域可持续发展的重要组成部分，城镇是最大的生产单位，不可能不把它的问题带到周围大环境中，城市环境问题已超出城市本身的地域。只有进行城镇空间结构优化才能更好地进行可持续发展，从根本上解决“城市病”。

5. 城镇空间结构优化是具体落实新型城镇化进程的需要

城镇化是中国经济增长的重要推动力。随着我国经济发展进入新常态，城镇化速度也将从高速增长转向中高速增长、城镇化发展转向规模扩张和质量提升并重。中国城镇化率从 1978 年的 17.9%发展到 2015 年的 56.1%，获得了显著的提升。然而城镇化的质量和效率却成为人们关注的焦点，空间城镇化速度明显快于人口城镇化速度。正因为土地和空间城镇化进程过快，城镇功能脱离了工作、生活和休闲的基本功能，多个地方的“造城运动”带来的空城运动，使得中国开始出现“鬼城”等现象。2017 年 7 月，由国家发展和改革委员会（简称国家发改委）组织编写的《国

家新型城镇化报告 2016》在北京发布。该报告显示，2016 年我国城镇化率达到
57.35%，但是户籍人口城镇化率仅为 41.2%，两者之间存在着 16.15 个百分点的差
距。同时，2016 年的《政府工作报告》提出，到 2020 年，常住人口城镇化率达到
60%、户籍人口城镇化率达到 45%。如何通过推动"人""地""钱"等领域的改
革，促进新型城镇化持续健康发展成为当前市场关注的焦点。

1）推进非户籍人口落户城镇

针对我国常住人口城镇化率和户籍人口城镇化率之间仍存在较大差距的问
题。据时任国家发改委发展规划司司长徐林分析，我国户籍人口城镇化率提高不
快，一方面是由于跨省、跨地区转移人口尚未出台统一的政策安排，外来人口特
别是跨省市农业转移人口市民化进展缓慢。一些人口流入较多、农民工落户意愿
较强的地区还没有制定具体的户籍改革方案；一些地方对制定相关配套政策方面
重视不够；一些地方制定具体落户条件时对本地人宽、对外来人严。部分地区虽
然降低了落户和外来人口享有公共服务的门槛，但是农业转移人口进城落户仍然
存在"玻璃门"的现象。另一方面，农村相关权益保障机制不健全，农民对进城
落户仍然存在担忧，落户的积极性不高。

国家政策表明：推进农业转移人口市民化是新型城镇化的首要任务。"十三
五"时期，我国将全面实施差别化落户政策，鼓励各地区进一步放宽落户条件。
各城市要根据资源环境承载能力，制定公开透明的落户标准，并向社会公布。

同时，我国将加快实施 1 亿非户籍人口在城市落户的方案，突出政策引导，
全面实施财政资金、建设资金、用地指标与农业转移人口落户数量挂钩的"三挂
钩"政策。即使到 2020 年能够顺利实现 1 亿左右农业转移人口和其他常住人口落
户城镇，还会有 2 亿左右农业转移人口没有落户。

"十三五"期间，我国将在建立全国统一的居住证制度基础上，坚持"领取
无门槛、服务有差异"的原则，全面推行覆盖所有未落户城镇常住人口的居住证
制度，以居住证为载体建立与居住年限等条件相关的基本公共服务提供机制。

2）深化土地管理制度改革

近年来，农村产权制度改革有所加快，农村土地承包经营权、宅基地使用权
和集体收益分配权得到了强化。但由于关键的体制障碍没有根本消除，农村资产
的资本化通道尚未打通，财产性价值无法实现，不仅制约了城乡要素的自由流动
和平等交换，削弱了农民带资进城的能力，也影响了农民转户的积极性。

随着农村各种条件的改善，特别是城乡差距越来越小，会有不少农民不愿意
落户到城市，这种现象主要发生在离城市或者城镇比较近的地区。

只有通过深化改革，才能消除土地制度与城镇化发展之间日益加剧的矛盾。
"十三五"时期，我国将全面推进农村土地征收、集体经营性建设用地入市、宅
基地制度改革试点，总结推广成功经验，逐步打破城乡间土地流动壁垒。加快改

革完善土地征收制度，合理界定公益性和经营性建设用地，制定土地征收目录，逐步缩小征地范围。

国家发改委发布的《国家新型城镇化报告2015》指出，我国将进一步完善征地补偿机制，因地制宜采取留地、留房、留物业、留股份等多种安置方式，保障被征地农民的长远发展生计；并以农村集体经营性建设用地为重点，探索农村土地直接入市办法。

根据《深化农村改革综合性实施方案》，宅基地改革还将完善权益保障和取得方式，探索农民住房保障在不同区域户有所居的多种实现形式；对历史原因形成的超标准占用宅基地和一户多宅等情况，探索实行有偿使用；探索进城落户农民在本集体经济组织内部资源有偿退出或转让宅基地；改革宅基地审批制度，发挥村民自治组织的民主管理作用。

除了以上说明的大规模投资造成的城镇空间和用地规模的膨胀速度超过了人口迁移速度的情况以外，造成土地制度与城镇化发展之间的矛盾的很大一部分原因在于城镇空间结构不合理，资源要素过度集中在大城市，缺乏大、中、小城市之间的物质、能量交换机制和畅通的要素流动机制。以至于发展到现在，大城市想下放企业资源，中小城市无力承接。因此，2013年7月9日，李克强总理在广西主持召开部分省区经济形势座谈会，强调"推进以人为核心的新型城镇化，以发展服务业、创新驱动、淘汰落后产能等为抓手，加大结构调整力度"[①]。其中的结构调整除了产业转移和产业结构调整以外，还包括城镇空间规模、结构和功能的相应调整。各项产业投资和产业转移除了考虑产业本身的经济价值外，还需要考虑其社会价值及其对城镇空间结构的影响。

6. 城镇空间结构优化是解决城乡二元结构矛盾的重要手段

中国的城镇化建设是国家面向21世纪消除"二元结构社会"的制度进步与创新实践，是国家补齐中国广大农民应得利益的历史欠账所实施的惠民工程，是国家着眼于中国社会的未来持久健康发展而实施的利益再平衡工程，是实现中国资源空间价值，即实现中国经济社会总价值与国民个人总价值提升的国家工程。从这个意义出发，中国的城镇化建设对于广大发展中国家而言，更具有树立表率和传播价值观的意义。在经济学领域对城镇化与农村经济发展最先系统研究的是发展经济学。多数外国学者认为，农村城镇化是人口从城市向乡村的流动。在经济发展过程中，农村城镇化不是一个重要因素，只有城镇化才是经济增长的重要源泉。在我国，农村城镇化是和农村现代化、非农化联系在一起的，农村城镇化在中国经济发展过程中具有重要地位，是解决中国城乡二元

---

① http://www.gov.cn/ldhd/2013-07/10/content-2443643.htm。

结构的主要途径。而城镇空间结构优化又是城镇化的发展与深化，城镇化不是一蹴而就的，需要不断地优化才能更好地发展，因此城镇空间结构优化是解决城乡二元结构矛盾的重要手段。

刘易斯于 1954 年提出的二元经济结构理论是对发展中国家影响深远的经典理论，费景汉和拉尼斯、乔根森（Jogenson）分别于 1964 年和 1967 年发展了这一理论，该理论提出通过农村剩余劳动力转移达到城乡二元结构调整，强调的是人在城乡二元结构中的核心作用，具有重要的进步意义。然而，也应该看到大城市的集聚效应形成的促使交易成本和生活成本降低的要素是人口向大城市流动的重要"拉力"，大城市的集聚效应对周边城镇资源要素的吸引是劳动力转移的重要原因。然而，我们可以换位思考，如果中小城镇资源要素具有比较优势，中小城镇能够提供足够的工作机会和足够的个人发展空间，是否还会存在劳动力向大城市流动的现象呢？答案当然是否定的。因此，城镇空间结构调整，伴随着工业化、信息化和农业现代化进程中所形成的合理的城镇空间规模和一定的城镇职能分工，是解决城乡二元社会结构的另一个重要手段。

7. 城镇空间结构优化是形成完善的城镇体系的必然举措

城镇体系（urban system）也称城镇系统，这一概念首先是在 20 世纪 60 年代描述美国国家经济和国家地理时提出的，中国于 20 世纪 80 年代开始流行，指的是特定区域和国家范围内以中心城市为核心组成的一系列不同规模等级、不同职能分工并相互密切联系的城镇组成的动态系统，是城镇、交通纽带和城镇间经济贸易联系形成的动态有机整体。城镇体系是由有形的城镇、交通枢纽、城镇间交通网络，以及无形的经济、信息和贸易流组成的有机整体，具有整体性，其中任何一个组成要素的变化都可能产生"蝴蝶效应"，并通过交互作用和反馈效应作用于整个城镇体系。城镇体系具有层次性，从上到下由国家级、省级和地方级组成，是一个层次分明的整体，并且随着时间和经济发展阶段的变化而变化。然而到目前，我国城镇体系还不是很完善。主要面临的问题如下：一是城镇体系不完善、不稳定。这表现在城镇居民点体系中大城市人口比重偏高，中小城市人口比重偏低，上大下小，有点头重脚轻，同宝塔型城市数量规模系列呈反向变化。大城市人口偏多，说明我国经济发展还处于工业化进程中，资本与人口的集中还难以避免。但经济社会活动过分集中，使体系的稳定性较差。二是城镇的空间分布不均衡。占国土面积71.4%的西部地区只有23.7%的城镇人口和28.3%的城镇数量，西部不仅城镇少，而且其平均规模小，国家的大部分经济社会活动及城镇人口集中在东部和中部，这种不均衡有其自然地理条件方面的客观原因，也有经济发展的客观阶段限制，还有国家的投资决策和发展导向原因。空间上的过度不均衡，从长远来说将影响全国城镇居民点体系的持续稳定发展和国民经济综合实力的健康成长。三是城市之间横向联系薄弱。不仅各中心城市之间，各级城镇居民点体系内各城镇之间的横向联系也比较薄弱。表现为社会劳动和经济职能分工常常不十分明确，城镇职能相近，经济结构雷同，各城市的自身优势和特色没有建立起来；产品保护、市场分割、重复建设严重，人才、信息、资金交流缺乏畅通的渠道，经济效率比较低。这又导致城镇体系缺乏集体合力。四是城市基础设施不完备。城镇内部和城镇居民点体系各城镇之间的道路、交通、通信、水、气、热等基础设施不足或不够完备，不能适应区域市场经济发展、人才信息交流与货物资金交流发展的需要，不能满足城镇居民对良好生产生活环境的要求。城镇居民点之间和城镇内基础设施的落后成为我国城镇居民点体系发展完善的瓶颈。

要解决以上问题，同时又基于城镇体系的这种枢纽作用和传导机制，构建合理的城镇体系需要城镇空间结构的动态调整，需要国家在城镇规划和产业规划层面做好顶层设计，只有通过城镇空间结构的优化调整，构建合理的城镇体系，形成分工有序、职能互补、规模合理的新型城镇空间结构形态，促进大中小城镇协调发展，减轻社会经济运行的交易成本，才能更好地解决中国城镇化体系不完善的问题。城镇空间结构优化正是其"治病良方"。

8. 城镇空间结构优化是区域经济协调发展的有效路径

由于区位因素、人口素质、资源禀赋和政策条件的差异，中国区域经济差异除了表现为传统的东、中、西部差距，还表现为南北差异和沿海、内陆及沿边地区的差异。不仅表现为省区与省区的差距，还表现为省内大中小城镇发展的差距。区域经济经历了 1949~1978 年的平衡发展阶段、1979~1991 年的不平衡发展阶段和 1992 年至今的非均衡协调发展阶段，尤其是在 1978 年至今形成的区域经济发展格局，推动了区域和城镇空间结构差异的扩大，城镇空间既形成了具有相当规模的长三角、珠三角、环渤海、北部湾和成渝城镇群，又有不通电、不通路的偏远山区。区域与城镇都包含了空间概念和空间因素，两者具有一定联系。

从空间经济学来看，区域内各种经济活动最终都要落实到空间上。城镇发展的历史表明，城镇是一定区域范围内政治、经济、文化、交通、通信等方面的中心。作为一种经济活动的空间组织形式，城镇与区域是一个相互联系、相互依赖、相互促进的整体，两者互为前提和条件。城镇是区域的增长极，是区域的核心，而区域是城镇的载体、支撑和扩散腹地，两者不可分割。随着改革开放的不断深入，我国工业化和城镇化进程加快，城镇与外围腹地，即城镇与乡村的关系更为紧密。与此同时，在一个区域内部的城镇与城镇之间，以及区域与区域之间不可避免地要产生矛盾和摩擦，这些矛盾集中表现为城镇与区域之间经济发展的不平衡。矛盾的主导方是城镇，协调发展的关键也在城镇。因此，城镇发展要有区域整体性观念，再也不能就城镇论城镇，要特别重视区域问题。同样，区域经济的协调发展也必须抓住城镇这个关键要求，只有这样，才能实现城镇和区域的良性互动。空间是城镇存在的基本形式。城镇空间结构是城镇经济、社会存在和发展的空间形式，表现了城镇各种物质要素在空间范围内的分布特征和组合关系。城镇空间结构具有层次性，可以分为城镇内部空间结构和城镇外部空间结构两个部分。城镇内部空间结构是由城镇内部功能分化和各种活动所连成的土地利用内在差异而形成的一种地域结构。城镇外部空间结构的界定较复杂，包含两重含义：一指城镇行政关系，或者说城镇本身的城镇体系所组成的空间体系；二是区域角度的含义，指由一个中心城镇辐射区域内中心城镇与其他城镇共同构成的空间体系。而城镇密集区是城镇外部空间结构最典型、最本质的表现形式。它是城镇区域发展到一定阶段所出现的新的空间组织形式，即城镇的集群式组团化发展，在国内的普遍说法是城镇群。城镇内部空间结构是从城镇自身的角度而言的，而城镇外部空间结构是作为一个整体的城镇组合形态，它属于区域层面上空间结构研究的范畴。

因此，区域经济协调发展需要从城镇空间结构优化调整入手，需要调整产业的空间布局和关联产业的跨区域转移的有效机制，需要建立核心增长极向外发挥扩散效应的机制，需要采取哈里斯和乌尔曼提出的多核心城镇模式，逐步培育以中心城镇为核心，以中心小城镇为重要组成部分的有机城镇体系。

9. 城镇空间结构优化是地区间劳动地域分工的必要条件

劳动地域分工是早期经济学研究的重要领域之一，斯密、李嘉图、马克思、赫克歇尔、俄林和里昂惕夫等经济学家都研究了这一理论，劳动地域分工与部门分工是社会分工的两种基本形式。劳动地域分工以地区资源要素禀赋的比较优势为基础形成具有市场竞争优势的地域分工形式，依靠运输条件实现生产地与消费地的贸易往来，其条件是生产地成本加运费小于在消费地生产同种产品的成本。劳动地域分工是形成产业空间和城镇空间结构的重要因素，城镇空间是劳动地域分工的重要载体和依据。而合理的劳动地域分工有利于城镇间互补和协作，并充分利用城镇资源禀赋比较优势，提高劳动生产效率。劳动地域分工形成的前提条件是比较利益优势和一定的交通网络，形成的动力是追求更高的经济效益，形成的最终结果是经济区和城镇空间形态，而一切的空间载体都是城镇空间。因此，城镇空间结构优化调整有利于形成合理的劳动地域分工体系，从而提高城镇间经济产业运行的效率。

总而言之，区域城镇空间结构的优化，仅就推进城镇化而言，就起到优化区域资源配置、控制人口增长、促进社会文明进步的作用。区域城镇空间结构的优化模型和优化对策，充分考虑人口、资源、环境和经济发展之间的矛盾，处理好城镇发展和保护耕地之间的关系，使城镇建设与生态建设相统一，城镇发展与生态容量相协调，充分发挥各级各类城镇的作用，优化城镇的产业结构和功能定位，走多样化、集约式城镇化发展道路。

3.3　城镇空间结构优化评判目标和方法

3.3.1　城镇空间结构优化目标

　　城镇空间结构优化的总体目标是构建特大城市为核心、区域中心城市为支撑、中小城市和重点镇为骨干、小城镇为基础，布局合理、层次清晰、功能完善的城镇空间格局。总体目标由两个子目标组成，分别是静态目标和动态目标。静态目标是促进城镇空间结构布局合理，具体包括城镇空间合理布局、合理的城镇等级体系和合理的劳动地域分工等。动态目标是推动城镇空间结构高度协调，包括大中小城镇协调发展、区域经济联系日益增强和城镇空间形态逐步升级。城镇空间结构优化可以从静态角度通过最近邻距离、场强值与集聚值来确定城镇空间结构的具体类型，也可以通过协调函数与功效函数判断城镇空间结构所处的具体阶段，还可通过空间自相关、空间聚集、空间关联效应等方法来判断影响城镇空间结构优化的因素及其显著性。因此，不管是城镇空间结构优化目标的逻辑分析，还是具体的实证度量，都有很多经典的方法和理论可供借鉴。本节重点从理论角度阐述城镇空间结构优化的目标。

　　1. 静态目标：促进城镇空间结构布局合理

　　一是大中小城镇布局合理。城镇空间结构形态、布局和格局是一个静态概念，城镇空间结构优化的目标之一就是促使城镇空间合理布局，包括城镇的地理位置合理选址、城镇之间的交通路网密度适中和城镇物质能量交换机制的畅通有效。在合理布局的城镇空间里，大中小城镇、大型产业基地和城镇经济走廊形成的空间格局，既能够保障城镇生产、生活和休闲三个基本功能，又能够保证城镇经济运行维持在一个最低的交易成本。城镇空间合理布局有三个最为核心的问题，就是城镇内部空间结构、城镇外部空间和城镇内部空间实现资源交流的有形和无形的交通、通信基础设施等。城镇发展往往是资源、地形、气候等自然因素和交通、政策、人文环境等社会经济因素综合作用的结果。由于城镇发展存在惯性，城镇内部空间已经形成了一定的格局和景观，这种格局大多存在一些阻碍城镇进一步发展壮大的因素，或者即使城镇空间完全与城镇发展能够有机亲和，但是由于社会经济的发展变化，城镇空间也可能存在阻碍城镇进一步发展的阻力和障碍。

　　目前城市建设空间和工矿建设占用空间偏多，单位面积产出效率低，城市和建制镇建成区人口密度呈下降趋势。要改变这种不合理的开发模式，把提高空间利用效率作为国土空间开发的重要任务，引导人口相对集中分布、经济相对集中布局，走空间集约发展道路。要把城镇群作为推进城镇化的主体形态，其他城镇化地区要依托现有城市集中布局、据点式开发。城市发展要充分利用现有建成区空间，提高单位面积产出率。但是目前中国的城镇群与世界发达国家的城镇群相比，落差还很大。城镇群之间相比，美国三大城镇群的 GDP 占全美国的 67%，日本三大城镇群的 GDP 占全日本的 70%。而中国三大城镇群（珠三角、长三角、京津冀）的 GDP 也占到全国的 39%。但这仅仅是开始，随着中国整体国力的上升，城镇化进程加快，中国未来城镇发展必定更进一步向城镇群和城镇经济带延伸，使之成为国家新一轮财富聚集的战略平台，所以珠三角城镇群的分工合作不仅是大势所趋，也是区域内大部分城市居民的愿望。在城市首位度方面，纽约占整个美国经济的 22% 以上，东京占整个日本经济的 24% 以上，而长三角城镇群中的首位城市上海仅占全国经济的 5%。"大城市不凸起，中小城市不上来，城镇群就没有竞争力"。只有针对性地规划出突出世界级城镇群的定位，才能打破僵局。

因此，城镇空间结构优化的核心目的之一就是要促进城镇内部空间结构优化。主要以特大城市和大城市为中心辐射带动中小城市的发展。城镇外部空间是城镇与周边城镇或者乡村构成的有机整体，在这种系统内最核心的问题是城乡空间形态差异。缩小城乡差异，建设有机循环的城乡空间形态是城镇空间结构优化的重要目标。城镇间的基础设施和通信设施是实现城镇物质能量交流的基础和手段，只有基础设施规模和水平达到一定程度，城镇空间结构优化才能实现。因此，寻找城镇内外部空间结构和城镇间联系的纽带是城镇空间结构优化的重要目标。

二是城镇人口和土地规模最优。引导人口合理流动，促进土地利用效率的提高是城镇空间结构优化的重要目标。城镇规模主要包括人口规模和土地规模。城镇人口规模随着社会经济的发展逐步发生变化，如表 3-2 所示。一方面，城镇人口可能总量偏大、人口密度偏高，超过了城镇资源环境承载能力。因此，引导大城市人口向中小城镇转移，是城镇空间结构优化的重要目标。另一方面，城镇土地规模或者空间规模是衡量城镇规模的另一个重要指标。城镇空间结构布局是一个资源禀赋、要素条件和人口规模等条件限制下的空间选址问题，正如克拉克（Clark）和西什（Hirsch）所说，理论上存在一个最优的城镇空间规模，城市管理提供公共服务所花费的人均成本最低处即城镇的最优规模，如图 3-2 所示。

表 3-2　关于城镇规模的定义和划分

城镇规模	人口/万人	建成区面积/平方千米
超大城市	＞1000	500～1000
特大城市	500～1000	200～500
Ⅰ型大城市	300～500	100～200

续表

城镇规模	人口/万人	建成区面积/平方千米
Ⅱ型大城市	100～300	50～100
中等城市	50～100	20～50
Ⅰ型小城市	20～50	10～20
Ⅱ型小城市	<20	10～20

资料来源：国家统计局、住房和城乡建设部网站

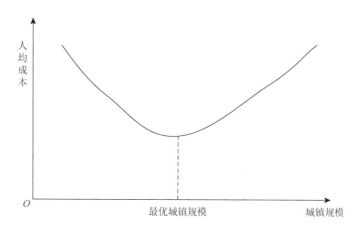

图 3-2　城镇的最优规模示意图

资料来源：张敦富. 1999. 区域经济学原理[M]. 北京：中国轻工业出版社：72

　　城镇空间结构布局过分分散，城镇基础设施建设资金压力大、建设效率低下，城镇公共服务供给不足，会导致居民生产生活面临着巨大的"转移成本"，城镇本身的规模优势得不到发挥。城镇空间结构过分集中，会导致城镇交通拥堵、环境污染、城镇公共服务使用过度，还会伴随城镇犯罪率高、社会风险大、城镇空间景观遭受巨大破坏等诸多弊端。因此，当城镇空间结构不合理时，需要发挥市场对城镇空间资源配置的基础性作用，同时需要发挥政府和社会组织等社会经济运行主体的积极作用。既要防止城镇空间结构过分分散造成的资源浪费，又要防止城镇空间结构布局过分集中造成的资源过度使用，使城镇空间保持一个动态平衡的合理结构。

　　三是劳动地域分工合理。分工是社会经济发展到一定程度的产物，分工提高劳动者的熟练程度、降低劳动转化的时间成本。随着分工的深入和发展，逐步产生了地域分工，主要是具体物质生产部门形成的专业化生产在地域空间上的体现。地域分工的前提是一定运输条件下产品生产地和消费地的分离，区域间的贸易和交换是地域分工形成的动力。城镇在社会化分工的进程中逐渐形成自身的专业化和高级化，并逐步在领域内占据优势和主导地位。某种产品的资源、要素和生产

效率的比较优势，会引起产品的产量大大提高，从而除了满足本地区城镇生产生活需要外，还需要通过运输实现产品区际贸易，实现产品最终的跨地区消费。这种生产的集中会导致生产活动在空间上形成一定的"投影"，即形成一定的城镇空间形态。而这种空间形态存在惯性，往往需要通过城镇空间结构的优化调整实现城镇地域分工的深化和升级，城镇空间结构优化与城镇地域分工是有机联系的整体，两者互相促进，并共同提高。一方面，城镇空间结构优化可以增加交通干线的数量、提高交通网络的密度、增加交通线路的通达性，实现城镇地域分工专业化和地区化水平的提高，加快横向一体化进程，并最终提高地域分工的效率；另一方面，地域分工的合理化和高级化可以推动城镇空间形态和结构的升级和调整，最终形成人口、空间和产业良性互动的有机体系。

2. 动态目标：推动城镇空间结构高度协调

一是大中小城市与城镇协调发展。大中小城镇协调发展是城镇空间结构优化调整的重要目标。改革开放以来中国规避"城市病"和推动城镇协调发展的政策是"控制大城市、积极发展小城镇"的思路。但是随着城镇化进程的加快，从全国范围看，大城市对周边地区经济的辐射范围大，对相当范围内的城镇人口产生了巨大的拉力。从全国范围来讲内陆省区市人口向东南沿海流动的趋势基本不变，从省域范围来讲人口向省会和个别省内大城市流动也是一个客观事实。因此，大城市规模并未受到限制，而小城镇也未能达到预期效果。进入 21 世纪，政府提出"有重点地发展小城镇，积极发展中小城市，引导城镇密集区有序发展"，"十一五"规划提出要"坚持大中小城市和小城镇协调发展""积极稳妥地推进城镇化"，"十二五"规划提出要"促进大中小城市和小城镇协调发展""有重点地发展小城镇"。随着社会经济的发展，大中小城市与小城镇的关系逐步从矛盾对立的状态走入协调统一的状态，而这样的协调统一不仅需要产业调整和人口有序转移，还需要城镇空间结构的优化调整。城镇空间结构优化既需要大中小城市在规划布局和拆迁重建的过程中依靠交通干线将产业逐步扩展到小城镇；又需要小城镇转换思路、避免以"摊大饼"和"撒胡椒面"的方式发展[131]，而应该重点关注城市圈、县域城镇和城市周边城镇的发展，积极主动地融入产业扩散进程和城市空间结构调整过程。大中小城市和城镇协调发展是一个动态的进程，除了物质能量交换和贸易流的动态发展外，还有协调机制的动态循环和作用。因此，城镇空间结构优化的动态目标是大中小城市和城镇有形的物质循环系统和无形的运作机制的协调发展。

二是落实区域主体功能区划。2006 年 10 月国务院办公厅公布的《国务院办公厅关于开展全国主体功能区划规划编制工作的通知》标志着国家开始重点关注国土空间开发主体功能区，不仅落实区域规划、城市规划或者经济发展规划，还根据资源环境承载能力、现有的开发强度和发展潜力，统筹考虑人口分布、经济格局、资源利用和城镇化格局，将国土空间划分为不同种类的空间单元。它将全国国土分为优先开发区、重点开发区、限制开发区和禁止开发区。这里提出的限制开发指的是限制大规模和高密度的工业化、城镇化开发，并不是所有的开发活动。对重点生态功能区要限制大规模、高强度的工业化和城镇化开发，但要允许一定规模的资源和矿产开发；对农产品主产区也要限制大规模的工业化、城镇化开发，但要鼓励农业开发。主体功能区划依靠主体功能区的定位和要求来支撑和发展，主体功能区的功能定位和分区如表 3-3 所示。

表 3-3　主体功能区的功能定位与分区

主体功能区	功能定位（内涵）	功能分区（产业档次）	强度分区
禁止开发区 （生态地区）	具有重要生态保护价值的非建设用地，不允许有任何开发	保护型产业，以提供生态产品的功能区为主	低密度建设
限制开发区 （乡村地区）	近期内不进行大规模开发建设的农村用地，但可以进行道路和基础设施建设的地区	储备型产业，以生态农业和休闲旅游业为主	中低密度建设
重点开发区 （城镇地区）	经济发展相对滞后，发展潜力大，需要在规划期间重点拓展开发的地区	强化型产业，产业档次中等，需要扶持开发的产业类型，如现代制造业和传统优势产业	中高密度建设
优化开发区 （城市地区）	发展基础较好，需要在规划期内提升其区域地位的城镇及其产业集聚区	提升型产业，产业档次高，需要进一步提升发展，如综合服务业和商贸物流产业	高密度建设

资料来源：根据 2010 年 12 月《全国主体功能区规划》整理

由表 3-3 可知，城镇作为重点开发区，经济发展相对落后，发展潜力巨大，需要在主体功能建设进程中重点拓展和开发。城镇是区域的主要空间构成要素，是主体功能区划制定和分区需要重点考虑的因素，一定程度上说，城镇的规模和开发密度就是产业布局在城镇中的形态和空间结构，城镇与资源环境的关系，以及城镇在城镇生态系统内的地位和作用是主体功能区划的主要依据。因此，城镇空间结构优化必须与城镇所处区域的主体功能相一致，需要通过城镇空间结构、形态达到城镇空间资源的重组和布局，需要通过城镇空间结构优化达到落实区域主体功能定位的目标。

三是促进城镇空间形态升级。空间形态理论由马奇（March）和马丁（Martin）于 1972 年在英国创立，认为城镇空间形态由空间元素构成的开放与封闭的空间和各种交通纽带组成。随着研究的深入，学者逐步将城乡空间形态纳入研究范围。城镇和城乡是既相互联系但又相互区别的经济单元，严格意义来讲，城镇是城乡的重要组成部分，而城乡包括城镇和乡村，两者具有不同的地域功能和演进规律。当一国工业化和城镇化达到一定规模以后，城乡二元结构的空间格局开始逐步消除，并开始出现乡融合和城乡一体化，城市的现代元素向城镇延伸，并开始向乡村渗透，而乡村的自然景观和自然特征开始向城镇渗透。这种城乡融合和城乡一体化发展格局必然通过一定的空间形态表现出来，构成特定的城镇空间形态，其本质上是城镇关系在空间上的外在表现，是一定区域空间范围内城乡融合和城乡一体化发展的形式状态。而城镇作为区域的一个节点，是城乡地域空间的核心和集聚地。城镇空间结构优化带来的是城镇空间形态升级，不仅包括有形的城镇物质空间形态，也包括无形城镇社会空间形态。城镇空间形态表现出来的有形的物质空间形态可以在短时间内通过规划、设计和重建完成，如单核集中点状结构模式、星形连片放射状结构模式、线性带状结构模式、分散型城镇结构模式、紧凑型城镇结构模式等城镇空间形态都可以通过城镇发展规划来完成。另一种是无形的城镇空间形态，如田园城镇形态、健康城镇形态、生态城镇形态、环境优美城镇形态、城乡一体的城镇形态等。这种城镇形态虽然在政府政策作用下实施和开展，但需要很长的时间才能完成。因此，城镇空间结构优化的目标是城镇空间形态升级，其具体重心包含了有形和无形双重目标，有利于从整体上提升城镇空间形态和品质。

四是探索合理的城镇发展模式。城镇发展具有多种模式，城镇发展模式的选择是偶然性和必然性的统一。必然性指城镇发展所依赖的自然资源、气候条件、地形地貌和地理位置等既定的客观条件，在此基础上发展起来的城镇具有不同模式。例如，矿产丰富的地区可能依靠资源开发发展成同心圆城镇发展模式，而依靠河流和其他交通干线发展起来的城镇可能呈现出带形模式；同时，城镇发展模式突变或者转型具有偶然性，城镇发展水平、规模和空间结构调整依赖于科学合理的城镇规划设计，而这种规划决策本身是多方利益集团博弈后的结果，能否代表城镇最优规划设计方案是一个不确定的概念，就像公共选择理论表现出来的决策结果不一定是公众最优的选择。因此，城镇发展模式的选择需要结合诸多因素，需要通过城镇空间结构优化调整和城镇空间形态升级等手段，充分利用具有一定集聚效应的自身特色，利用城镇在大中城市和广大农村地域间的地缘优势，或者根据城镇所处的区位特征及城镇在城市分工中的地位和职能，选择合适的城镇发展模式。例如，离城市较近并具有较好环境和生态资源的城镇，可以通过城镇空间结构的优化调整，规划生活服务业，吸引人口空间转移，从而形成分工合理的城镇空间发展格局。而具有一定交通优势和产业基础的城镇，可以利用土地和劳动力优势，积极承接大中城市的技术扩散和产业辐射，在产业集聚与转移机制作用下，为城镇空间结构优化提供不竭动力。

3.3.2　城镇空间结构优化指标体系

1. 指标选择原则

城镇空间结构优化是不同城镇发展阶段下充分利用城镇空间资源、减少社会经济运行的交易成本、提高城镇空间结构布局科学性和合理性的重要手段。需要考虑当前新型城镇化背景下由经济发展、产业布局等所形成的城镇空间密度、地域与规模结构、城镇空间形态，考虑城乡二元结构与城镇空间结构布局的矛盾，以及区域经济联系日益密切条件下城镇地域分工和大中小城镇协调发展问题。因此，对城镇空间结构进行优化需要构建合理的指标体系，需要认识到以下三点原则性问题。

第一，动态性原则。城镇空间结构优化过程具有动态性，城镇是社会经济活动的空间载体，也是各种资源、产业和人口等要素运行的"社会容器"。一方面，这些要素随着时间的变化，其规模和总量总是在不断积累和增长，并且随着社会经济的变化，会出现积极或者消极的方向，其进程本身是波浪式和曲折的，因此城镇空间结构调整的过程具有动态性。另一方面，城镇各种资源要素的变化，也会导致与周边相同等级城镇资源要素的相对量出现变化，引起城镇比较优势的变化，从而影响城镇产业和经济的竞争优势变化，因此城镇空间结构优化需要考虑这种动态因素，其自身应该是动态的。加之城镇空间结构优化的主体利益变化和系统运行的保障机制、动力机制和协调机制的动态性，这使得城镇空间结构优化进程具有动态性。

第二，整体性原则。城镇空间结构优化对象具有整体性，城镇空间结构优化涉及的资源、要素和产业等组成部分，是城镇空间结构系统的重要部分，在城镇空间地域分工和城镇体系的整体框架中都自发形成了自身的功能和角色，类似于自组织理论（self-organizing theory）各个自组织系统的演变过程。一方面，这些组成部分存在特定的运行规律和条件，单一部门、单一企业或者单一阶层作为城镇空间结构优化的对象，具有系统内的整体性特征。更为重要的是，部门间、企业间和阶层间形成的相互依赖、相互联系的企业集群或阶层集中本身构成了城镇地域范围运行的有机整体，因此城镇空间结构优化涉及空间结构变迁对系统内各个部门或阶层的影响，具有整体性。另一方面，城镇空间系统内各要素的改变和调整，会影响局部的空间职能和空间结构的改变，从而通过特定的传导机制影响整体系统，因此城镇空间结构优化对象是一个有机循环的物质整体。

第三，相对性原则。城镇空间结构优化目标具有相对性，城镇空间结构优化是一个渐进的、逐步调整的进程，由于其自身的复杂性和客观环境的动态变化，其优化不可能是一蹴而就的，因此城镇空间结构优化后的空间形态由低级向高级调整后的结果也不可能是最终的形态或者最满意的结果。从经济和城镇发展阶段来讲，城镇空间是按特定客观规律演变的社会经济活动的载体，由于这种形态演变处于不断变化过程中，在特定时间内做出的城镇空间结构优化决策并不一定是最优的，因此这种决策和规划需要具有一定的前瞻性。从地域空间范围来讲，城镇系统内还有相互联系、相互作用的子系统，城镇空间结构优化布局不可能满足所有子系统的利益，因此也表现出了相对性的特征。

2. 指标设计概况

城镇空间结构优化的动态分析需要借助功效值与协调度进行客观的定量分析，首先涉及的问题是指标的选择与处理。一般来讲，指标分为单项指标、复合指标和系统指标，其中单项指标主要是评价事物某一方面特征的指标，具有较高的准确性，但反映的信息较少，系统指标虽然对问题的反映比较全面，但涉及的问题和信息维度较为复杂。因此，本书选用单项指标与复合指标结合的方法，旨在全面反映城镇空间结构的动态变化及其协调关系，主要包括城镇密度系数、经济首位度指标、城镇化水平、城镇地域规模、城镇路网密度、城镇空间联系和城乡二元系数，通过各个单项指标与复合指标的综合分析，对城镇空间结构进行指标设计，各指标的含义及其相互关系将在后文详细说明。

3.4　城镇空间结构优化评价方法

3.4.1　主成分分析法

主成分分析是对多指标降维的有效分析方法。在进行多指标研究的过程中，指标间往往会存在不同程度的相关关系，对计算结果造成一定影响。为了解决这种问题，可以采用主成分分析法对多指标进行降维处理，用更少的独立指标来反映原始多个指标所包含的信息量。本书对于主成分分析法的应用主要遵循以下原理和步骤依次展开。

步骤 1：原始数据中涉及多个指标，这些指标具有各自的单位和计数规则，对数据的处理带来一定的影响。因此，为了消除数量级和量纲的不同，要对原始数据进行标准化处理。标准化方法采用 Z-score 法，得到标准化矩阵 M'_{ij}。

步骤 2：计算标准化矩阵 M'_{ij} 的相关矩阵 R。

$$R = \begin{bmatrix} r_{11} & r_{12} & \cdots & r_{1p} \\ r_{21} & r_{22} & \cdots & r_{2p} \\ \vdots & \vdots & & \vdots \\ r_{p1} & r_{p2} & \cdots & r_{pp} \end{bmatrix}, \quad r_{ij} = \frac{\sum_{k=1}^{n}(x_{ki} - \overline{x_i})(x_{kj} - \overline{x_j})}{\sqrt{\sum_{k=1}^{n}(x_{ki} - \overline{x_i})^2 \sum_{k=1}^{n}(x_{kj} - \overline{x_j})^2}}$$

式中，x_i 和 x_j 分别表示对应的原始指标。

步骤 3：对相关矩阵 R，根据特征方程 $|R - \lambda I| = 0$ 计算其特征值 $\lambda_1, \lambda_2, \cdots, \lambda_p$，并分别计算出对应的特征向量。

步骤 4：计算主成分的方差贡献率和累计方差贡献率。进行主成分分析时会得到 m 个主成分，但主成分的方差呈现递减的趋势，其所包含的信息量也随之减少。因此，为了使选取的主成分能够尽可能包含大量的信息，一般选取累计方差贡献率大于 85%的特征值所对应的主成分。

步骤 5：计算主成分荷载。

$$l_{ij} = p(z_i, x_j) = \sqrt{\lambda_i} e_{ij} \quad (i, j = 1, 2, \cdots, p)$$

式中，z_j 表示主成分；x_j 表示原始指标；e_{ij} 表示向量 e_i（e_i 表示 λ_i 对应的特征向量）的第 j 个分量。

步骤 6：计算样本变量在 m 个主成分上的得分。

步骤 7：根据 m 个主成分的得分情况，结合各主成分的方差贡献率计算变量总得分。

3.4.2　聚类分析法

聚类分析法是对样本数据进行类别划分的定量方法。聚类分析的分类类别有两种，分别是样本数据分类和样本变量分类。样本数据分类是以指标为对象进行特征分类；样本变量分类是以指标特征的某一方面作为切入点选择部分变量进行分类，又称作 R 型聚类。聚类分析可以细分为多种分析形式，常见的有二阶段聚类分析、K 中心聚类分析、系统聚类分析等。本书采用系统聚类法对河北省城镇实力指标数据进行定量分析。

系统聚类法又称为层次聚类法或分层聚类法，分为分解聚类和凝聚聚类两种计算原理。分解聚类和凝聚聚类是两种逆向的聚类过程，分别是把整体大类分解为个体类别和把个体类别合并为整体大类。两种分析过程的实质都是按照距离相近相似的原则进行展开。SPSS21.0 中的系统聚类分析中采用的是凝聚聚类法，具体按照以下步骤依次展开。

步骤 1：在 N 个样本数据中，把单独的指标或变量作为一类，则共有 N 类。根据选择的距离方式建立样本数据的距离阵。

步骤 2：对距离阵进行分析，把距离最近的两个数据点划为一类，于是类别由之前的 N 类变为 $N-1$ 类。根据选择的距离方式建立新的距离阵。

步骤 3：对新距离阵进行分析，把距离最近的两个数据点进行合并，若此时类别仍大于 1，则按照步骤 2 和步骤 3 的方式继续进行合并，直到最终合并为一个类别，则完成了系统聚类分析。

3.4.3　ArcGIS 软件

GIS 的全称为 geographic information system，即地理信息系统，ArcGIS 是由美国环境系统研究所公司（Environmental Systems Research Institute，Inc.，ESRI）研发设计的一系列地理信息系统软件的总称。ArcGIS 具有全面、灵活的地理信息处理功能，是世界上用户数量最大、应用范围最广的 GIS 平台。ArcGIS 包括服务端 GIS、桌面 GIS、嵌入式 GIS 和移动 GIS。

桌面 GIS 是 ArcGIS 软件中最为常见的一种应用程序，根据其所包含功能的多少依次分为 ArcInfo、ArcEditor 和 ArcView 三个等级。服务端 GIS 是进行地理数据发布的应用程序。移动 GIS 主要应用于便携式设备，方便进行野外地理信息的处理。嵌入式 GIS 是 ArcGIS 软件的核心部分，能够使用多种语言进行编辑和研发。

ArcGIS 具备完善的功能体系，根据其目前存在的几大应用，可以将其功能分为四大类。第一类，ArcGIS 具有空间数据的编辑和管理功能。ArcGIS 可以有效识别多种地理信息，并能够对其进行编辑，文件数据库可以将数据以文件夹的形式储存在计算机上，支持以多种方式进行数据管理。第二类，ArcGIS 具有制图功能。制图功能是 ArcGIS 的基本功能，其具有完善的地图制作体系及配套的编辑工具，能够快捷有效地进行地图绘制工作。第三类，ArcGIS 中具有空间分析的扩展模块，能够以上百个空间工具对数据进行操作。第四类，ArcGIS 具有三维可视化功能，能够对二三维一体化的影像图片进行分析和动态处理。本书拟采用 ArcGIS 中的桌面 GIS 对河北省地理信息数据进行处理，并进行相应的地图制作。

3.5　本章小结

通过对城镇空间结构优化内容及其评价进行理论构建与方法说明，对后文研究城镇空间结构优化的评价方法做了详细说明，并形成了围绕城镇空间结构优化的总体目标下的分析框架体系，即通过宏观、中观和微观三个研究层次，对城镇空间密度、城镇空间地域与规模结构和城镇空间形态三条主线展开研究，并对城镇空间结构现实格局的类型、评价方法和影响因素的显著性进行研究，通过理顺政府作用机制、市场配置资源机制和社会公众协调机制的体制机制障碍，促进城镇空间结构优化的机制设计。

本章提出了河北省城镇空间结构优化的大概内容及目标，并对研究中采用的主成分分析法、聚类分析法和 ArcGIS 软件进行介绍。河北省城镇空间结构优化内容分为静态目标和动态目标，静态目标为建立城镇等级体系，形成河北省合理的城镇空间结构布局；动态目标为促进不同规模等级城市协同发展，提高区域经济联系，实现城镇空间结构高度协调。通过文献分析的方法从城镇规模、城镇经济水平和城镇社会生活角度建立城镇实力指标体系，并提出划分城镇等级体系，形成河北省城镇组群，从而实现静态优化目标。通过对河北省现有交通网络进行分析，结合城镇组群划分结果确定河北省发展轴线，实现动态优化目标。

第4章　城镇空间结构优化的机制研究

城镇空间结构优化是一个客观复杂的社会经济现象，除了各要素、各主体、各系统运行效率对城镇空间结构优化存在影响外，要素、主体和系统间的组合及运行机制对城镇空间结构优化也存在至关重要的影响。本章研究城镇空间结构优化机制，既与在城镇空间结构优化内容基础上构建起来的框架结构形成对应关系，又对河北省城镇空间结构运行的体制机制障碍进行理论探讨。政府作用、市场行为和社会公众对城镇空间结构演变起着至关重要的作用，因此研究城镇空间结构优化的机制主要从政府、市场和社会三个角度，分别探讨了政策引导、政府投资、政府协调等政府行为，价格调节、产业转移和要素空间集聚等市场行为，以及公众参与、社会组织等社会行为对城镇空间结构运行的作用机制与作用路径。

4.1　城镇空间结构优化机制的界定

4.1.1　机制的起源、概念及其在经济学领域的应用

"机制"一词最早源于希腊文，指的是机器的构造和工作原理，后来被广泛应用于解释自然现象和社会现象，指的是事物内部组织的构成要素及其变化运行的客观规律。机制在系统中起着根本性和基础性作用，良好有效的机制能够使系统接近于"自适应系统"，在外部条件发生随机变化时，系统可以通过自身的反馈、调整和自适应，实现系统目标的自动优化。而随着研究的逐步深入，机制设计理论取得了长足的发展，并于2007年在赫维兹（Hurwicz）、马斯金（Maskin）和梅尔森（Myerson）等学者的推动下，取得了经济学领域的最高荣誉。简单地讲，机制设计理论所讨论的核心问题是在自由选择、自愿交换、信息不完全及决策分散化的条件下，能否制定一套合适的政策、规则和措施，使社会经济参与主体的利益与目标设计者既定的目标相一致。从机制设计的范围来讲，其大小可以是任意的，大到整个宏观经济发展目标的机制设计，小到委托代理问题的机制设计。在经济全球化和区域经济一体化背景下，2016年3月5日，在第十二届全国人民代表大会第四次会议上，李克强总理强调"深入推进新型城镇化。城镇化是现代化的必由之路，是我国最大的内需潜力和发展动能所在"①。

---

① 李克强. 2016.政府工作报告——2016年3月5日在第十二届全国人民代表大会第四次会议上. 北京：人民出版社.

4.1.2　城镇空间结构优化机制的内涵

城镇空间结构优化机制指的是城镇空间结构构成的要素及要素之间相互联系、相互作用的原理。城镇空间结构形成的模式具有多样性，不同模式的要素构成结构是不同的，其相互作用和相互影响的具体路径存在差异，但是背后所隐藏的运行原理是客观、必然和普遍的，其所隐藏的政府作用机制、市场配置资源机制和社会公众协调机制本身有着某种相似性。因此，探索城镇空间结构优化机制是明确城镇空间运行主体、理清空间要素交流障碍、提高城镇空间生产效率的有力保障。

城镇空间结构优化需要协调城镇空间运行主体的各种矛盾和利益诉求，需要引导社会利益与既定目标利益一致，需要借助行之有效的顶层设计来约束、引导和调控各种空间行为，归根结底是需要设计一套行之有效的机制，使得这种机制能够自动构成一套完整的"自组织系统"，自动调节城镇空间结构和形态，使之达到既定目标。只有通过城镇空间结构优化机制设计，才能落实城镇化的各项目标，解决城乡二元结构矛盾、形成完善的城镇体系，落实劳动地域分工，最终达到大中小城镇协调发展和城乡空间结构升级等静态和动态目标。

4.1.3　城镇空间结构优化机制涉及的主要要素

城镇空间结构优化机制涉及空间运行的各个行为主体，主要包括政府、企业和居民等，因此需要从政府作用机制、市场配置资源机制与社会公众协调机制三个方面探索城镇空间结构的优化机制。在中国特殊国情下，政府对城镇空间结构优化调整具有至关重要的作用，政府投资产业可以形成关联产业集聚，从而构成新的城镇形态，而政府制定的规划和政策可以引导城镇空间结构调整升级；政府还充当企业和居民面临利益冲突时的调节者等。企业是经济发展的重要推动力，是产业的具体外在表现和组织方式，是城镇空间结构优化调整的重要推动力，受市场配置资源机制作用的影响，龙头企业的规模和发展潜力是城镇空间定位的重要参考因素。居民是城镇空间活动要素的主体，居民数量决定了城镇的大小、规模和城镇的兴衰。居民在城镇的空间分布和布局与土地租金或房价有关，随着城镇交通的发展，居住与就业的空间分离呈现扩大趋势[132]，当然也有学者提出"职住平衡"（jobs-housing balance）以减少通勤成本和交通拥堵状况，可见居民的空间分布与城镇空间结构优化息息相关，加之居民参与城镇规划建设的广度和深度严重影响着城镇空间结构的科学性与合理性。因此，明确政府、企业和居民是城镇空间结构优化的行为主体,需要在机制设计中构建政府、企业和居民的具体作用,并从政府作用机制、市场配置资源机制和社会公众协调机制三个方面对城镇空间结构优化机制加以构造和设计。

4.2　城镇空间结构优化的政府作用机制

4.2.1　政策引导与规划控制机制

政策是政府依据相关法律法规制定出来的约束社会经济运行主体,调节社会经济行为的具体措施,政策对城镇空间结构影响的形式是多方面的,主要有经济社会发展计划、各种经济发展规划和地方性文件。凯恩斯(Keynes)是主张政府对经济进行干预的先驱,他认为在市场失灵的情况下需要政府对经济有所作为。波特(Porter)[133]提出著名的"菱形理论",也明确指出政府作用不可忽视。在对自上而下与自下而上两种干预模式的讨论中,伊莱利斯(Illeris)[134]提倡自下而上的干预模式,认为其可以提高生产要素的总体效率、充分动员地区人力资源与自然资源等,这些理论的产生和发展为政府与经济运行的关系找到了更多的理论支持和依据,在"市场失灵"和"政府失败"的客观现实中有着折中的方案,即提高政府干预经济的能力,提高政府决策的科学性、可持续性和可操作性。城镇是社会经济运行的空间载体,政府干预经济的同时城镇空间结构优化布局必然带有"政府烙印",而在中国的特殊国情下,政府对城镇建设和空间布局的作用尤其重要,城镇化和城镇建设甚至是政府主导型的,因此政策引导与规划控制机制在中国城镇空间结构演变、优化和调整进程中起着至关重要的作用。一方面,城镇建设和城镇空间结构布局需要受到国家、部门和地方政策的约束,这种约束实质上是政府对城镇空间的规划和引导,使得城镇空间结构布局在市场机制和政府意志的双重作用下,符合政府的整体战略部署和规划布局。另一方面,政府在特定空间给予特殊的区域政策和具体的规划指导,如保税区、综合改革实验区、经济技术开发区或者指定某个区域为重点开发的主体功能区等,会导致产业投资的跟进、交通网络的完善和人口规模的增加,从而形成一定规模和结构的城镇空间形态。当然,政府政策影响下城镇空间实现合理布局的前提是政府决策的质量和水平高,需要通过科学的决策程序和方法提高政策制定的合理性和科学性。

4.2.2　政府投资与示范机制

投资是经济社会发展的"三驾马车"之一,城镇化的加快推进和发展给投资提供了更多的空间和机遇，然而城镇空间结构优化调整涉及交通、产业、公共服务等领域，其实质是政府行使其公共服务职能，向社会提供公共产品，公共产品由于具有非排他性和非竞争性属性，需要政府通过财政投资来提供。经过改革开放四十多年的发展，中国市场主导型投资机制基本形成，投资主体多元化格局形成，资本市场正在逐步完善，政府投资将会通过示范效应带动其他投资主体进行引致投资。其他投资主体如企业、个人和国外组织机构等的投资多元化主体格局已经形成，能够为城镇空间发展和城镇建设提供源源不断的资金支持。而投资的推进和落实是以具体项目和特定产业为依托的，有的投资于特定产业会出现产业集聚和企业集聚现象进而会形成一定的城镇空间形态和结构，有的投资于基础设施建设进而会提高城镇的通勤效率和整体环境，有的投资于房地产进而在城镇空间形成了居住和休闲的特定功能区。投资的引进与落实必然带来示范效应，又会引起引致投资或关联投资的进入，从而为城镇空间结构的形成与发展提供重要动力。尤其是外商直接投资，除了带来上述影响外，学者还研究了其对经济的影响和其他效应。例如，Dunning[135]于 1981 年提出外商直接投资会产生技术外部性从而扩大投资的溢出效应理论，Lucas[136]于 1988 年将技术进步作为经济增长的内生变量，形成了内生经济增长理论，肯定了投资对经济增长变化的内生性；还有的学者将外商直接投资溢出效应归纳为示范效应、竞争效应、关联效应和人员培训效应等。外商直接投资在经济全球化日益发展的背景下，必然引起投资所在区域的城镇空间结构发生巨大转变。例如，外商直接投资会带来产业、技术和人员素质方面的示范效应，从而影响城镇经济空间和社会空间结构的改变。因此，政府投资与示范机制起着先导和带动作用，政府产业的落地和投产会带来示范效应和溢出效应，必然引起关联产业集聚，产业链逐步趋于完善，相关生产生活性服务业也会逐渐布局，进而形成一定的城镇空间形态，随着时间的推移，投资在地域空间上的具体形态会逐步形成规模并通过交通网络向外围空间拓展。因此，政府投资与示范机制是城镇空间结构优化调整的重要机制，政府投资与引致投资共同作用，为城镇空间结构优化调整提供源源不断的资金支持。

4.2.3　政府协调与控制机制

城镇空间结构优化是一个复杂的社会经济系统，在政府政策引导与规划控制机制、政府投资与示范机制和政府协调与控制机制等相互作用、相互影响下推进并实现。投资规模的大小与布局、产业转移、空间资源的有效利用都是促进城镇空间结构优化的重要动力，一定程度上说，城镇规模、空间和发展潜力都与这些因素息息相关，这些因素甚至决定了城镇发展方向和命运。在中国，政治与经济是联动的，地方官员对辖区发展负责，一直贯彻执行中央政府提出的"发展是硬道理"的总体基调,地方官员的职业发展道路同辖区内财政收入和辖区发展捆绑在一起,地方官员对政治激励和财政激励做出的理性选择当然是积极通过经济体制改革和招商引资,承接产业转移并努力提升辖区的整体发展水平,这必然导致官员间、地区间主动或者被动地参与地区间"标尺竞争",致力于取得更好的经济绩效以便在竞争中取胜[137]。尤其是在"一把手"效应对经济增长的影响十分显著的情况下,地区之间的竞争将十分激烈[138],进而形成区域内发展迅速和区域间矛盾突出的现象。由于这种政治与经济联动的行政体制,区域空间资源竞争将十分激烈,大中小城镇是产业投资布局的空间载体,这种矛盾将更加突出,因此需要建立一套完整的政府间磋商协调机制来协调城镇发展过程中的各种问题。协调机制的建立需要通过上级政府在制定城镇发展战略和发展规划时,充分收集资料和展开各种社会调查,广听群众意见,将政府制定的发展规划和城镇资源禀赋优势、城镇发展水平结合起来,突出城镇发展的主导产业的发展重心,尽量从机制设计安排方面避免矛盾的产生。通过上级政府牵头,搭建同级政府间对话交流机制,通过沟通谈判的方式力求在最低成本范围内解决问题。因此,政府协调机制的建立是城镇空间优化布局的重要方面,只有通过政府协调才能最大限度地避免城镇建设和空间发展存在的资源浪费、重复建设、盲目竞争和产业同构等问题。

控制机制是处理城镇空间矛盾的具体政策和方法的一套机制,是城镇空间运行矛盾的事中处理政策或措施,是在城镇空间结构指标体系中反映出的具体问题的处理政策,控制机制的建立能够有效地解决各种空间摩擦和冲突,对城镇空间结构优化起着重要的保障和控制作用。城镇空间结构优化的控制机制通过宏观指导性政策和进行危机处理的暂时性措施来具体落实。一方面,城镇空间结构规划和调整的决策是政策机制作用下城镇空间结构优化调整的重要动力,决策的合理性与科学性直接关系到城镇空间结构布局和形态,科学合理的政府优化决策对城镇空间结构起着基础性、根本性和全局性作用,提高政府决策的效率和质量是城镇空间结构优化的重要保障,理顺决策程序,协调政府、企业和家庭的不同利益诉求是城镇空间结构优化的重要保障机制。另一方面,政府在处理特殊问题时也需要面临暂时性政策措施,如重大项目、基础设施和重大惠民工程的规划布局,可能由于城镇空间的规划选址与各种经济主体的区位布局存在重合,必须制定临时性的、局部性的措施来协调这种空间冲突。因此,城镇空间结构优化控制机制的核心就是政府宏观性政策或临时性措施制定的合理性和科学性,包括决策主体的确立、决策权的划分、决策组织的实施和决策组织的方式等都是需要明确的问题,控制机制运行的必要条件需要与决策运行的规律相符,权力分层和权力分散化是决策民主、科学的重要保证。因此,建立一套行之有效的控制机制,处理城镇空间结构优化进程中存在的空间摩擦和空间冲突,是事中处理矛盾和问题的关键手段,提高控制机制的传导能力对城镇空间结构优化至关重要。

4.3　城镇空间结构优化的市场配置资源机制

4.3.1　价格调节机制

价格调节机制是城镇空间结构优化调整的基础作用机制，在城镇空间变化过程中，土地价格是重要标尺，是优势产业选择合理城镇空间的重要参考。价格机制还可以通过租金或房价杠杆，调整城镇家庭的空间分布和城镇空间选址行为。赫希对家庭和企业选址行为做过研究，简化得到最简单的理论：家庭成员在收入减去交通费用后的预算约束条件下选择住房和非住房商品，以达到家庭效用最大化。家庭成员在城市中心工作，交通费用随着家庭住址与中心商业区距离远近而增减，越是靠近中心商业区土地租金越高，这样家庭必须在地租价格调节机制的作用下权衡距离中心的远近和土地租金的高低，直到离中心区每英里所节约的土地边际费用正好等于交通费用的边际增加[139]，如图 4-1 所示。

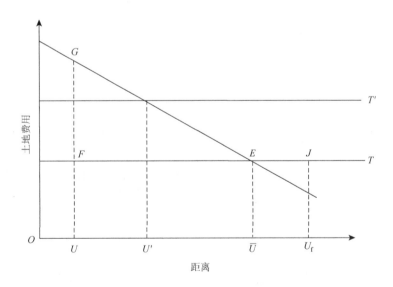

图 4-1　家庭与企业在价格调节机制影响下的决策示意图

企业选址同家庭住宅选址一样受到价格调节机制的影响，企业在土地投入和非土地投资之间进行决策时追求利润最大化，且满足边际产出递减规律，此时企业希望靠近中心区，而其他企业考虑到运输成本和集聚利益都会做出相同决策，这就导致企业对空间的竞争，而出价最高的企业才能使用离中心区最近的土地。

因此，企业与家庭一样面临决策，在接近中心区和低价格土地之间做权衡，最终的均衡点即在图 4-1 中的 E 点。而当家庭和企业同时决策时，城市空间分布类似于一个同心圆分布模式，其中最中心的位置为办事企业，中环是工业企业，而外环是住宅区域。然而现实中，居民收入状况、企业资金实力、居民与企业偏好等导致决策主体不可能同时往中心集聚，这就形成了现实生活的分散化和多中心模式。因此，受到土地价格或租金的影响，家庭和企业的分布在效用或利润最大化的决策下，形成了不同的城镇空间形态和结构，并随着生产生活条件的变化，城镇空间会逐步地调整和优化，但始终都遵循市场和价格规律，所以价格调节机制对城镇空间结构优化有着重要作用。

4.3.2　产业集聚与转移机制

　　产业集聚指同一产业在特定地理空间范围内集中，产业资本要素在空间范围内不断汇集的过程。产业与城镇空间规模密切相关，产业是城镇空间结构形成的原始动力，城镇空间是产业发展"社会容器"。马歇尔于 1890 年便开始关注产业集聚，认为产业集聚有三大原因：一是集聚能够加快专业化投入和服务的发展。这意味着产业集聚会在产业资本的投入下带动引致投资的投入，并且随着产业的投入，服务业会逐步发展，而这就是说产业资本、引致资本和服务业的发展在城镇空间载体会形成一定的形态，是城镇空间发展演进的动力，可以理解为产城互动、产城共融的初级阶段。二是集聚能够提供专业市场供技术工人就业。这意味着产业集聚会带来人口规模的增加和劳动者素质的提高，既能提供专业市场产业发展所需要的劳动要素，又是产业和服务业发展的潜在市场动力，从而有利于推动城镇人口规模进一步扩大，形成人口、产业与城镇互动发展的格局。三是集聚方便企业间技术溢出和交流。这意味着各个企业在技术溢出作用下都会带来生产效率的提高，加之企业是科技进步和技术创新的主体，从而有利于提升城镇发展总体水平和城镇空间规模扩张，有利于城镇空间结构和城镇功能定位升级，进而形成城镇的核心竞争力和产城共融的高级阶段。

　　产业集聚还会给企业、机构和基础设施的生产组织带来规模经济和范围经济，并促进城镇要素联系加强，共享基础设施和其他区域外部性。而在国内财政分权背景下，产业集聚在特定的地理空间范围内，通过规模经济效应、创新效应、竞争效应等影响着城镇空间规模、形态乃至整个城镇空间范围内的产业结构。地方政府在区域经济发展和产业集聚过程中发挥着至关重要的作用，产业集聚所依托的园区和产业集中发展区需要政府大量的基础设施投入、政策资金支持和进行公共平台建设等，政府在产业集聚区投资的挤出效应远远小于引致投资效应。在基础配套设施和公共服务体系初步建立以后，产业集聚区发展还需要配套资金和政策的支持，因此产业集聚在政府前后期投资作用下将大大促进城镇空间规模的扩张和发展。在马歇尔之后，产业集聚理论有很大发展，比较有影响力的是韦伯的区位聚集理论，熊彼特（Schumpeter）的创新产业集聚论、胡佛（Hoover）的产业集聚最佳规模论和波特的竞争优势理论，这些理论从不同角度涉及了产业与城镇空间结构变迁的过程。

　　而产业转移是企业将产品生产线部分或者全部由原生产地迁移到其他空间范围的现象。产业转移是一个更为复杂的问题，前提是转出地的城镇空间功能定位或者城镇空间密度与产业定位不相适应，转移将会影响转出地和转入地的城镇空间结构形态。弗农（Vernon）的产品生命周期理论对产业转移进行了重要研究，将产品的生命周期分为四个阶段——创新、扩张、成熟和成熟后期，如图 4-2 所示。

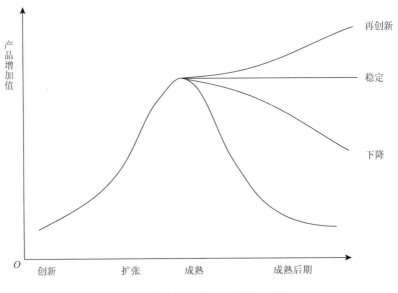

图 4-2　弗农的产品生命周期示意图

资料来源：陈秀山，张可云. 2003. 区域经济学原理[M]. 北京：商务印书馆：328

　　创新阶段的企业一般选择在大城市布局，可以利用信息、市场、科技和销售网络优势，这一阶段表现出来的是大城市对要素的吸引和集聚效应，会促使城市空间密度和规模提升。只有当产品生命周期处于扩张阶段时产业才向中等城市转移，而处于成熟或者成熟后期时产业开始向相对落后的中小城镇转移。这种产业转移的过程类似于等级扩散或者梯度转移，转移遵循由高等级城市向中等城市再向中小城镇转移的规律。当然,产业转移也可能呈现跳跃式扩散,表现出跨梯度转移的客观现象。无论如何,产业转移都以产业资本、技术传播和劳动要素的流动及迁移为特征,既有利于迁出地城镇功能的优化和升级,又有利于迁入地产业集聚和城镇规模的扩大和延伸。因此,产业集聚和转移机制是城镇空间结构优化的重要动力,本书中产业集聚与转移机制主要研究的是城镇在政府投资作用下,通过综合手段培育产业聚集发展区、承接产业转移,以及产业在城镇间的梯度或跳跃式扩散,从而形成城镇之间功能完善且相互弥补的产城互动发展格局。

4.3.3　要素空间集聚与扩散机制

要素空间集聚与扩散机制的前提条件是要素的自由流动,与产业集聚和转移机制不同的是,要素空间集聚与扩散机制主要侧重于城乡之间要素的流动。通过要素的空间集聚机制为城镇中心地区经济增长提供动力,并通过要素的等级扩散和跳跃式扩散,发挥城镇中心地区对周边小城镇及乡村地区的辐射与带动作用,通过要素空间集聚与扩散机制的作用减小城乡二元结构矛盾,统筹城乡发展,缩小城乡差距。20 世纪 50 年代佩鲁论证了经济增长源自"推动单元",按照非均衡路径推动了整个经济增长[140]。Myrdal 研究了空间单元内经济增长与发展过程的关系问题,指出偶然的增长刺激会给未来经济增长带来机遇,而偶然的增长障碍会给未来经济增长带来阻力[141],这便是增长极理论的研究先驱。而 Lasuen 将部门的增长效应和经济的增长效应推广到区域和空间结构,首次将区域和空间关系纳入研究领域,发现增长极的极化功能直接同大中城市的集聚体系联系在一起[142]。后期的增长极理论也吸收了熊彼特的观点,把创新作为要素集聚的重要因素。弗里德曼[143]将创新的领域从技术创新拓展到新的组织形式和新的社会革新,创新起源于区域内少数的"变革中心",周边的城镇依靠"变革中心"的要素扩散机制得到发展。增长极理论体系的形成与城市的集聚优势和其他功能密切相关,城市必须处于经济增长的中心,并通过城乡要素扩散机制促进城镇空间规模的扩大,带动周边城镇的发展。因此,城市与周边区域的物质能量交换是通过集聚和扩散两种机制相互作用的。集聚是经济活动涉及的资源要素在空间上的集中和经济活动向一定地理范围靠近的拉力,是导致城镇形成发展的基本因素。集聚力量是城镇形成发展的原始动力,在此基础上城镇人口规模和空间规模逐步扩大,并演变成特定的城镇空间结构。

而扩散则是在城镇要素集聚的规模优势和规模经济效应不足以弥补城镇通勤成本和交易成本时产生的现象,一般经济扩散的影响因素是多方面的,既有"推力"也有"拉力"作用,归根结底是两个或者多个空间单元的社会经济运行存在差异。扩散存在两种方式，一种是等级扩散，即从集聚区域扩散到周边大城市，再由大城市扩散到中小城市，最后由中小城市扩散到小城镇和农村地区；另一种是跳跃式扩散，主要是通过集聚区向周边基础条件较好，存在一定资源禀赋优势，发展所需的基础设施环境和政策环境较为优越的城镇扩散，而这种地区在空间地理位置上本身是不相邻的。扩散现象的产生有两方面的因素：一方面是迁出地的城镇空间结构会产生相应的变动，另一方面是迁入地会承接迁出地的资源要素转移，逐步产生一种集聚效应，从而诞生新的城镇并逐步壮大。因此，集聚和扩散是两种相互联系并相互统一的作用机制，通过要素的空间集聚与扩散，最终达到城镇空间结构的变迁。

4.4　城镇空间结构优化的社会公众协调机制

4.4.1　公众参与机制

随着新型城镇化的不断深入和城镇空间结构的不断调整，城镇规划和设计将更多地牵涉公众的切身利益，城镇规划建设不仅要注重人与人之间的协调，还要注重人与自然、人与环境、人与社会的协调。公众参与城镇规划建设可以减少决策失误带来的损失，减少矛盾和利益冲突，防止城镇空间规划和城镇空间结构优化调整的腐败和寻租行为，从而有利于提升城镇规划的科学性和可操作性，有利于充分发挥城镇各个空间功能区的作用和职能，从而优化城镇空间结构。公众参与城镇规划建设是经济发展到一定程度的产物，需要有一定的物质基础、制度基础和参与意识，因此公众参与机制由实体系统、制度系统和公众意识组成并通过其相互作用而发挥作用[144]，如图4-3所示。

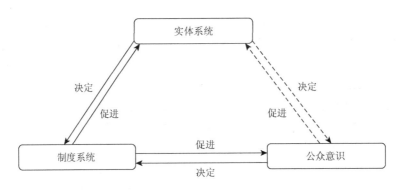

图 4-3　公众参与机制示意图

交通、信息和通信、居民的收入水平等是公众参与城镇规划建设的经济基础，称为实体系统；法律、制度、规章和条例等是公众参与城镇规划建设的制度保障和法律依据，称为制度系统；公众意识是公众参与城镇规划建设积极性、主动性、参与广度与深度的综合表现。实体系统发挥着基础性作用，决定了公众参与规划建设的制度系统，进而决定公众意识，最终决定公众参与城镇规划建设的效率和结果；制度系统是公众参与城镇规划建设的制度保障，其健全与完善决定了公众意识的参与广度与深度，并对实体系统具有反作用；公众意识由实体系统和制度系统共同决定，并反作用于实体系统和制度系统。因此，在构造公众参与机制时，应从实体系统、制度系统和公众意识三个方面，构建有利于提升城镇空间结构优化调整的公众参与机制。

4.4.2　社会组织机制

城镇空间是一个多尺度劳动空间分工叠加的经济空间[145]，这种区域的空间组织特征导致区域之间存在要素配置错位，空间摩擦不断加剧的现象。深层次原因是政府作用机制、市场配置资源机制和社会公众协调机制存在缺陷，尤其是长期以来忽略社会组织机制，导致城镇空间产品市场、要素市场和服务市场分割严重，企业组织结构低度化和产业结构低级化，使城镇空间结构布局摩擦加剧、协调不足和非一体化特征明显。城镇发展与产业发展密切联系，城镇空间结构形成和演变的核心动力是产业载体，产业是由微观企业组成的相互联系、相互作用的有机生态系统。而居民的城镇空间选择行为是距离企业远近与通勤成本的大小之间的权衡，一定程度上说，家庭选址布局很大程度上受到企业布局的影响。城镇空间结构形成和演变主要的核心问题是研究产业演进和企业行为，从演化经济学的角度来讲，生产组织历经了家庭组织—契约组织—企业组织的不断演化，而除了政府和市场配置资源机制外，社会组织机制在生产组织演化进程中起到了重要作用。因此，社会组织机制也就间接、客观地成为城镇空间结构演化的重要机制，按演化经济学的逻辑来讲，社会组织机制的演化轨迹可以分为缘协调、契约协调、管理协调[146]，它们对应不同的生产组织形式和城镇空间结构模式。缘协调主要是以家庭组织为核心，随着发展产生了亲缘共同体、地缘（邻缘）共同体、业缘共同体、物缘共同体和德缘共同体，家庭组织是企业组织产生的起源和雏形，正如费孝通指出的，中国家庭就是一个生产组织，家庭组织与企业组织具有相似功能[147]。城镇起源和空间结构存在的形态是以家庭为基本单位的，因此缘协调是一种隐性的协调机制，是社会组织机制的最初形式，城镇空间原始形态主要以家庭为单元。

随着社会化大生产和分工的出现，人们在交往过程中形成了同行业的特殊利益，从而必然出现脱离缘关系的组织，即契约组织。而由于契约组织中存在机会主义和不稳定性，便出现了正式的、显性的企业组织。因此，城镇空间结构优化的社会组织机制与城镇空间上从事生产经营活动的主体密切相关，传统的社会组织机制注重的是政府和市场的作用，但客观来讲"政府失败"和"市场失灵"是同时存在的两种社会经济现象，政府和市场之间必须出现"独立第三方"主体来弥补政府和市场协调的不足与"盲区"。城镇空间发展是从低级到高级、从简单到复杂、从单一到多元的客观历史过程，其中主要的社会组织机制各不相同，缘协调是以村落、村庄和小城镇为主体的城镇空间组织机制，契约协调适用于手工工场和中小城镇为主体的城镇空间组织机制，而管理协调是全球化视野下以大型企业和大中城市为主体的城镇空间组织机制。缘协调、契约协调和管理协调是不同城镇空间发展阶段的不同社会组织机制，对城镇空间演化升级起到了不同作用。

4.5 本章小结

机制设计理论是重要的经济学分支，与传统经济学理论相比，机制设计理论不仅提出了"市场失灵"和"政府失败"两种客观现象导致的困境，还提出了走出困境的具体路径，即如何设计机制或者规则，使得经济主体利益与社会利益相一致。机制设计理论逐渐被众多经济学分支所应用，也影响了城市经济学、区域经济学等学科的发展，机制设计理论的思想精髓和逻辑体系成为城镇空间结构优化研究的指导理论。政府作为新型城镇化的主导因素，一方面为城镇化发展制定大的方向，调整城镇空间结构，使其向有利于公众的方向发展，另一方面为城镇化发展提供政策和资金支持，为城镇化发展注入活力。因此，从政府作用机制、市场配置资源机制和社会公众协调机制三个方面入手，研究城镇空间结构优化的运行机制，有利于破除城镇空间结构优化的阻力和障碍，推动城镇空间结构优化调整。

第5章　河北省城镇空间结构演化及现状

河北省城镇空间结构的历史演变需要结合中国城镇空间结构演变的宏观背景和历史背景，才能客观体现其特殊性，以及横向比较河北省与其他省（自治区、直辖市）城镇空间结构演变的差距。同时，在此基础上对河北省城镇空间结构演变的三个阶段进行分析，目的在于借助历史发展的动态视角把握河北省城镇空间结构演变的整体脉络，进而提炼出河北省城镇空间结构优化的现实格局和特征，以便通过定量研究方法判断河北省城镇空间结构现实格局的类型，并对优化调整的原则、重点和内容进行进一步分析。本章将河北省行政区范围内的 11 个地级市作为空间研究的单元。河北省地处华北平原的北部，兼跨内蒙古高原。河北省环抱首都北京，地处东经 113°27′~119°50′，北纬 36°05′~42°40′，北距北京 283 公里，东与天津市毗连并紧傍渤海，东南部、南部衔山东、河南两省，西倚太行山与山西省为邻，西北部、北部与内蒙古自治区交界，东北部与辽宁省接壤。河北省海岸线长 487 公里，总面积为 18.88 万平方公里。通过对河北省 11 个地级市地理分布示意图的分析，更能直观地进行河北省城镇空间结构的横向与纵向比较，并在此基础上对河北省城镇空间密度、城镇空间地域与规模结构、城镇空间形态进行分析，最后总结出河北省城镇空间结构现实格局的特征。

5.1　中国城镇空间结构演变的概况

城镇空间结构优化和布局是整体性、系统性和复杂性的进程，中国城镇空间结构演变主要受到了政治、经济、军事、文化和社会制度的多重影响。中国长期处于以自然经济为主导的封建时期，城镇发展非常缓慢，并表现出封建思想和等级观念对城镇空间结构的绝对支配。由于社会生产力落后和自然经济占据主导地位的经济特征，城镇主要作为政治统治的中心，城镇功能主要表现出政治、军事功能。在封建等级观念的影响下，城镇布局主要突出王权的中心地位，城镇空间形态和结构遵循严格的封建等级秩序，城镇主要形成了封建等级性的物质空间和社会空间分异[148]，中心布局体现权力地位的宫室、衙署等封建行政和宗教机构，府邸、工商业、集市依次分布于外围空间。居住区形成了严格的阶层分异和社会分异，按照身份和地位集聚在城市的特定空间，呈现出城镇中心向外围分层布局的特征。例如，秦汉时期以后都城大多比较紧凑，体现了中央集权对城镇的影响；

在封建中央集权达到鼎盛时期的宋明清时期，宫城仅由皇族居住，贵族官员则只能在皇城以外，中轴线体现"左祖右社，面朝后市"的特点。城镇密度很低，城镇间的联系主要体现出政治、军事联系。

鸦片战争以后，中国进入了半殖民地半封建社会，殖民主义和近代资本主义工商业萌芽发展，传统城镇的政治、军事功能开始逐步减弱，影响城镇空间结构变迁的主要力量是经济规律。伴随着生产力的发展和进步，商业中心逐渐取代了传统的政治中心，城镇功能分区开始出现，并形成了商业区、工业区、住宅区等新型城镇空间形态，同时基于封建等级形成的社会阶层空间分异开始消失，更多的是在经济规律支配下实现的城镇空间结构选址和布局。由于历史的特殊性，城镇空间结构深受封建主义、资本主义和殖民主义的影响，表现出了明显的多元化特征，城镇建筑开始呈现出特有的"西方元素"。例如，在当时一些通商口岸城镇，城镇空间结构布局有带有封建色彩的老城区，有带有西方特征的租界区，还有由资本主义工商业形成的工业区和居住区以特殊功能用途进行规划建设的新城区。例如，广州、上海和天津等地区至今保留着浓厚的"殖民文化"和"租界文化"特征。而社会阶层的空间居住和空间布局呈现出明显的"中心—外围"特征，在经济规律的支配下，呈现出城镇中心向外围地区的地租递减规律。

随着经济的发展和社会制度的变迁，城镇间的交往越来越密切，经济联系逐步加强。同时，社会阶层出现演化并出现居住空间分离情况，不同种族、收入和文化的居民集聚在区域的特定空间，城镇逐步密集地分布在区域空间内，使得网络化结构开始出现。受到知识和人力资本的重要影响，城镇面貌和城镇空间结构特征发生了巨大变化，城镇发展受到规划建设的影响和指导，城镇空间结构呈现出逐步优化的态势，并出现网络化与多中心并存格局。从计划经济时期到社会经济转型时期，城镇空间结构演变的动力和表现出的特征各不相同，中国城镇空间呈现出普遍性与特殊性并存的格局。

5.1.1　中华人民共和国成立后至改革开放前

中华人民共和国成立至今，中国经济社会经历了曲折的发展，从中华人民共和国成立初期实行高度集中统一的计划经济体制到改革开放以后形成社会主义市场经济体制，中国经济取得了辉煌的成就，每个阶段的经济社会制度变迁都深深影响了城镇发展和城镇空间结构演化。在计划经济时期，城镇开始具备一定的生产功能，但由于行政对经济的绝对干预和调控，城镇空间结构布局呈现出浓厚的行政色彩。最明显的是"三线建设"时期，出于国防和政治考量，在中西部内陆地区布局了大量工业，改变了内陆地区城镇功能与规模结构，使得内陆出现很多重工业区域。例如，东北三省作为重工业区域至今发展动力不足，急于转型。在布局不尽合理的情况下，内陆城市在能耗方面出现很大的浪费，造成了很大的污染。同时这一时期实行的城乡隔离和住房分配制度等政策，使得城镇空间结构的基本构成要素是单位社区，居民工作生活的范围局限于工作地和居住地之间，城镇间的自由交流和贸易也中止，城镇形态、城镇空间结构较为单一。在这个时期城镇空间结构基本就如一潭死水，都是在计划经济的大背景下发展，服务于行政，充满了个人色彩。而在"上山下乡"运动开展时期，甚至出现过城镇人口大量向农村挺进的非正常的"逆城镇化"现象，一大批人才不能在自己所擅长的领域得到发展，使得城镇空间结构的发展和调整较为缓慢。

5.1.2 改革开放后至"十二五"规划前

改革开放后至"十二五"规划时期是社会经济转型的重要时期，中国城镇空间结构演变受到城镇化进程的影响，城镇空间结构发生重要转变。随着农村剩余劳动力的转移，城镇化进程逐渐加快，城镇规模和城镇密度逐步增加，随着人口向城镇自由转移，逐步形成了"东密西疏"格局，城镇开始向中纬度地区集聚，城镇地域空间分布偏向于东南沿海。然而，一些地方的"土地城镇化"速度快于"人口城镇化"速度，城镇空间规模不断扩张，并向郊区和农村地区扩张，滥占耕地、乱设开发区等现象频发。同时，城镇空间结构布局不合理，城镇功能定位重叠，城镇之间发展不够协调，不利于形成分工明确、布局科学的城镇空间格局。加之一些城市片面追求经济增长和城市规模扩张，忽视了当地资源环境承载力，提出超越发展阶段和条件的各项经济、城区建设等指标，使得发展呈现出盲目性。部分特大城市、大城市的功能过于集中于城市中心区，使得人口膨胀、资源短缺、交通拥堵和环境恶化等问题逐步暴露，严重影响到城镇运行效率和城镇间物质、能量和信息交流。从中国的区域结构来看，东部、中部和西部地区的城镇空间密度、城镇空间规模和城镇空间形态差异较大，城镇空间结构布局与资源环境承载力不适应问题也越来越突出，需要通过南水北调、西气东输、西电东送等重大工程项目协调资源承载力与城镇空间结构布局的矛盾。

5.1.3 "十二五"规划至今

"十二五"规划提出了坚持走中国特色城镇化道路,科学制定城镇化发展规划,促进城镇化健康发展。十八大明确提出"坚持走中国特色新型工业化、信息化、城镇化、农业现代化道路，推动信息化和工业化深度融合、工业化和城镇化良性互动、城镇化和农业现代化相互协调，促进工业化、信息化、城镇化、农业现代化同步发展"①；十八届三中全会提出"健全国土空间开发、资源节约利用、生态环境保护的体制机制，推动形成人与自然和谐发展现代化建设新格局""必须健全体制机制，形成以工促农、以城带乡、工农互惠、城乡一体的新型工农城乡关系"②。截止到 2014 年，地级市密度大于 1 的省区市均分布在沿海地区，包括浙江、山东、广东，县级市密度大于 2 的也分布在沿海的江苏、浙江、山东，镇密度大于 80 的还是分布在沿海地区，包括天津、上海和江苏。

党和国家对城镇化的深刻认识将会影响城镇空间结构的形态和布局，城镇空间结构将会在统筹规划、合理布局、完善功能、以大带小的原则指导下，遵循城市发展规律，以大城市为依托，以中小城市为重点，科学规划城镇功能定位和城镇产业布局，强化中小城镇的产业功能，增强小城镇的公共服务和居住功能，推进大中小城镇的网络化发展。

5.2 河北省城镇空间结构演化历程

河北省城镇空间结构的演化历程与中国整体城镇空间发展过程具有很大的相似性，这种相似性是由宏观环境所导致的。因此，在结合河北省自身所处环境的特点的基础上，必须充分考虑中国宏观环境下的政治、经济和文化等特点对河北省城镇空间结构的影响作用。改革开放之前，我国实行高度统一的计划经济体制。虽然国家的经济和城镇的发展都取得了巨大的进步，但由于政府的过多干预，河北省乃至全国的城镇发展表现出浓重的政治色彩，经济产业缺乏除了政府职能以外的驱动因素。改革开放以后，我国开始实行市场经济体制，经济发展逐渐步入正轨，市场逐渐成为经济产业的主要驱动力，城镇化进程也重新被提上日程。因此，本章在空间结构演化理论的指导作用下，分阶段研究了河北省的城镇空间结构演化历程。除此之外，通过对河北省城镇数据进行处理，利用 ArcGIS10.1 软件，对河北省城镇空间结构现状进行分析。

中华人民共和国成立之前，河北省各项建设在战乱中遭受严重的破坏，中华人民共和国成立以后，河北省的城镇化建设才逐渐得到恢复。1952 年，河北省城镇建设开始进入快速发展时期，行政辖区包括石家庄、保定、唐山、秦皇岛 4 个建制市。1953 年，泊头、通州、邢台、汉沽被批准成为建制市，总人口为 3130 多万人，其中城镇人口 282 万人，占总人口的 9%。自此，我国开始了第一个五年

① 胡锦涛. 2013-08-01. 坚定不移沿着中国特色社会主义道路前进 为全面建成小康社会而奋斗——在中国共产党第十八次全国代表大会上的报告.人民日报。
② http://www.gov.cn/jrzg/2013-11/15/content_2528179.htm。

计划，一直到 2011～2015 年的"十二五"规划，走过了 63 个年头。在此期间，河北省城镇化进程取得了巨大的进展。河北省政府在国家规划的基础上，结合河北省城镇发展的实际情况切实有效地提出了河北省发展规划。整体而言，河北省的城镇建设历程符合美国学者 Northam 提出的城镇发展的阶段性规律[73]，城镇空间结构演化历程也大致符合城镇空间结构演化理论。通过分析河北省城镇空间结构在不同时期的表现特点，根据城镇空间结构演化理论，总结得出河北省的城镇空间结构演化历程。

5.2.1　1949～1977 年：低水平均衡阶段

中华人民共和国成立后，河北省城镇化发展与经济发展一样进入恢复阶段。到 1951 年底全省建制市有石家庄、唐山、保定、秦皇岛等 4 个，建制镇有 10 个。1952 年以后，河北省城镇建设进入第一个高峰期。1952 年，张家口、宣化、山海关市先后划归河北省；1953 年，邢台、泊头、通州、汉沽改市，使河北省的城市数量猛增；1955 年，热河省撤销，承德市划归河北省，同年撤销了宣化市建制。到第一个五年计划完成后的 1957 年，全省共有建制市 11 个，建制镇数量也由 10 个增加到 385 个；城镇总人口达 326.6 万人，占全省总人口的 13.78%，其中城市人口为 205.72 万人，占全省总人口的 5.6%。1964 年全国第二次人口普查时，河北省城镇人口为 443.54 万人，占全省总人口的 11.25%。1967 年天津恢复为直辖市。1967～1977 年，全省仅有建制市 9 个，且全部为地辖市，建制镇仅存 47 个，城镇总人口为 559.35 万人，占全省总人口的 11.38%，比 1957 年下降了 2.4 个百分点；城市人口为 323.32 万人，占全省总人口的 6.2%。

与此同时，在 1949～1977 年，我国整体上仍处于工业化前期，受国内政策影响，我国工业发展走的是"独立自主"的路线。工业化规模虽然在一定程度上得到了扩张，但工业化技术进展缓慢，与西方国家的差距被进一步拉大。工业发展以大量的农业及第三产业资源消耗为代价，导致产业结构比例的严重失衡。河北省在这样的环境背景下，城镇建设虽然取得了部分进步，但成效甚微，整体空间结构处于低水平的发展阶段。

伴随着第一个五年计划的展开，中国紧锣密鼓地拉开了工业化建设的帷幕。在 1953～1957 年，中国得到了苏联的大力支持，提出建设 156 个重点项目工程。其中，河北省占据了 8 个项目，分别分布在保定、石家庄、承德和邯郸 4 个城市。这些项目为当时河北省的工业化进程开创了强有力的起点，推动了城镇建设的步伐。河北省第一个五年计划实施期间，省政府为了实施省会由保定迁往石家庄，做出了大量的准备工作，虽然省会迁移计划最终遭到搁置，但却极大地促进了石家庄的城镇建设。

　　1958 年，河北省内陆城市的工业实力仍处于较弱的状态，需要依靠中央调拨勉强维持。省政府在多番研究下，决定把省会由保定迁往天津，充分依靠天津的地理优势和工业基础，并撤销了邢台、沧州、通州等建制市，将它们划归北京市政府管理。1958～1964 年，河北省城镇空间结构整体上开始由西向东进行倾斜，大量的资源被用于天津、唐山、保定和石家庄的城市建设。

　　1964 年，中国政府提出进行"三线建设"，并强调"大分散、小集中"的建设原则。在贯穿整个"三线建设"的三个五年计划内，国家大约投入了全国 40% 的资源，上千万人次的劳动力，使全国西南、西北地区的工业化进程得到了快速发展。河北省的腹地成为"三线建设"范围，1966 年，河北省省会又从天津迁往保定，城镇空间结构呈现向西南发展的趋势。

5.2.2　1978～2000 年：极核聚集阶段

　　党的十一届三中全会彻底纠正了极左思想，开始了以经济建设为中心的全面改革开放时期，河北省城镇化发展也进入了调整阶段。1978 年唐山、石家庄升级为省辖市（地级市的旧称），相继增设了廊坊、衡水、泊头等市。城镇化水平也由1976 年的 11.3% 上升到 1982 年的 13.69%。从 1983 年起，全国推行"市管县"体制和"整县改市"政策，唐山、石家庄、秦皇岛城市行政辖区迅速扩大。同年，邯郸、张家口、保定、邢台、沧州、承德改为地级市，至此全省地级市达到 10个。1984 年，国家降低设镇标准并放宽户籍管理限制，河北省乡改镇的步伐随之加快。1988 年 9 月，廊坊升级为地级市。1990 年进行第四次全国人口普查时，河北省城镇人口已达 1173.39 万人，占总人口（6108.28 万人）的 19.2%，低于全国平均水平 7 个百分点。到 1996 年底，全省有设市城市 34 个，其中地级城市 11 个、县级市 23 个，建制镇 849 个。

　　1978～2000 年，工业化经过长时间的发展进入中期。中国政府对内实行经济体制改革，极大地提高了行业发展的积极性，提升了工业增长效率；对外进行门户开放，融入世界经济的大环境中，促使我国工业技术不断进步。以工业产业为代表的第二产业与其他产业协同发展，共同成为推动我国城镇化建设的主要驱动力。河北省在这一时期逐步形成了稳定的行政区范围，并建立了以石家庄为省会城市，具有多个地级市的行政格局，城镇空间结构处于极核聚集的发展阶段。

　　1983 年，河北省进行了多项体制改革。石家庄、唐山、秦皇岛辖区范围得以扩大，并确定了河北省中部的保定、衡水、沧州，南部的邢台、邯郸，北部的张家口、承德作为地级市。在第七个五年计划期间，河北省政府提出了"环京津"的发展战略和在铁路与沿海两线展开以城带乡的城镇发展策略。1988 年 9 月，随着"环京津"战略的实施,廊坊被列为河北省第 11 个地级市。至此,河北省 11 个地级市格局已经形成,为城镇格局极核聚集发展提供了空间基础。

第八个五年计划期间,省政府提出把"环京津"战略逐步转变为"一线、两片、带多点",发展沿海一线,形成石家庄、廊坊开发区,带动高新技术产业园区、旅游区和保税区等区域的发展。1995 年,河北省提出了"两环"战略,这一度成为河北省经济发展的主导战略。到 2000 年,河北省产业结构已经完成由第一产业向第二产业的过渡。经济的快速增长促进了以 11 个地级市为主导的城镇化建设,但由于经济增长的不均衡现象,县级及其以下城镇和地级市间的差距越来越大。而随着工业化程度的不断加深,相互临近的城镇间开始进行经济活动往来,河北省逐渐形成了初始状态下的城镇等级体系。

5.2.3　2001～2010 年:扩散均衡阶段

从 2001 年开始,河北省城市设置变更幅度不大。2002 年撤销县级市丰南,设立唐山市丰南区,全省设市城市数量也相应地变为 33 个。乡改镇、乡镇合并的速度与前些年相比略有放缓,到 2002 年底全省建制镇增加到 933 个,城镇化水平已成稳步提高之势。2000 年第五次人口普查数据显示,全省城镇人口为 1759 万人,占全省总人口的 26.08%。2003 年末,全省共有设市城市 33 个,其中地级市 11 个,县级市 22 个。同时,特大城市 3 个,大城市 5 个,中等城市 5 个,小城市 21 个,建制镇 937 个,全省城镇化水平达 33.51%。从 2008 年开始,省委省政府以三年大变样为抓手,加快推进城镇化建设进程,河北省城镇化建设驶入了快车道。

2001～2010 年的十年时间里,中国工业在现代化进程中不断发展,过渡到工业化中后期[149]。经过一系列的政策调整,我国的工业化进程再创新高,在 2007 年增长率达到了 15%,我国成为世界制造业基地,"中国制造"遍布世界多个国家和地区。不仅如此,工业和第三产业之间的关系变得更加紧密,第一产业的占比降低,第二产业和第三产业的比重呈现上升的趋势。河北省在这一时期,城镇空间结构的集聚效应逐步减弱,开始进入扩散均衡阶段。

第十个五年计划中,省政府一改以往的"两环"战略,提出了"一线两厢"战略。"一线两厢"指以一线城市作为全省经济发展的支撑,带动周边区域发展;加快发展河北省南部邯郸、邢台、沧州、衡水及北部承德、张家口的特色产业,从而实现不同规模城镇的协调发展。这恰恰为河北省城镇空间的扩散均衡发展提供了良好的政策支持,加深了不同等级城镇间的经济活动往来,并逐步把城镇间的纵向联系转变为横向联系。随着"一线"城市的联动作用,基础设施不断得到完善,最终在全省范围内形成了具有一定规模的空间网络格局。

5.2.4　2011 年至今：空间一体化阶段

2011 年前后，部分经济指标的变化标志着我国工业化迈入了新的时期。2010 年中国的 GDP 总量赶超日本，成为世界第二大经济体。从 2012 年至今，GDP 增速开始放缓，中国的经济增量开始了中高速的发展态势。2014 年，中国社会科学院发布的报告指出，我国已经步入了工业化后期。河北省作为一个工业大省，工业化发展阶段的转变对其城镇建设具有十分重要的影响。全省城镇空间结构在经过十余年的扩散发展以后，逐步进入空间一体化的发展阶段。

河北省政府在"十二五"规划中提出了"四个一"（一圈、一带、一区、一批）的区域发展战略。其中，"一圈"指重点发展环北京经济圈，"一带"指沿海地带成为区域经济发展的广阔地区，"一区"指冀中南城市充分依托交通优势发展经济，"一批"指依托千亿级工业园区和企业带动经济持续增长。《河北经济年鉴 2015》中的数据显示，截止到 2015 年，河北省共有 2246 个城镇，其中 80 个城镇的年经济总量超百亿元，已经实现 49.32%的城镇化率，城镇人口达到 3642 万人，平均每一百平方公里分布着 1.19 个城镇。全省范围内形成了完善的交通网络，东西方向有京藏高速、110 国道、大秦线等，南北方向有京港澳高速、107 国道、京九线、京石高铁、京沪高铁等。城镇间的经济活动越来越密切和便捷，城镇间的等级差距越来越小。新型城镇化概念的提出，对河北省城镇化建设提出了更高的要求，河北省逐步实现城镇化由量到质的转变。河北省相邻城镇间相互依赖，城镇空间被充分地利用起来，城镇空间结构逐步向空间一体化迈进。

5.3　河北省城镇空间结构的传统影响因素

5.3.1　自然环境因素

自然环境条件是城镇区域空间结构形成发育的物质基础，也是空间系统运动的自然动力因素；资源禀赋及其地域组合是城市发育与区域经济发展的物质基础，同时，自然资源是城市迅速发展及区域空间结构演化的前提条件，资源的地域分布状态影响着区域空间结构[150]。

任何一个城市都是坐落在具有一定自然地理特征的地表上，其形成、建设和发展都与自然条件有密切的关系。自然条件和自然资源的客观存在和有机组合能聚集一定地域腹地范围的区域地理要素，形成区域中心节点，从而为城市的诞生提供"土壤"，是区域城镇空间结构形成、发育与演变的基础条件[151]。

地质、地形、地貌、气候、水文、土壤等自然条件与资源条件相互交叉组合在一起，作为人类的基本生存环境，构成了城市存在和发展的基础背景，通过影响人口分布而影响城市（镇）聚落的形成和发展；而且，自然条件的地域组合分布，会直接影响区域城镇空间形态的发育，结合不同的地形地势、地貌、土地等条件，可形成"团块状"、"分散组团状"或者"带状"等不同的区域城镇空间形态；自然条件，尤其是资源条件还直接影响着工农业的生产和交通运输的布局。从区域城镇空间结构的不平衡发展规律来看，自组织系统的个体间的竞争导致他们最大限度地利用资源，抢占优势资源（包括空间），承担适宜功能，以实现成本最小、效益最大、市场最优和优先发展，同时激烈的竞争导致形成了合理的区域空间结构，以及区域内城镇合理布局、职能互补、空间分离、结构动态稳定。从区域城镇的分布与历史发展过程来看，地形、河流、水资源、矿产资源等是城镇分布的基本因素，在总体上影响区域城镇空间结构，为城镇区域发展提供不同的发展舞台，并通过其影响力形成不同城镇区域鲜明的特点。

　　城市的发展需要良好的地形条件，有较大面积的平地来满足城市建设的用地需求和对外交通联系的需求，以扩大其腹地。河流等自然条件是城镇分布的基础，城市的存在和发展都离不开水，水资源对城市用地选择，确定工业项目的性质和规模及城市发展、城镇群的组合形式起决定作用。充足的水资源可以加速城市经济持续发展，而水资源缺乏往往又成为经济发展的失衡条件和制约因素，水资源时空分布和水土资源组合是区域城镇空间结构的重要影响因素。

　　河北省城镇区域正是在优越的地理环境下形成和发展起来的，其空间结构对自然条件具有明显的依赖性。例如，气候在很长一段时间内具有不可逆性，城镇对于气候表现出被动的承受，城镇的发展要在一定程度上适应气候特点。因此，气候环境越好，越有利于城镇发展；气候环境越恶劣，越不利于城镇发展。河北省属于温带季风气候，全省年平均降水量为484.5mm，年平均气温为−1.5～15.2℃。整体而言，河北省气候环境处在良好的水平，相较于西北地区的干旱程度和东北地区的寒冷程度都具有一定的优势，有利于城镇的发展。但河北省南北跨度较大，地貌特征复杂，全省气候环境具有很大的差别。城镇化发展的初步阶段对气候的依赖程度较大，河北省气候差异在一定程度上影响了不同地区的城镇发展速度和质量，对整体城镇空间结构的演化具有直接的影响。

　　同时河北地区的城市空间结构布局具有明显的水资源指向性，即城市多集中于水资源较丰富的滹沱河流域到漳河流域。矿产资源与农业发展则是城镇形成与发展的基础，矿产资源开发一般为点状布局，集中在某些据点，当矿产资源储量大，且成片分布，有利于集中开发时，这些矿产资源开发点进而可能发展为城市。在早期依托资源，而交通条件不明显的情况下，随着矿产资源的点状布局，区域城镇空间结构往往表现为分散形态。例如，唐山、张家港、承德、邯郸等古代增设过铁官的城镇，仅依托资源，其城镇空间结构表征为分散形态。

水资源缺乏又制约河北省城镇区域的扩张和人口的再聚集,不利于现有城镇集聚功能的提升和纵深发展。河北省是我国北方资源型缺水地区,无论从相对数量还是绝对数量上衡量,在全国都算是水资源较为贫乏的地区。人均水资源量为386 立方米,亩①均水资源量为 243 立方米,人均和亩均水资源量都相当于全国平均值的 1/8,均低于全国和相邻省区市平均水平,且部分山区自产地表水资源量已专供北京、天津两市使用。全省降水量各地不均,且年际变化较大。多水年份与少水年份降水量相差悬殊,降水量年内分配也很不均匀,全年降水量的 80%集中在 6~9 月。

随着河北地区城镇工业的不断发展和城镇人口的日益集聚,城镇生产、生活用水的需求量也不断增加。一方面,城镇的发展必然要求工业生产的发展,而工业的发展又必然引起水资源需求量的大幅度提高;另一方面,城镇规模越大,市政和商业机构用水量越人,从而导致人均城市生活用水量提高。而河北省大多数的城镇本身就是缺水性城镇,现有的水资源供应条件无法满足城镇生产和生活用水量的大幅提高。因此,水资源短缺已经成为河北省城镇区域发展的主要瓶颈,严重制约着河北省现有城镇的面积扩张和人口集聚度的提高,制约着城镇质量的提升。这与水资源短缺对西北地区城镇的影响类似[152]。

自然条件和资源条件虽然对河北省城镇区域早期的聚落形成、城镇分布、产业布局产生了重要作用,但是随着工程技术条件的不断进步,交通运输条件的不断改善,区域交通网络的不断完善,以及经济全球化趋势的加强和信息技术的高速发展,产业布局和城镇发展对地方自然资源的依赖性降低,自然条件在河北省城镇空间结构发展演变中的影响作用有不断下降的趋势。

5.3.2　地理区位因素

地理区位综合地反映一个地区与其他地区的空间联系,决定着其参与区域劳动分工和接受/输出资金、技术、信息等生产要素辐射的方便程度,影响城镇区域的主要职能、发展方向、空间结构和形态,乃至社会经济发展水平[153]。作为城镇区域的一空间资源,区位决定了城市在什么地方,向什么地方发展。优越的地理区位条件是城镇区域形成发育的必要条件,否则,城镇区域的形成发育不可能实现。从区域城镇空间结构演变的区位择优规律来看,城镇区域是一个外部条件与内部元素相互联系与制约的整体,在激烈的竞争中欲求生存和发展,作为一个不断演化的自组织系统,其个体以最小成本、最大利润和最优市场为目标,综合传统文化、社会治安、公共服务等社会资本的社会效应,选择

---

① 1 亩≈0.06667 公顷。

最优区位。在优越的地理区位，经济活动具有投资少、运费低、聚集经济效益高的特点，容易聚集区域诸多地理要素，从而易较快形成城镇节点。这些城镇在成长过程中通过竞争适合其发展的区位导致空间演化与共生过程，最终形成相对有序稳定的空间结构。

地理区位因素在河北省城镇空间结构的发展演化过程中一直扮演着非常重要的角色。河北省位于华北地区的腹心地带，北京、天津两市的外围，自古就是京畿重地。河北省地处北纬 36°05′~42°40′，东经 113°27′~119°50′，位于华北平原，兼跨内蒙古高原。全省内环首都北京市和北方重要商埠天津市，东临渤海。

河北省地势西北高、东南低，由西北向东南倾斜。地貌复杂多样，高原、山地、丘陵、盆地、平原类型齐全，有坝上高原、燕山和太行山山地、河北平原三大地貌单元。坝上高原属内蒙古高原的一部分，平均海拔为 1200~1500 米，占全省总面积的 8.5%；燕山和太行山山地，包括中山山地区、低山山地区、五陵地区和山间盆地地区，海拔多在 2000 米以下，占全省总面积的 48.1%；河北平原是华北大平原的一部分，海拔多在 50 米以下，占全省总面积的 43.4%。由以上信息可以总结出地理因素对城镇空间结构的影响表现在两个方面。一方面是地理位置，河北省南北跨度大，位于北部的承德市、张家口市和位于南部的邢台市、邯郸市气候环境具有很大的差别，这对于城镇的发展产生一定的影响。此外，河北省的唐山市、秦皇岛市和沧州市临近渤海，独特的地理位置有利于发展运输产业，从而有利于城镇的发展，对河北省整体城镇空间结构具有一定的影响。另一方面是地貌特征，河北省整体地势特征为自西北地区向东南地区倾斜，西北地区主要为丘陵、高原及山区，东南地区主要为平原。不同的地貌对于城镇的发展和形成也具有一定的影响，平原地区地势平坦，有利于产业的发展和经济的流通，人口数量较多，为城镇规模的进一步发展提供空间基础，而丘陵和高原地区人口稀少，对城镇的发展具有一定的阻碍作用。通过对河北省的城镇空间结构布局进行分析可以发现，河北省城镇规模和城镇密度大体上从西北向东南呈现越来越大的局面，这与地貌特征的分布具有一定的相似性。

同时河北省又是中原社会经济文化与我国北方社会经济文化交融的过渡、传接地带，是我国数朝古都所在地，曾长久地作为我国政治、经济、文化的中心。在历史上，河北省城镇区域发展的辉煌期均是关内作为全国政治、经济、军事、文化中心的国都期。在元、明、清三朝，北京作为全国的经济、政治、文化中心，中华人民共和国成立以后虽然河北省的发展停滞了一段时间，但是作为全国政治中心的北京在地理区位方面依然属于河北省，这样也给河北省带来了一些机遇。改革开放以后，中国经济突飞猛涨，国家开发战略和"一线两带"的建设又加速了城镇的发展和城镇网络的扩张，促使城镇化模式、城镇化地域形态和城镇化体系向更高层面转化。其空间结构呈现更大的开放性和重构性。河北省有海岸线，在地理区位上又包含北京，这样的先天优势条件如果利用得好就是资源，一旦用不好这样的地理区位就可能是累赘，只有合理地规划城镇布局，进行城镇空间结构优化，才能充分地利用这些现有的条件。

5.3.3　交通因素

城市发展的历史表明，城镇的基础设施（如交通、电力、通信等）建设对城镇的发展和区域城镇空间格局有明显的支撑作用[154]。良好的交通条件是现代社会经济正常运行的基础和支撑条件，是城镇经济布局合理化的前提，有利于产业结构的调整和升级，以及产业布局在更广大空间上的扩展，促进区域经济贸易联系[155]。城市间的距离直接关系到城市间的协作、城镇体系的发展等问题，在这种条件下，区域交通条件对城镇网络的支撑性成为城镇发展与空间格局演变的重要因素。交通发达的地区经济也较发达，人口较集中，城镇吸引范围较大，从而有可能改变城镇在空间上的分布。区域交通线路的建设通过改变地区或地点的运输可达性和经济可达性而改善其经济地理位置，从而使区位优势发生变化，使生产者和消费者能以更系统和更有效的方式收集和传播信息，大大降低了信息获得和传递的费用，生产单位可以远离生产要素集中地，定位在离市场更近的地区；而且交通线路的兴建还可使沿线地区资源的开发和利用成为可能，产生大量的中介机会，这必然形成新的工商城市。因此，交通技术的改善对城市的分散存在潜在的影响。

根据增长极理论，区域内最先形成某个主导产业从而带动相关产业及部门的发展，这种模式在发展到一定程度以后表现为具有一定经济规模、交通发达、资源丰富的地区，也就形成了点轴开发理论中的"点"。点轴开发理论中的"轴"则是基于已经存在的"点"及其周围的交通路线而逐渐发展形成的城镇空间格局。根据城镇空间结构演化理论，交通路线便是物质流通、产业发展在地理空间上的载体，是扩散均衡阶段发展及空间结构一体化形成的必要条件。

河北省作为北京和全国各地交通联系的重要枢纽，经过多年的建设与发展，已形成了陆、海、空综合交通运输网。截止到2012年，境内有25条主要干线铁路通过，铁路货物周转量居全国省区市第一位；有27条国家干线公路，公路货物周转量居全国省区市第二位；高速公路通车里程达2007公里，居全国省区市第三位。

河北省海运条件十分便利，自南向北，有黄骅港、唐山港京唐港区、秦皇岛港，以及正在建设的唐山港曹妃甸港区等较大出海口岸。2016年，秦皇岛港年吞吐能力为2亿吨，是中国第二大港；唐山港京唐港区已形成3亿吨吞吐能力，唐山港曹妃甸港区也已达到3亿吨，黄骅港年吞吐量超过1亿吨。其中唐山港、秦皇岛港位列全国前八大海港。

截止到2016年，石家庄民航已开通48条航线，通达全国48个大中城市，并开通了石家庄至俄罗斯等独联体国家的航线。截止到 2015 年，秦皇岛山海关机场开辟了 25 条航线，通达全国 27 个城市。邯郸机场于 2007 年建成通航，现已开通至大连、上海、杭州、厦门、西安、广州、重庆、海口、呼和浩特、温州等多条航线。唐山三女河机场于 2010 年 7 月 13 日通航，开通了二十多条航线。北京首都机场、天津国际机场也可为河北省利用。另外，邢台机场项目投资 3 亿元，建 3C 机场（指标准条件下，可用跑道长度 1200～1800 米，可用最大飞机的翼展 24～36 米和主起落架外轮外侧间距 6～9 米），在"十二五"期间投入运营。

河北省邮电事业发展迅速，各市县全部实现了国内、国际直拨，截止到 2010 年，电话交换机总容量超过 5000 万门。发达便捷的交通通信条件，把河北省与世界各地紧密联系在一起，十分有利于开展国际交流与合作。

2016 年河北省开工建设高速公路项目 10 条段，共计 653 公里，不仅连接京津冀的京秦高速加快建设，连接京冀豫的太行山高速在下半年也全线开工建设，还推动了连接冀津的津石、唐廊高速开工建设，补齐了京津石区域三极同城化交通大动脉中的津石短板。同时，2016 年河北省还完成新改建普通干线公路 2000 公里、农村公路 10 000 公里的目标，港口、机场、场站等也都有硬指标、硬任务。北京大外环河北省境内 850 公里于 2016 年全线通车。

"十三五"时期，河北省交通运输建设总投资预计完成 7200 亿元。到"十三五"末，实现"四个覆盖"，即市市通高铁、县县通高速、市市有机场、市市通道连港口；"四个领先"，即区域一体化水平、高速公路里程、港口通过能力、通用机场数量全国领先；"四个翻番"，即高速铁路里程、运输机场数量、集装箱通过能力、不停车电子收费（electronic toll collection，ETC）系统用户实现翻番。

建设"轨道上的京津冀"。加快京张、石济、京沈等在建铁路项目建设，新开工京唐（山）、京霸（州）、廊（坊）涿（州）等城际铁路。到 2020 年，高速铁路总里程达到 2000 公里，实现翻一番，覆盖所有城镇人口在 50 万以上的城市。

建设城市轨道交通网。加快推进环京津县市与京津之间的轨道交通衔接，协调推动北京轻轨和地铁向燕郊、固安、涿州等地延伸，形成京津冀一体的城市轨道交通系统。建成石家庄地铁 1、2、3 号线一期工程，启动秦皇岛、唐山、廊坊、邯郸、保定、邢台、沧州七个市轨道交通线网规划。

大力发展运输机场和通用机场。积极推进北京新机场建设，将石家庄机场打造成区域枢纽机场，建成承德、邢台机场，力争建成衡水、沧州机场，启动保定机场建设和唐山、张家口、邯郸机场改扩建工程。大力发展通用航空，以环首都、冬奥会区域、主要旅游景区为重点，加快通用机场建设，建成三河、张北、崇礼等一批通用机场。到 2020 年，全省运输机场达到 10 个，年旅客吞吐能力达到 2450 万人次；通用机场达到 30 个以上，建成全国通用机场大省。

打造综合交通枢纽。加快构建石家庄、唐山、秦皇岛、保定四个全国性综合交通枢纽，建设邯郸、沧州、承德等七个区域性综合交通枢纽，在北京周边合理布局 29 个地方性交通枢纽。到 2020 年，实现每个设区市至少拥有一个综合客运枢纽和一个货运枢纽。

交通是各个城镇命脉联系的载体，俗话说得好，"要想富，先修路"，没有交通就没有发展。庞大的交通运输网络为河北省经济发展和人口流动带来了极大的便利，有利于河北省城镇建设的发展，对河北省城镇空间结构具有十分显著的影响。

5.3.4　政治因素

城市是人类社会的延伸，社会政治因素是城市发展的主导因素之一。城市的生成、发展的历史本身就是社会政治交替作用的历史[156]。在以往的城市研究中，社会政治因素大多作为社会环境和社会背景看待，其对城市发展的主导作用被忽视。一般认为，城市发展源自经济增长，但如果细读城市发展的历史，便会发现，城市发展不仅仅是经济增长的直接结果，而且在很大程度上依赖于社会政治体制，或依赖于社会政治制度、宏观发展政策等。

政策调控是区域城镇空间结构布局演化的间接动力，它往往通过对区域经济和社会环境的影响而间接作用于城镇群空间[157]。国家宏观发展政策对区域内的资源开发、经济发展、人口分布、生态环境维护、生产力布局等诸多方面，均有着决定性作用，其既可促进区域经济高速发展，也可以减缓区域经济发展。区域经济的发展和城市的发展，均依赖于国家政策的调控作用。政府目前主要通过出台各种政策来调控区域空间布局，具体表现为间接通过区域政策、区域规划、交通、电力等基础设施建设来调控区域经济发展格局，实现发展的公平与效率兼顾。两千多年来，由于社会政治经济的兴衰和朝代更替，不同阶段有不同的发展政策，加上自然环境的变迁，河北地区作为社会经济载体的城镇，经历了兴衰起伏的演变过程——从西周时期城镇的产生到今天的现代化城镇，从分散的城镇空间格局到组团式城镇群阶段。

作为宏观作用力的政策因素，可以视作一种城市与区域空间体系之外的其他组织力，政府通过一系列宏观区域政策或区域规划，也通过投资与产业政策影响产业空间的布局与基础设施建设。针对河北省城镇区域空间结构系统自组织演化存在的问题，协调和完善系统的自组织机制，对河北省城镇区域空间结构演化方向、空间拓展规模、空间密度及发展速度进行了人为的干预与调控，可以引导空间发展方向与结构，从而在很大程度上修正或改变了空间演化的原有轨迹。

河北省城镇空间结构及其演化与政治因素具有十分紧密的联系。通过分析城镇发展与政治政策之间的关系，可以把影响河北省城镇空间结构的因素分为国家政治因素和河北省政治因素。

　　中华人民共和国成立初期，国家提出建设 156 个重点工程项目，出于政治因素考虑，在河北省保定、邯郸、石家庄和承德布局了 8 个项目，为河北省城镇空间结构的初步发展奠定了基础。1964 年，中国提出对以西北、西南为主要区域的 13 个省（自治区）进行国防、科技、基础设施建设，称为"三线建设"。三线建设涉及了大量企业进行内迁转移，河北省沿太行山麓一带成为三线建设的区域范围，使河北省城镇空间结构重心向西偏移。改革开放以后，我国陆续在南方沿海城市设立经济特区，当时河北省的秦皇岛、天津成为较早审批通过的经济开发区，带动了当地及周围城镇的发展。这些国家政治政策在很大程度上影响了河北省城镇的发展，进而影响了河北省整体城镇空间结构的发展和演变。

　　河北省政府进行的一些重大政治决策在很大程度上影响了河北省城镇空间结构的发展。省会城市作为一省的政治中心，具有独一无二的资源优势，往往作为区域范围内城镇发展的主导城市。自中华人民共和国成立以来，河北省省会城市经过多次变动。1949 年，河北省省会为保定，1958 年，河北省省会迁往天津，在 1966 年又迁回保定，1968 年，考虑到石家庄交通条件发达，工业基础较好，把河北省省会迁往石家庄，石家庄作为河北省省会，经过几十年的发展成为河北省的政治和经济中心。除此之外，河北省政府在多次五年计划（规划）中指出进行环北京建设、沿海城市建设的指导方针。

　　2015 年 11 月，中国共产党河北省第八届委员会第十二次全体会议通过了《中共河北省委关于制定河北省国民经济和社会发展第十三个五年规划的建议》，此次会议深入分析了河北省所处的历史方位和发展阶段。"十三五"是河北省发展历史上重大机遇最为集中的时期，是河北省各种优势和潜力最能得到有效释放的时期，是河北省破解难题、补齐短板最为紧要和关键的时期，是河北省转型升级、提质增效、又好又快发展最为宝贵和有利的时期。

　　"十三五"时期全省经济社会发展的指导思想为，全面贯彻党的十八大和十八届三中、四中、五中全会精神，以邓小平理论、"三个代表"重要思想、科学发展观为指导，深入贯彻习近平总书记系列重要讲话精神，按照"五位一体"总体布局和"四个全面"战略布局，牢固树立和贯彻落实创新、协调、绿色、开放、共享的发展理念，加快形成引领经济发展新常态的体制机制和发展方式，按照省委八届十二次全会的部署，高举发展、团结、奋斗的旗帜，坚守发展、生态和民生三条底线，把握协同发展、转型升级、又好又快的工作主基调，坚持稳中求进，坚持全面深化改革开放，坚持以提高发展质量和效益为中心，着力在结构性改革上取得突破，重点推进新型工业化、信息化、城镇化和农业现代化，坚决打赢脱贫攻坚战，确保如期全面建成小康社会，加快建设经济强省、美丽河北，为谱写中华民族伟大复兴中国梦的河北篇章奠定更加坚实的基础。

　　河北省"十三五"时期经济社会发展的主要目标为，"三个高于""两个翻番""一个全面建成"。"三个高于",就是经济保持中高速,增长速度高于全国平均水平;发展迈入中高端,质量效益提升幅度高于周边地区;环境治理大见效,空气质量改善程度明显高于以往,污染严重的城市力争退出全国空气质量后10位。"两个翻番",就是生产总值比 2010 年翻一番以上,城乡居民人均可支配收入比 2010 年翻一番以上。"一个全面建成",就是到 2020 年如期全面建成小康社会。这既是"十三五"的目标,也是河北省空间结构优化的目标。有了政府的大力支持,就好比船有了舵手,方向不会错。

总体而言,河北省城镇空间结构的演化离不开政治因素的驱动影响。我国作为社会主义国家,在进行政策制定方面更加关注集体利益,各级政府具有统一的认识和高度协调能力,因此,政治因素对于我国城镇发展及空间结构的演化具有十分重要的作用。

5.3.5　产业因素

自然因素、交通因素、政治因素及产业因素都在一定程度上影响了城镇空间结构的发展,这表现了城镇空间结构影响因素的多样性。对这些因素进行进一步的剖析可以发现,它们还具有高度的相关性,因素之间相互作用,共同影响城镇的发展。产业因素是城镇空间结构演化的主要驱动因素,自然因素、交通因素和政治因素在一定程度上通过对产业的影响推动城镇空间结构进行演化。产业并非独立的个体,而是由主导产业带动关联产业协同发展,提供大量的工作岗位,促使农村劳动力向城市进行转移,产业上下游企业和与之利益相关的个体、商户在空间上形成聚集,提高了城镇的人口规模和用地规模。在不同主导产业的引导发展下,各地区的经济发展水平不一,这种经济差异会在一定的空间范围内形成"经济势能",经济发展水平较高的城镇会对周围城镇形成"极化效应",促使小型城镇向大中型城镇聚集,大中型城镇的规模不断扩张,从而导致河北省整体城镇空间结构产生变动。

1949 年前后,河北省城镇发展处于初级阶段,城镇功能简单,以行政办公、居民生活为主要用地方式,城镇扩张进程缓慢。随着第二产业在国民经济中的占比逐渐上升,城镇开始由生活功能转变为生产功能,产业用地总量不断上升,城镇进入了快速扩张时期。产业用地的扩张总是以政策最为支持、地理位置最为优越、交通最为便利为前提进行布局。1956 年,河北省在国家重点工程建设时期大力发展石家庄、保定、邯郸的第二产业,较早地奠定了冀中南地区城镇发展的领先地位。改革开放后,随着国际贸易的不断发展,沿海城市的运输优势日渐显著,河北省唐山、秦皇岛、沧州开始大力发展运输产业,带动了当地城镇的发展。河北省的城镇建设在第二产业的推动下获得了快速的发展,且目前仍以第二产业为主,在很大程度上影响了整体城镇的进一步发展。因此，完善河北省城镇功能体系，改善城镇空间结构，必须加大产业的发展力度，逐渐提高第三产业的比例，进行产业结构升级。

截止到 2016 年，河北省各个产业发展良好，如表 5-1 所示。

表 5-1　河北省 2016 年核算主要数据

指标名称	金额/亿元	同比增长/%
GDP	31 827.9	6.8
第一产业	3 492.8	3.5
第二产业	15 058.5	4.9
第三产业	13 276.5	9.9
批发零售、住宿餐饮业	3 040.2	8.1
交通运输、仓储邮政业	2 403.0	4.8
其他服务业	7 833.3	12.4

注：数据来源于河北省统计局

从表 5-1 可以看出，虽然第三产业的经济总量不如第二产业，但是其增速最快，这预示着河北省的产业转型正优良运转着，第一、第二产业也正常增长着，只有这样，第三产业作为支柱产业才能进行可持续发展。这也是城镇空间结构优化所要看到的目标。产业是进行城镇空间结构优化的驱动力，没有产业，城镇空间结构优化就是空谈，因此产业因素也是重中之重。

5.3.6　社会经济因素

社会经济发展是城镇空间结构形成与演化的推动力，社会经济增长的同时，必然伴随空间结构的改变，没有城镇经济的发展，就没有城镇空间结构的演化。

1. 经济发展水平

城镇是经济发展的空间载体，经济发展水平是城镇规模扩大和密度增加的最原始动力。同时商品经济发展促进了人流、物流、信息流的传输，加强了城市间的联系，推动了城镇密集区的形成。城镇的形成和发展就是产业逐渐集中和发展的结果，城镇是各种产业集中的地方，随着产业的集中和发展，人口也随着集中起来，人口的集中又促进了城镇的发展。受利益驱动而形成的竞争是一种自组织现象，是系统要素的一种自动调节，竞争和协调产生了空间的聚集，无论是农村的人、财、物流向城市，还是一个城市的人、财、物流向另一个城市，这种流动一定会使参与这种流动的人获得更大的利益。第一，经济发展吸收了农村剩余劳动力转移，提供城乡居民工作岗位，促进了城市人口规模的扩大，产生了大量的住房需求，从而促进了城市房地产行业的发展，城市面积不断扩大，并开始形成围绕城市周边的卫星城和卫星镇等。第二，经济发展将会使资金、技术聚集，从而在不同的区域形成城市的工业园区、总部基地、经济技术开发区和保税区等，增加了城镇的用地规模、人口规模和城镇密度。第三，经济发展存在客观差距，经济差距客观上会造成城市或城镇间"经济势能"不同，从而产生大中城市对周边腹地的极化效应，导致小城市和小城镇资源迅速向大中城市集聚，大中城市规模开始扩大，整个城镇体系或者城镇空间结构将变动。

2. 工业化水平

工业化通常被定义为工业或第二产业占 GDP 的比重，是传统农业社会向现代工业社会过渡的必经之路，是现代化的核心内容，是反映地区经济实力的重要指标。工业化的特征主要表现为农村劳动力大量转向工业领域并定居在城镇，较高的工业化水平是现代社会发达程度的重要标志。与此同时，工业发展不是孤立的，总是以贸易的发展、市场范围的扩大和城镇联系的加强为依托。但是复杂的工业需要多方的协作和各种人才，它们更倾向于大城市，以便能从聚集经济中获得更大的效益。而诸如原料加工业或者低成本的初级加工业之类的资源型工业，因为从聚集经济中得到的效益很有限，一般集中在小城市。当城市工业集中到饱和状态时，就会使原来有利于工业发展的因素逐渐弱化消失，导致经营成本上升，企业继续往大城市集中已无法保证超额利润，于是工业企业开始自发地向落后地区或边远地区分散。当然，这种分散并不意味着没有了集中，相反地，随着时间的推移，这种分散又逐步形成新的集中，产生规模更大、连绵不断的城镇群带。例如，中华人民共和国成立以后，以大规模工业建设为先导，一批新兴工业城市在河北地区迅速兴起，唐山、邯郸等地也因国家重点项目的布局和工业化建设的迅速发展成为新的工业城市。

从工业区位布局对城镇空间结构发展演变的影响来看，城镇工业活动是城镇发展的主导因素，它决定了城镇用地的扩张速度与方向，影响着城镇用地的结构与形态；而工业用地的扩展又往往成为城镇用地扩展的先声，并带动居住、仓储、交通用地向外扩展。对于河北地区来说，20 世纪 50 年代的"大跃进"运动时期，在城镇外围出现大量分散的工矿点，这在一定程度上拉开了城镇的空间骨架；20 世纪 60 年代中后期的"三线建设"期间，国家在作为重点建设区域的河北地区布局了大量工业项目，使许多城镇外围形成了以"散、山、隐"为特征的分散而孤立的工业点，使城镇空间形态进一步趋于松散。改革开放以后，随着经济体制的转变，市场机制越来越发挥出其重要作用，生产要素也逐步按市场原则寻求最佳的行业组合和空间配置，河北地区城镇经济总体规模不断扩大，城镇产业结构开始调整并逐步向多元化发展，与之相对应，城镇内部的空间结构和区域城镇体系也开始发生变化，唐山、邯郸、石家庄等城市分散的工业逐步向边缘区转移并集中；并且在城市边缘和交通沿线，因人口、资源的聚集而形成了一批新型的产业开发园区，它们迅速崛起并形成规模；另外，产业的外移带动了核心城市外围区域的发展，形成了一批以居住、服务、工业、房地产开发和高新技术为主导功能的新型城镇，进一步拓展了主城的地域扩散范围，加强了城镇间的空间联系[158]。

然而，河北地区的镇域经济的主体仍是农业，非农经济居次要地位，且规模小、水平低，多以简单的农具修造、地方资源的小规模采集及初级加工为主，能够带动全镇乃至周围区域经济发展的主导工业部门或能够为城镇社会经济发展迅速积累资金的支柱行业基本上没有形成，小城镇仍普遍存在规模偏小、工业基础薄弱、环境状况与城镇建设标准有很大差距等问题，建制镇吸纳能力不强，对所在区域和周边地区所能发挥的中心作用不强。这也导致了之前所说的河北省城镇区域空间结构的大城市和大农村并存，城乡一体化不完善问题。

在进行具体的生产经营决策时，企业布局往往是劳动力导向型、市场导向型、资金导向型、技术导向型等，使得工业企业仅能在大中城市周边工业园区、小城市或者资源禀赋优势较好的城镇地区布局，这决定了工业化水平与城镇规模和城镇空间发展结构有着密切的联系。一方面，主导产业的布局必然带动关联产业、部分上下游企业和服务于工业生产、生活的商贸服务业的集聚，其本身是城镇的重要功能区，推动着城镇规模的扩大和城镇空间结构变迁。另一方面，工业化作为地区经济增长的重要引擎，其辐射和影响范围很大，对周边工业和城镇发展有着正面或负面的影响，必然导致城镇体系和城镇间经济联系发生变化，最终影响区域城镇规模和密度。理论上讲，工业化水平较高的区域，其城镇空间规模和密度也应该相对较高。但客观发展的现实并不是完全如此，尤其是在涉及排名时，很难出现工业化率排名与城镇空间规模和密度排名完全一致的情况。

3. 城镇化水平

城镇化是社会经济发展的动态进程，指的是农村人口向城镇转移，第二、第三产业不断向城镇集聚，从而使城镇规模扩大，城镇密度不断增加。这一进程随着区域社会生产力发展、科技进步和产业结构调整的发展而发展，并伴随着区域工业化、信息化、农业现代化等逐步发展的进程。城镇化的过程也是各个国家在实现工业化、现代化过程中所经历社会变迁的一种反映。当前，世界城镇化率已超过 50%，这意味着一半以上的人口居住在城市，而中国城镇化率于 2012 年才接近这一平均水平，城镇化在中国表现出加速发展的趋势，是中国未来经济增长和经济发展方式转型的重要动力。城镇化问题是一个涉及社会、经济、人口的综合性问题，一直是党和国家高度关注的社会热点问题，十六大提出"走中国特色的城镇化道路"[①]，十七大又进一步补充为"按照统筹城乡、布局合理、节约土地、功能完善、以大带小的原则，促进大中小城市和小城镇协调发展"[②]，十八大明确提出"坚持走中国特色新型工业化、信息化、城镇化、农业现代化道路"[③]。2013 年 6 月，新一轮城镇发展规划开始酝酿和落实，而城镇空间结构形态、城镇空间密度、城镇体系和城镇空间结构优化等都是给予高度关注的问题。城镇化率对城镇空间规模和密度的影响理论上来讲应该是正向的，城镇化率较高的区域其城镇空间规模也应该较大，相应的城镇密度应该较大。从时间维度进行纵向比较，这种规律往往表现得更为明显，但从空间横向维度比较，由于个体的差异和特殊性，城镇化率排名和城镇空间规模或密度排名往往不是绝对一致的。

4. 人口分布特征

人口是社会构成的微观细胞，是社会经济发展的创造者和受益者，人口分布和构成与城镇空间结构优化和变迁有着双向影响。一方面，人口的数量反映了社会经济运行的潜力，人口红利是推动社会进步的重要力量，人口的分布结构反映了地区发展水平和差异，人口呈现出从农村向城市、从城镇和小城市向大中城市、从经济落后地区向经济发达地区迁移和集聚的规律，人口的构成和分布对城镇空间结构形态和变迁有着根本而深刻的影响。另一方面，城镇是人类社会生活的主要空间载体，城镇的发展承载了更多的人口，减小了人口之间的交流、贸易成本，使得"知识溢出"和"技术扩散"更容易在城镇间进行，城镇的规模和大小是社会进步的重要标尺，城镇的空间形态和结构是城镇文明的重要标志，社会的发展总是伴随着城镇空间结构优化和空间形态升级。人口和城镇规模演变是一个动态的过程，随着社会生产力的逐步提高，农村中出现了剩余劳动力，他们主要有三种流向：一是继续滞留农业，城镇规模和空间结构保持不变；二是专业型迁移，有的呈现"候鸟式"流动[159]，向既有城市寻求工作机会，导致所在地或者既有城市空间发生变化，有的永久迁移到城市，导致既有城市空间结构发生变化；三是兼业型转换，农村剩余劳动力有的在原地空间分散，导致所在地区城镇规模和空间发展变迁，有的向异地空间集中，导

---

① 江泽民. 2002. 全面建设小康社会，开创中国特色社会主义事业新局面——在中国共产党第十六次全国代表大会上的报告（2002 年 11 月 8 日）. 北京：人民出版社.

② 胡锦涛.2007.高举中国特色社会主义伟大旗帜，为夺取全面建设小康社会新胜利而奋斗——在中国共产党第十七次全国代表大会上的报告（2007 年 10 月 15 日）. 北京：人民出版社.

③ 胡锦涛.2012.坚定不移沿着中国特色社会主义道路前进 为全面建成小康社会而奋斗——在中国共产党第十八次全国代表大会上的报告（2012 年 11 月 8 日）. 北京：人民出版社.

致新城市的出现，城镇体系产生变化。因此，人口的分布、迁移和流动对城镇空间结构有着深远的影响，两者相互促进，共同提高。从理论上讲，人口规模大和人口密度较大的区域，相应的城镇密度也应该较大。河北省人口规模和密度与城镇密度的关系也存在时间和空间双层效应，从时间维度来讲，人口规模和密度与城镇密度肯定呈现出正相关关系；从空间维度来讲，这种变化规律大致存在，但不一定完全对等。

　　5. 基础设施条件

　　基础设施是为社会生产和居民生活提供服务的工程设施，是社会公共物品的重要组成部分，不仅包括交通基础设施、能源基础设施、通信基础设施，还包括医疗、教育、科技、体育等社会性基础设施。交通基础设施对城镇空间结构的影响最大，与城镇空间结构关系最为密切，主要表现在：第一，交通基础设施本身是城镇空间结构的重要组成部分，交通基础设施是有形的公共物品，其通达程度和发达水平直接影响城镇空间结构的层次和水平。第二，交通基础设施是城镇功能分区的前提，城镇功能的向外扩张和迁移依赖于良好的交通网络设施，城市副中心、卫星城市和工业园区的"多核心模式"发展依赖于良好的交通条件。第三，交通基础设施是城镇经济、贸易联系的基础，城市内部、城镇间的经济贸易联系以交通网络为基础，交通条件是区域经济一体化的重要推力[160]。河北省交通运输行业经过多年的发展，已经得到了迅速发展，截止到 2014 年，铁路总里程达到9000 公里，公路总里程达到 40.3 万公里，民航为 50.7 万公里，保证了河北省经济社会的全面发展。而不同地区交通基础设施的发展与城镇规模和密度的关系，也可以从时间和空间两个维度来进行判断。从时间维度来讲，交通基础设施与城镇规模和密度是正相关的，但由于空间个体的差异，地区之间两者的排名可能存在一定偏差。与此同时，其他基础设施同样保障了城镇的运行和发展，只是其起作用的渠道和机制具有"间接性"，因此在这里没有具体分析，并不意味着能源、通信等基础设施不重要。

5.3.7　地域文化因素

　　地域历史文化及其演进对空间的组织与发展产生影响，形成空间的文化特色，空间物质形态积淀延续了历史和文化。在城镇区域这个复杂巨系统中，人是区域的灵魂，在区域的发展与演化中处于最重要、最具能动性的地位，区域中的一切社会经济活动，都是源于人的需要。人是区域社会经济活动的主体，不同地域的民众具有不同的文化传统，包括价值观念、思想观念、行为方式、劳动技能、教育水平等。文化上的差异使人们的观念不同，导致主体活动行为的不同，进而对区域经济发展产生作用，一般来说，先进的文化造就先进的经济，落后的文化只能伴随着贫困的经济，区域经济增长的同时，必然伴随空间结构的改变。

河北省对接京津，被誉为"燕赵之地"，历史悠久，数千年下来积淀了丰厚的文化资源、特色的民间艺术和民俗习惯及和谐的商业氛围。"慷慨悲歌、尚侠任气"是燕赵文化精神的核心内容，它构成了河北文学的底色。河北文学在整个中国文学史中占有重要位置，它既具备中国文学史所蕴含的许多共性，又具有明显的地域风格。

正是燕赵文化的实用性、开放性，以及大一统的理论精神在推动河北省城镇区域经济发展中发挥了重要的作用，而后由燕赵文化导致的故步自封、不求进取思想的滋生，对经济的发展也产生了一定的制约。

从地域文化上看，河北省城镇区域地处华北中部，是汉族和关外之间的"文化通道"区域，在以汉文化为主的背景下，南方文化对该区域的经济发展和人们的思想观念都有不同程度的渗透与影响，其具有历史文化厚重、经济基础薄弱、民众思想比较保守、社会现代化起步较晚等特点。悠久的历史、丰富的人文资源和燕赵的雄风培育和熏陶出了古朴、粗犷、源远流长的燕赵文化。但是，这种文化背景既是河北省的财富和骄傲，又是河北省的包袱和挑战，倘若利用和发挥得好，"上国气象"的精神风貌、燕赵人南下的开拓精神完全可以成为促进河北地区社会现代化发展的重要而独特的因素。但若不能正确对待，关内厚重的历史积淀带给河北人的保守、狭隘、故步自封及安于现状的观念又将成为社会现代化发展进程中严重的思想障碍，将在一定程度上阻碍城乡之间的联系与交流，而这也正是河北省多年来高度行政分割、各自独立发展格局形成的重要原因之一。特征突出的文化地缘与厚重的历史积淀，使河北省城镇区域小农经济基础仍然根深蒂固，从而影响了城镇的开放性和包容性。

在经济全球化的背景下，伴随着资本与技术的蔓延，文化的扩张与交融也成为必然趋势，城市和区域越发展越需要文化与精神的支撑，尤其是先进文化的支撑。因此，要妥善处理经济全球化与地域文化发展的关系，明确地域文化的发展走向；要培育富有地方特色的地域文化，对传统地域文化进行扬弃，将继承和创新有机结合起来；以先进文化解放思想，以先进文化推动生产力的发展，以先进文化促进区域社会经济发展，对空间的组织与发展产生积极影响。

5.4　河北省城镇空间结构的新影响因素

5.4.1　经济全球化对河北省城镇区域空间结构的影响

经济全球化通过全球金融市场的整合、商品和服务市场的全球分布、跨国公司的经济渗透而形成的国际生产网络，以及劳动分工在国际层面的重组和扩展，使区域成为世界经济的区域或全球节点，将每一个区域纳入全球经济体系中，并明确每一个区域在体系中的定位和分工[161]。经济全球化带来了制造业由发达国家向发展中国家的转移。在经济全球化的推动下，一方面，产业总是朝着成本比较低的地方流动，形成了一系列产业集群，这种产业集群使得小城市、小企业也能介入全球产业链之中；另一方面，经济全球化又使新的产业不断产生，发达国家加速将传统产业向发展中国家转移，而新兴工业化国家则积极转移失去比较优势的劳动密集型产业，转向以资本、技术密集型产业为主，使得产业在空间上的转移变得更为广泛。

再地域化（reterritorialisation）即各类地域组织（如城市、区域与国家）的结构重整与尺度重组，是全球化的固有现象。经济全球化使得城镇区域内的社会经济相互依赖性越来越强，从根本上超越了单一行政层次或机构力所能及的范围。当各种生产过程在全球范围内进行空间整合时，由于区域内部产业结构的更替，各种产业不同的空间需求也造成了区域空间结构的重组。

经济全球化为河北省城镇区域国民经济发展和区域空间结构重组带来机遇和挑战。经济全球化与区域经济一体化相互联系、相互促进。随着城镇化的快速推进和经济全球化的日益深入，城市已成为经济全球化及区域化的最重要节点，当代城市竞争已不是单个城市间的竞争，而是以中心城市为核心的城市区域或城市集团的竞争，各种城镇群体空间现象在普遍生成。

河北省城镇区域内的城镇具有不同的性质、类型和等级规模，各城镇之间具有区域的整体性和系统性等特点，这些城镇在全球化背景下，有着共同经济、社会发展前景，它们相互竞争又相互协作，最终使其所在的区域成为在一定范围内有一定影响力、竞争力的区域。河北省作为华北地区经济较发达、城镇较密集、智力资源最密集的区域，依托其装备制造、高新技术、高效农业、现代服务业、文化旅游等优势产业，形成了一批支柱作用明显、产业关联度高的产业集群，有充分的实力接纳发达国家和地区的产业转移，积极应对全球化带来的机遇与挑战。全球化所带来的全球生产要素的自由流动、产业结构的重构与转移，以及全球市场的建立，将进一步推动河北省城镇区域工业化的发展，拓宽对河北省工业产品的国际需求，对河北省市场经济建设和产业结构升级都有积极作用。在制造业的全球转移过程中，河北省城镇区域对外贸易经济活动日益频繁，2015 年河北省进出口总额为 3192.4 亿元，是"十一五"末 2010 年的 1.1 倍，比 2014 年同期（下同）下降 13.4%（2014 年进出口总额以 3686.3 亿元创下历年最高）。其中出口额为 2042.1 亿元，下降 7%；进口额为 1150.3 亿元，下降 22.8%。"十二五"期间河北省累计进出口额为 16 968.5 亿元，比"十一五"期间增长 53.9%。对外贸易的发展，使河北省更深入地参与国际劳动地域分工，对全球经济的参与加深，扩大了经济和产业发展的市场容量。在全球化与区域一体化并行发展中，在制造业空间转移和产业结构变迁过程中，河北省城镇区域的各城镇紧密联系，既相互竞争又相互协作，在国际竞争中充分发挥比较优势和竞争优势机制，形成自己的优势产业和优势商品。增加城市数量，呈现出群组化、促进城市规模的扩大，必然会促进农村人口向城市人口的转变，推动河北省城镇区域空间结构的优化发展，使其整体上呈现网络化、整体化、开放化的发展特征。

5.4.2　信息技术对河北省城镇区域空间结构的影响

信息技术的迅猛发展改变了传统的生产方式，促进了传统产业的结构重组和空间转移。信息技术应用与基础设施的运行与管理，缩短了传输距离，提高了空间的机动性，使经济活动的流动性加强，生产转移、商品和劳务贸易、资本和技术流动更为容易[162-164]。信息技术的迅猛发展和综合性交通走廊的形成，导致城市要素高密度集聚的同时，在空间上也开始向相对松散的郊区和周边城镇扩散。一方面，信息技术使空间区位的影响因素大为减弱，区位差异缩小，经济活动克服空间障碍而出现加剧的扩散；另一方面，经济活动在扩散的同时，一些传统中心的地位因其区位条件好、空间交往最密、信息量最大化及信息传输完善化，不但没有减弱，反而以多种经济活动的某个节点的形式延伸到整个区域，并形成了新的次级中心。空间扩散的辐射效应和城乡交流的日益频繁也加快了城乡一体化的进程，促进了城乡之间的快速融合[165]。在信息技术的推动下，区域更趋向于以多中心、一体化、综合性、兼容性和多种产业交叉的状态发展，使传统城镇布局的模式发生根本性变革。

在信息技术影响下，河北省城镇区域城镇空间相互作用日益频繁，生产要素的流动更为便捷，产业的区位选址更为灵活，城镇区域的空间扩展已呈现出多核状态，邯郸、唐山、保定、张家口等城市按照河北省城镇区域产业发展方向，根据产品、技术、物流的关联性，加强与石家庄的产业配套协作。在一些重点城镇，布局发展则配套加工生产，带动县、乡产业振兴和经济发展。城镇与区域在地域和功能等方面相互融合、相互包含的趋向更为明显，形成以石家庄都市圈为中心，唐山、保定等城市为次中心，小城镇作为农村增长极，水平联系取代垂直联系而处于主导地位，各城镇在发展的同时，进一步与中心城市加强联系，整个城镇区域未来将逐步成为一体化共生关系的局面。

5.4.3　新经济对河北省城镇区域空间结构的影响

当代"新经济"是以知识为基础、以计算机与信息技术为依托、高新技术密集、高度专业化、技术与制度创新驱动、兼跨第二和第三产业但以服务业居重、高度外向而趋于全球化的经济活动。第二产业中的高新技术制造业及第三产业中新技术和专业化知识密集的生产者商务服务业是公认的最主要的"新经济"活动组群。每一次大范围经济结构的深刻转型都会带来城市形态及城市体系的深度演化，新经济的崛起也必将对当代城市发展变革产生一定的影响。内在结构特性决定了其区位需求与传统产业相比具有更注重智力资源、"新经济"软性基础设施创新氛围及社会文化环境的特点。充足的高质量人力资源、发达的现代基础设施（尤其是信息通信设施）、高水平的大学与科研机构、适宜的政策与体制设置，当然还包括完善的市场机制及开放的社会文化和良好的生态环境，是公认的新经济发展的重要条件[166,167]。

在新经济时代，知识成为最重要的生产资源，全球范围内国家和地区之间的竞争日益表现为知识生产领域、高科技产业领域的竞争，面对高新技术革命迅猛发展的浪潮，世界各国和地区都在积极调整战略，把高新技术产业作为国际经济竞争和综合国力较量的制高点。高新技术及其产业将成为未来经济发展的推动力量，传统产业及其结构将发生重大的变化[168]。高新技术产业的发展是城市经济实现增长的新源泉，高新技术在交通、运输、通信领域中不断渗透并发挥作用，使城市区位相对改变，改善了城市可达性，增强了其吸引力和辐射力，相应增加了城市的可利用资源，从而提升了城市效益，而这又反过来强化了城市的聚集功能。高新技术的运用，可以大大提高资源的利用效率，同时，由于信息技术、通信网络的日益发达，社会经济活动进一步摆脱了空间束缚，使城市可以容纳、吸收更多的社会经济活动，城市的承载能力也相应得到进一步提高。另外，很多城市的空间扩展本身往往就伴随着经济开发区和高新技术开发区的建设，高新技术开发区已经成为城市在地域空间上新的资源集聚中心、信息中心、技术中心和创新（观念和体制）中心，成为城市经济增长新的极点。

河北地区是我国科技成果与智力资源的密集区域之一，也是全国高等教育的重要基地，具有良好的教育环境及雄厚的产业基础，高新技术产业增加值指数位居全国前列。经过多年建设，以秦皇岛经济技术开发区、廊坊经济技术开发区和曹妃甸经济技术开发区这三个国家级开发区为骨干的河北省高新技术产业带已初具雏形，具有了一定规模，产业群体已成为经济发展中最具活力的增长点。曹妃甸新区将重点发展港口机械、船舶修造、矿山机械、工程机械等重型装备制造产业，大力培育和发展环保、新能源设备、新能源汽车等战略性新兴产业，加快发展现代服务业，引领和带动河北省沿海地区快速发展。这三个高新技术开发区在带动当地区域支柱产业及高新技术发展中起了很大的作用，已初步形成了高新技术产业发展的大气候。以高新技术为主体的园区对河北省经济的发展，尤其是核心城市的发展，起到了极大的推动作用。在全球化和信息化背景下，技术、产业、人口、资金等生产要素向西安、咸阳集聚较为明显，更多的生产性服务业和高科技产业开始向市场前景广大的地区迁移集聚，河北省城镇区域的核心——石家庄都市圈已成为新兴产业的孵化地和跨国公司高级管理机构的集聚地，这又进一步拉大了河北省城镇间的发展差距，加剧了城镇空间发展的不平衡性。

5.5　河北省城镇空间结构现状

5.5.1　"弱核多中心"的城镇等级体系

　　河北省内部包含北京、天津两个大型直辖市，逐渐形成了极具中国特色的"弱核"和"多中心"城镇等级体系。其中，"弱核"表现在河北省城镇增长极城市规模较弱，其中规模较弱也是相对北京、天津这两个大型直辖市而言的，在这两个直辖市的影响下，河北省的城镇规模发展总是对接不上北京、天津的输出。"多中心"表现在河北省具有多个中心城市，2015 年河北省人均 GDP 排名前三的是唐山、廊坊、石家庄，经济总量排名前三的是唐山、石家庄、廊坊。石家庄作为河北省的行政中心和经济中心，经济总量和平均水平均不如唐山，而廊坊在北京的辐射带动下发展迅速。这就造成了河北省的经济分布形式的"多中心"，这个"多中心"有利有弊。利，即可以"遍地开花"，多地同时发展经济，能够较均衡地发展。弊，即力量不集中，不能很好地集中一点发展自己的优势，找到突破口，以此来带动全省的经济发展。十八大以来，新型城镇化的提出对河北省城镇发展带来了巨大的机遇和挑战。2013 年以后，在京津冀一体化发展背景下，河北省各项经济指标有所提高，城镇化建设水平实现有效提升。到 2015 年，河北省的 GDP 达到 29 806.1 亿元，全国排名第七，同比增长 1.3%，城镇化率达到 51.33%，这些数据都证明河北省的经济水平得到了很大的提升，城镇化水平更是超过全国平均水平。北京、天津作为河北省地理区位内部的超大城市（中国的超大城市总共七个），在金融发展、交通网络、产业布局、信息分享、政策引导方面对河北省城镇发展具有直接的推动作用，尤其是在京津冀一体化战略实施以后，对河北省的廊坊、保定、张家口等外围城市具有明显的利益输送关联，最好的例子就是廊坊人均 GDP 直接超过省会城市石家庄，可见北京、天津对河北的城市发展影响之大。但与此同时，河北省在北京、天津的强势辐射作用下产业结构和产业布局都受到严重的影响，由此引发了河北省城镇空间格局的一系列问题。在长期地理空间割据的客观作用下，河北省南北区域出现分割，打破了河北省城镇发展在空间地理上的连续性，一定程度上阻碍了南北区域城市间的经济往来和协同发展。

　　此外，河北省并没有形成能够有效带动全省城镇发展，合理配置资源流动的增长极城市。石家庄、唐山作为各自城镇群的中心城市，对区域城镇的带动作用十分有限，最直观的数据就是 2015 年河北省各地级市的人均 GDP 排名，见表 5-2。

表 5-2　河北省 2015 年各地级市人均 GDP 排名

地级市	总 GDP/亿元	常住人口/万人	人均 GDP/元	人均 GDP 排名
唐山	6 100.00	776.82	78 525	1
廊坊	2 401.90	452.18	53 118	2
石家庄	5 440.60	1 061.62	51 248	3
沧州	3 240.60	737.50	43 940	4
秦皇岛	1 250.44	306.45	40 804	5
承德	1 358.60	352.72	38 518	6
邯郸	3 100.00	937.39	33 071	7
张家口	1 363.54	442.09	30 843	8
衡水	1 220.00	442.34	27 581	9
保定	3 000.34	1 149.01	26 112	10
邢台	1 764.50	725.63	24 317	11
河北省	29 806.10	7 383.75	40 367	

从表 5-2 可以看出，唐山、廊坊和石家庄这三个中心城市的人均 GDP 差别已经很大，而中心城市与周围城市的差别也很大，在经济上也没有很大的关联。因此，各中心城市并没有发挥自己的带头作用，并没有很好地处理好资源配置和资源重组。

石家庄在 1968 年被定为省会城市，在此之前，河北省已经经历了两次省会的搬迁工作。石家庄作为河北省的行政中心，较其他城市具有独特的政治和经济发展优势，自改革开放以后得到了快速发展，成为冀中南地区当之无愧的中心城市。尽管如此，受地理位置、历史沿袭定位的影响，石家庄并没有真正担负起河北省全省区域范围内城镇发展带动作用，并没有给其他周围城镇起到很好的经济发展带头作用。唐山作为河北省经济体量最大的城市，GDP 总额多年位居第一且发展迅速。但以唐山为首的沿海城市经济呈现出明显的内地化特征，产业结构多以资源消耗为主，港口功能较为单一，2015 年唐山进出口总额为 139.1 亿美元，比上年下降 17.1%。在出口额中，一般贸易为 77.4 亿美元，比上年下降 5.9%；加工贸易为 3.2 亿美元，下降 6.3%。钢材产品出口为 59.8 亿美元，下降 6.5%；机电产品出口为 9.2 亿美元，增长 15.4%；陶瓷产品出口为 5.6 亿美元，增长 15.8%；农产品出口为 0.9 美元，下降 3.9%。对亚洲出口增长 0.2%，对北美洲出口下降 7.1%，对欧洲出口与上年持平。在进口额中，铁矿砂进口为 43.0 亿美元，下降 27.9%；煤炭进口为 4.5 亿美元，下降 56.1%；机电产品进口为 3.0 亿美元，下降 40.0%。2014 年唐山的经济指标数据中，人均 GDP 尚低于沧州，城镇综合规模有待进一步发展。

5.5.2　城镇规模结构差异明显

从全国范围来看，河北省整体城镇规模偏弱。通过对河北省城镇规模数据进行分析还可以发现，在整体偏弱的背景下其内部城镇规模结构差异十分明显。这种规模结构的差异性集中表现在城镇化建设和人口规模分布不均两方面。2015 年，河北省的城镇化率为 51.33%，相比 2014 年提高了 2.03 个百分点。其中，城镇化率最高的地级市为石家庄（59.03%），其次为唐山（56.17%）；城镇化率最低的地级市为衡水（44.11%），城镇化水平差距十分巨大。各地级市城镇化率如图 5-1 所示。

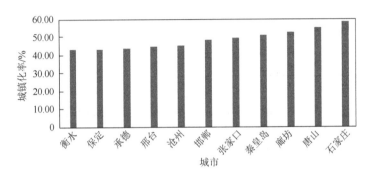

图 5-1　2015 年河北省各城市城镇化率

在人口规模方面，城市首位度大于 2 表示区域城镇规模结构失衡，小于 2 则表示结构正常。由于河北省独特的地理特征，将冀中南地区和冀东地区作为不同区域分开进行城市首位度的计算和分析。冀中南地区的首位城市为石家庄，城市首位度为 5.18；冀东地区的首位城市为唐山，城市首位度为 3.33。两个区域的城市首位度均大于 2，表示河北省的城镇规模结构失衡，呈现出人口集中化的趋势。此外，河北省人口分布与地势、交通具有十分密切的关联，表现为"西疏东密，北疏南密"的人口分布现状。

5.5.3　区域发展失衡

2014 年，中国 GDP 为 6 364 363 亿元，增长率为 7.4%，同年，河北省 GDP 为 29 421.91 亿元，增长率为 6.5%，低于全国平均增长水平。河北省 11 个地级市的 GDP 增长率参差不齐。廊坊市在京津冀一体化的战略背景下，2014 年的 GDP 增长率为 11.98%，远超河北省平均水平；省会城市石家庄的 GDP 增长率为 6.3%，略低于河北省 6.5% 的平均水平；唐山作为河北省经济体量最大的地区，GDP 增长率仅为 1.7%；邯郸市的 GDP 增长率最低，为 0.6%。由此得出，河北省 11 个地级市的 GDP 增长率差别明显，区域经济发展失衡。

除此之外，河北省还表现出贫富差距较大的问题。在北京、天津周边存在一些"环京津贫困带"。一个统计网站中显示：2014 年，河北省人均 GDP 为 39 984 元，人均 GDP 最高的城市为迁安市（130 919 元），最低的为曲阳县（10 413 元），两地人均 GDP 相差近 12 倍，且有 100 多个城市尚未达到平均标准。到了 2015 年这种区域发展失衡现象又有所加剧，具体数据见表 5-3。

表 5-3　河北省 2015 年各地区 GDP

名次	地区	2015 年 GDP/亿元	2014 年 GDP/亿元	名义增速/%	名义增量/亿元	人均 GDP/元
1	唐山	6 100.00	6 225.30	−2.01	−125.30	78 525
2	石家庄	5 440.60	5 170.27	5.23	270.33	51 248
3	沧州	3 240.60	3 133.38	3.42	107.22	43 940
4	邯郸	3 100.00	3 080.01	0.65	19.99	33 071
5	保定	3 000.34	3 035.20	−1.15	−34.86	26 112
6	廊坊	2 401.90	2 175.96	10.38	225.94	53 118
7	邢台	1 764.50	1 646.94	7.14	117.56	24 317
8	张家口	1 363.54	1 348.97	1.08	14.57	30 843
9	承德	1 358.60	1 342.55	1.20	16.05	38 518
10	秦皇岛	1 250.44	1 200.02	4.20	50.42	40 804
11	衡水	1 220.00	1 149.13	6.17	70.87	27 581
	河北省	29 806.10	29 421.2	1.3	384.90	40 367
	注水率	1.46%	0.29%			

注：注水率指统计口径的 GDP 大于实际 GDP 的值

5.6　河北省城镇空间结构现实格局的特征分析

河北省城镇空间结构的基本特征是：内环京津，外环渤海，城镇空间结构呈孤立多核多中心状，抱团式发展的城市较多，城市空间差别化明显，整体分布不均衡，呈"三带两群"式分布格局。

5.6.1　被京津南北分割是河北省城镇体系空间结构的独有特征

河北省中环京、津两座超大城市，城镇体系的空间布局是架构在以北京、天津为中心城市基础之上的城镇体系[105]。河北省环京津的地理区位特点，使其在分享京津科技、信息、金融、文化、对外交流等方面具有优势，能够有很大的机会承接京津产业的对外扩散，在推动自身经济发展的同时，也受到京津商业、交通运输业及某些高科技产业的抑制性覆盖，从而使相关产业的发展受到抑制，京津自身的条件就决定了其对科技、政策、文化、金融等商业信息有无比巨大的吸引力，这就导致大多数企业反而忽略了在京津周围的河北省。

京津地区不仅在经济文化产业上对河北省进行了分割，也在地理位置上对河北省进行了分割。京津在地理位置上直接将河北省分为冀东和冀东南，这就直接造成了省会城市对唐山、秦皇岛、承德三个城市的影响力的减弱。同时京津对河北省城镇体系的南北分割造成了经济、信息的流通不畅，也是冀东城镇群和冀东南城镇群形成的客观原因，一定程度上打破了省域经济发展在地域空间上的完整性，阻碍了城市间的经济联系和协作关系的形成与发展。若想保持河北省经济发展在地域空间上的完整性，必须把京津作为全省经济发展的依托，将石家庄纳入京津冀城镇群，形成京津冀"三极"互动格局，在一定程度上促成冀东城镇群和冀东南城镇群的整合。

5.6.2　外环渤海，但沿海地区内陆化特征明显

河北省濒临渤海，拥有秦皇岛港、唐山港、黄骅港和曹妃甸港，是国务院批准的对外开放地区。

秦皇岛港 2016 年累计完成货物吞吐量 3.6 亿吨，实现了港口吞吐量的持续稳定增长。其中煤炭为 2.9 亿吨，石油、天然气及制品为 766.92 万吨，矿石为 609.75 万吨，集装箱为 41.4 万标箱。

2016 年度，曹妃甸港区货物吞吐量继续保持两位数增长态势，再创历史新高，达到近 3.1 亿吨。在主要运输货种统计中，矿石 1.4 亿吨、钢材 3204 万吨，同比分别增长 23.9%、36.91%，集装箱吞吐量达 22.45 万标箱，同比增长 48.97%。

2016 年，京唐港区货物吞吐量完成 3.9 亿吨，同比增长 7%。京唐港区建设运营已进入了快车道，近年来主要货种运量一直保持在全国沿海港口前列。特别是集装箱运量保持高速增长，2014 年完成 86.45 万标箱，占河北省港口总运量的 50%，展现出率先发展的气势。

黄骅港 2016 年货物吞吐量达 2.36 亿吨。其中煤炭港区完成 12 429.67 万吨，综合港区完成 4102.47 万吨，同比增长 27.74%；河口港区完成 125.47 万吨；集装箱累计完成 501 797 标箱，同比增长 59.81%。

从以上数据不难看出这四个港口主要以输出矿产为主，特别是秦皇岛港，港口功能比较单一，发展有弊端，已经被后来居上的曹妃甸港超越了，同时黄骅港

一改往日的疲软状态，也有了好转，但是也和秦皇岛港有共同的问题存在，那就是港口功能单一，这些都对经济大发展造成了一定的阻碍作用。

另外，由于开发时间较晚等因素，河北省经济基础相对薄弱，仍有一部分属于经济欠发达地区。以邯郸邱县为例，2015 年人均 GDP 为 13 356 元，远远低于辽宁、山东两省环渤海地区的平均水平，河北省沿海城市中只有唐山发展得较好，秦皇岛和沧州一直处于中等水平，但是唐山的发展是以能源输出为主，并不是靠沿海的贸易，这就造成了沿海城市经济发展内陆化，没有很好地利用自身优势。河北省城镇分布格局与我国城镇分布格局大不相同，全国城镇分布密度从沿海向内陆递减，如珠江三角洲、长江三角洲和辽东半岛城市密集带大都分布于沿海，而河北省城市大多分布于内陆，沿海城市规模小、数量少、密度低，经济实力相对较弱，直接导致了河北省的落后。

5.6.3　多核牵引和腹地分割的空间格局

河北省城镇体系中，北京和天津作为整个地区的第一增长极，在整体上对河北省城镇的抑制作用大于带动作用。一方面，虽然京津对河北省有一定的带动作用，但是在北京、天津这两个超大城市面前，河北省任何一个城镇都黯然失色，就算是京津想下放一些企业对河北省进行帮助，但是这么多年的发展中，河北省已经难以跟上京津的步伐，在某些硬件和软件上恐怕一时还难以承接京津的帮助。另一方面，北京是全国的行政中心，在政策上有先天的优势，而且京津与河北省城镇共同争夺原料市场，抢占销售市场，争项目、争资金等，这些方面抑制了河北省城镇的全面发展。受产业结构限制，京津在集聚和扩散过程中，一直是集聚效应占主导地位，扩散非常缓慢，或者说扩散也是为了下一步的集聚，北京作为全国的行政中心势必会吸引全国人民的目光，最好的例子就是全国每一个县，甚至一些大的企业都会在北京设置一个驻京办，来实时了解政策的最新相关信息，这就造成了绝大部分的人最关注北京，也就把资源全部带到北京，而河北省很大程度上只是作为北京的资源输出地。

虽然河北省部分城市承接了京津转移的部分项目，如首钢落户迁安带动黄骅港的发展等，但就整个河北省而言，由于历史的沿袭，经济发展没有配套的硬件设施和政策支持，还未建立起与京津产业转移相配套的结构体系，各城镇间的相互联系并不紧密，就算是组团发展的城市也不像团队，大部分城市仍然各自为战。河北省位于环渤海经济圈的核心区域，经济辐射东北、华北和西北，拥有原材料供应充足、港口物流功能齐全等优势，既拥有传统的农业地区和重工业基地，又拥有相对发达的金融业和高科技产业，具备了发展外向经济的地理区位优势和良好的产业基础，但是，至今河北省没能形成外向型经济结构，主导产业不能有效占领国内、国际市场。河北省至今还未形成一个能够有效组织各城市合理分工和生产要素有序流动的增长极。各设区城市只对其周围邻近县市有较强的吸引和辐射作用，强影响范围的平均值仅为 32 公里。各城市之间相互作用微弱，彼此间的合作还处于低层次的贸易互补阶段，城镇体系职能分工不强，竞争大于合作，最终导致河北省城镇体系结构表现为多核心牵引，腹地分割的局面。这些情况都是值得学者深思的。发展至今，目前比较流行的有石家庄、唐山双核说和唐山、石家庄、邯郸或者唐山、石家庄、廊坊三中心说。

5.6.4　城镇空间分异明显，形成东北-西南城镇密集带

河北省各地区地理位置、地形、资源和交通等方面存在明显差异，与之相应，城市发展表现出明显的地域差异。从地形上看，全省城市集中分布在海拔 50 米以下的冲积平原和滨海平原上，33 个设市城市中 29 个分布在平原上，平原城市占全省城市总量的 71.62%。从交通线上看，全省城市主要沿京广、京山、京沪、京九、京张和石德六大铁路线分布，这些线路上共有城市 26 个，集中率达 78.8%。

广、京山铁路沿线是全省城市数量最多、人口最密集、经济最发达的核心区域，构成由秦皇岛、唐山、廊坊、保定、石家庄、邢台和邯郸七大城市组成的东北-西南向城镇密集带。这种分布不均匀势必会造成一些区域跟不上整体的发展进度，但是从另一个角度来说，分布集中的区域又可以抱团发展，集中力量带动周边。

城镇密集带西北部是以张家口、承德为中心的冀西北生态保护区，西南部是以沧州、衡水、唐山为中心的"沿海经济盆地"，虽然这样的划分既发展了经济，又对生态进行了规划，但是这样的发展势必会造成生态保护区内的城镇难以快速发展，因此周边更应该对其进行帮助，以此来保护环境红利。

5.7　河北省城镇空间结构布局存在的问题

5.7.1　城镇空间结构布局不合理

河北省城镇空间结构布局主要沿太行山、燕山的山前地区展开，形成东北-西南向城镇发展带。与全国城镇分布从沿海向内陆依次递减的特点不同，河北省沿海地带与中部地区相比，不仅城镇数量少、密度低，而且经济实力不是非常强，带动作用弱，经济发展模式内陆化太严重。

1. 城镇规模等级空间分布不平衡

城镇规模等级空间分布不平衡主要表现在以下两个方面。

第一,城镇化水平低。2015 年河北省城镇化水平达到 51.33%,但是从总体看来,城镇化水平偏低,且差异大,不仅落后于沿海发达省区市,而且低于全国平均水平。城镇化滞后于工业化是阻碍河北省经济社会发展的结性矛盾,是影响河北省现代化进程的主要因素之一。

第二,城镇规模结构差异明显,大中城市少,小城镇多且规模偏小。第五次人口普查统计数据显示(表 5-4),河北省大城市数量偏少、规模偏小,中等城市数量少、实力差,小城市和小城镇规模小、层次低,要素集聚能力差,中小城市普遍缺乏产业支持,工业化程度整体不高,现存工业科技含量不高,是制约河北省经济社会进一步发展的重要因素。

表 5-4　2010 年河北省设市城镇等级规模一览表

等级规模	规划人口/万人	城镇个数/个	城镇名称(人口/万人)
100 万人以上的城市	529	3	石家庄(210)、唐山(185)、邯郸(134)
50 万~100 万人的城市	534	7	张家口(89)、保定(90)、秦皇岛(85)、沧州(70)、廊坊(80)、邢台(70)、承德(50)
20 万~50 万人的城市	312	12	衡水(40)、任丘(35)、辛集(30)、三河(30)、高碑店(25)、定州(25)、鹿泉(25)、涿州(22)、霸州(20)、泊头(20)、河间(20)、遵化(20)
小于 20 万人的城镇	1100	121	冀州(16)、武安(16)、沙河(15)、藁城(15)、迁安(15)、深州(13)、新乐(13)、南宫(13)、晋州(12)、黄骅(12)、安国(11),以及玉田、枣强、平泉、赵县、魏县、乐亭、徐水、青县、宁晋、昌黎、磁县、迁西、景县、怀来、清河、易县、香河、肃宁等共计 110 个独立县城
建制镇	675	712	
合计	3150		

表 5-5 为河北省不同规模城市人口结构与其他省区市的比较。结合前面对河北省城镇的分析,可以总结出河北省城镇规模体系存在的不足有:第一,特大城市数量较少,且规模较小,发展水平不高,省会石家庄首位度较低,没有充分发挥对全省城镇的辐射带动作用,邯郸市、唐山市两座大城市的扩散与集聚能力低、辐射与带动作用没有充分发挥;第二,中等城市偏少,并且没有起到承上启下的作用,造成对小区域的经济带动力不够,工业发展处于最薄弱的环节;第三,小城镇数量较多、规模小,且质量较差,吸纳能力弱,发展方式较为粗放。

表5-5　河北省不同规模城市人口结构与其他省区市的比较

省区市	城市人口规模级别数量/个						城市个数合计/个
	100万人以上		50万～100万人	20万～50万人	20万人以下		
	其中200万人以下	其中200万人以上			其中10万人以下	其中10万人以上	
河北	3		7	12	3	8	33
浙江	8	1	8	13	0	5	35
江苏	9	1	6	15	1	9	41
山东	9	2	6	19	1	10	47
广东	7	3	9	19	2	12	52

资料来源：国务院第六次全国人口普查办公室国家统计局人口和就业统计司. 2011. 2010 年第六次全国人口普查主要数据. 北京：中国统计出版社

　　另外，城镇规模普遍偏小、布局分散、产业雷同，难以形成结构合理、具有较强竞争力的城镇群。面对京津两大都市的吸附作用，河北省大中城市均无力竞争，成为为京津输送人才和资金的"跳板"。

　　积极培育大中城市，发挥集聚经济功能，吸引投资、孵化新企业并刺激经济增长，优化全省城镇布局，完善城镇功能，形成以大城市为中心，辐射和带动中小城市，中小城市支撑大城市的不足，细化大城市的各种功能这种合理的布局结构，是当务之急。

2. 区域发展差异显著，发展不平衡

　　区域发展差异显著，发展不平衡主要表现在以下两个方面。

　　第一，京津周边存在"环京津贫困带"，城市需要大力发展。京津雄踞河北腹地，在一定程度上"挤占"了河北省的城镇"资源"，以至于京津周边的城市"雄踞"最明亮的灯下，却得不到发展，如赤城县。对于北京与赤城的差别，一个是雄心勃勃急于跨入"世界城市"行列的现代都市，一个是仍然存在"走泥路""住旧房"的"环京津贫困带"上的国家级贫困县——虽然赤城县南接延庆、东邻怀柔，与北京山水相连。然而，一方的富庶优越与另一方的愁苦与困窘，却不是迈过作为界限区隔的那座小桥、那道田埂、那块界石、那副横杆就能改变的。"环京津贫困带"的存在不仅仅是经济问题，对京津的社会稳定、城市供水安全、大气环境质量等也产生深远影响。

　　第二，沿海城镇发展缓慢，沿海经济优势利用不足。河北省城镇空间结构布局主要沿太行山、燕山的山前地区展开，沿海资源利用不充分，沿海城镇少，不发达。与南方沿海省区市相比，除了建港时间较晚、腹地小、区位条件不同外，利用港口发展临港产业、拉动城市发展差距明显。三大港区四大港口的依托城市大多没有形成，黄骅港与黄骅市的关系、京唐港与王滩镇的关系，即港口与其附近区域的关系不协调。港口功能的充分发挥必须依托城镇和产业的高度发展。港口功能突出的城市都是实行港口、城市和产业（开发区）三位一体联动发展。河北沿海地区"有港无城"（京唐港）、"大港小城"（黄骅港）情况比较突出。产业集聚度不高，发展速度不快，优势得不到充分发挥。

5.7.2　市场经济意识不强，沿海地区内陆化特征显著

从整个区域看，河北省对外开放度低，外向型经济发展缓慢，目前仍处于政府推动型经济发展阶段。河北、北京、天津三省市各自为政，受地方利益驱动，生产要素市场、产业发展基础设施建设、环境资源开发和保护难以协调发展。同沿海发达省市相比，河北省县域外向型经济存在较大差距。2015 年，全省农产品出口创汇 102.7 亿元，仅为山东的 10%，江苏的 8%。即使是河北省引资最好的三河市，与江苏的张家港、常熟、昆山、吴江等市相比，差距也很大[169]。由于地区分割和民营企业发育不全，河北省沿海地区与京津之间没有形成有效的产业链，区域产业割裂导致区域整体优势无法充分发挥，影响了区域经济增长潜力。例如，天津 Motorola 的协作配套生产大部分在长三角和珠三角地区，而不是在"家门口"的河北省沿海地区。

河北省沿海地区与内陆地区的相互支撑作用并未充分发挥，沿海地区城镇发展缓慢。除了秦皇岛中心市区是真正的临港城市外，唐山、沧州中心市区距离港口都在 70 公里左右。河北省在京津冀都市圈、环渤海经济圈内经济发展落后，与中国经济增长第三极的整体发展态势不协调。

河北省港口数量并不多，平均每 218 公里大陆海岸线一个港口，低于全国每 92 公里海岸线一个海港的平均水平。中小港口数量较少，直接影响到海岸带的开发。环渤海湾各港口分工不明确，导致重复建设和不必要的竞争，就算是和北方各沿海省市比较，还是有诸多不足，如表 5-6 所示。

表 5-6　2014 年河北省在环渤海经济圈中的地位

省市	海岸线长度/千米	近海海域面积/(×10⁴平方千米)	滩涂面积/(×10⁴平方千米)	沿海人口/万人	沿海城市非农人口/万人
辽宁	2920	6.8	2.7	1980	1060
山东	3121	2.9	0.32	3358	1185
天津	153	0.3	0.04	1042	785

续表

省市	海岸线长度/千米	近海海域面积/($\times 10^4$ 平方千米)	滩涂面积/($\times 10^4$ 平方千米)	沿海人口/万人	沿海城市非农人口/万人
河北	487	0.64	0.12	1698	441
总计	6681	10.64	3.18	8078	3471
河北省在环渤海经济圈中的地位	3	3	3	3	4

资料来源：2014 年河北、山东、天津、辽宁统计年鉴

　　行政中心地位的确立，促进了石家庄市的发展。尽管目前石家庄市发展很快，但是和发达地区相应级别的城市相比，仍存在很大差距。尽管石家庄属于沿海省市省会，但却没有像沿海城市那样在对外开放中获得足够机会。石家庄在华北城市格局中面临被边缘化的尴尬局面。不到 20 年的时间里，省会三易其地，实际上是分散建设的一种形式，在全省城市聚集、发展壮大时期，对城市功能定位和经济发展产生了负面影响，分散建设失去了中心城市快速形成的机遇。城市虽然从本质上说是经济发展的产物，但行政区划的适时调整，对于优化城镇布局和推进城镇化发展具有重要作用。由于历史原因，河北省没有很好地抓住行政区划调整的机遇，城镇规模相对偏小。与周边及发达省区市相比，河北省设区市数量少而管辖的县（市）数量多，平均每个设区市管辖县（市）12.4 个，比全国平均水平多 5.4 个，比周边及发达省区市多 6~9 个。城镇规模偏小影响了城镇聚集功能的发挥，致使城镇经济实力不强、成长动力不足[116]。

5.7.3　资源型城市转型时期发展后续动力不足

　　河北省矿产资源和农业资源丰富，大部分城市发展主要是依托当地资源，以能源、原材料为主的产业结构特点突出，受资源、环境束缚明显。近几年迁安、武安、遵化、任丘等发展较快的县市，基本上是依托当地矿产资源发展起来的。随着自然资源开采时间的延长，开采条件日益恶化，开采成本逐渐上升，自然资源优势正在逐渐丧失，经济效益差的同时伴随着环境条件的恶化。省内缺乏在全国有重大影响的企业和产业集群，综合竞争力不强。企业经济困难，下岗职工人数较多，居民生活困难，城乡二元结构矛盾突出，各级城镇普遍面临就业岗位不足的压力，社会保障制度尚不健全，促进农村富余劳动力向城镇有序转移的政策和体制有待进一步完善。

　　河北省矿产资源总量相对较多,但是人均资源量只达到全国平均水平的 60%，单位土地面积平均占有率只有全国的 30%，推动新型城镇化发展的主要资源如铁

矿石、原煤等较为短缺。并且，河北省水资源量极其缺乏，人均水资源量仅为全国的 10%。河北省多个城市发生水荒现象，石家庄市每年生产生活用水量达到上亿立方米。此外，河北省人均耕地面积也低于国家水平，城镇建设用地与农业用地存在较大矛盾，运用科学方法解决土地问题是决定河北省城镇化进程的重要因素。

5.7.4 城镇建设存在巨大的资金缺口

新型城镇化发展进程中，需要在人口城镇化和公共设施完善方面投入大量资金，但是，政府的财政收入有限，银行贷款和债务偿还面临较大困难，因此，推进新型城镇化存在的资金缺口较大。2014 年 4 月 9 日，《河北省经济发展报告（2014）》蓝皮书发布会在石家庄市举行。报告认为河北省城镇化存在资金严重不足的现象。据测算，2014～2020 年政府累计资金缺口约为 1.1 万亿元，地方政府的融资平台存在巨大风险。仅靠财政资金难以独立支撑城镇化建设重任，必须发挥政府、企业、个人、外资等各方面的投资积极性，多方面拓展融资渠道，建立多元化的城市基础设施和公共服务投融资机制。与此同时数据也显示，2008～2012 年，河北省城镇基础建设投资约 300 亿元，其中 2011 年最多，为 83 亿元，但是在全社会固定资产投资中所占比重仅为 4.3 个百分点，远低于 9%～15%这一国际标准。河北省万人公交车辆、人均住宅面积及人均绿地面积等公共基础建设严重滞后，均低于全国平均水平。

河北省城镇公共设施建设欠账较多，公共产品供给短缺，城镇基础设施落后，城镇公共设施不足。而完善城镇基础设施，扩大城镇公共服务，有利于促进城镇化发展，增强城镇集聚能力。评价城镇建设质量水平的最重要指标之一就是城镇基础设施的完善程度，如供水、交通、燃气、住房等城镇公用基础设施建设。由于河北省经济发展相对水平不高，城市基础设施建设资金不足，城镇基础设施和公共设施不完善。河北省基础设施水平与全国平均水平相比还有一定差距，由于城镇基础设施建设资金短缺，交通、通信、供气、供热、给排水等基础设施建设不完善，交通拥挤问题严重，这些问题不仅在大城市严重，而且在中小城市已经凸显出来。政府公共服务不全面，不能更好地满足居民的需求，文化教育、娱乐健身、医疗和其他公共服务设施的发展是不够的，没有足够的覆盖率，服务标准较低等问题严重。河北省大中城市的城镇化质量水平较低，只有石家庄市、秦皇岛市、保定市、邯郸市和邢台市高于全国平均水平，其他各市均比全国平均水平低。各城镇普遍存在基础设施发展落后、交通堵塞现象严重、绿地覆盖率低、环境污染、生态恶化等城镇外部环境问题，而且存在文化设施建设水平不高、就业岗位不足、受教育程度低、人口素质差等软环境问题，严重阻碍了河北省新型城镇化的发展进程。因此城镇化的发展不能只满足各项城镇化指标的提高，更要从内涵上注重城镇化的发展，提高城镇化质量，加快城镇基础设施和公共设施建设。

5.7.5　体制和制度因素的制约

完善的体制、科学合理的政策措施是推动新型城镇化建设的重要前提。城市的生成、发展的历史本身就是社会政治交替作用的历史。城市发展不仅仅是经济增长的直接后果，而且在很大程度上依赖于社会政治体制，或依赖于社会的政治制度、宏观发展政策等。任何一个城镇区域都有其发展历史，城镇区域的发展都要在继承历史的同时在良性发展的轨道上运行，并且要根据新的形势不断进行制度创新，从而引导城镇区域结构进行有序演变。

地方政府角色的变化对空间结构的演化将产生深远影响，这主要表现为政府企业化倾向——地方政府利用自己对行政、公共资源的垄断权力，像企业一样追求短期经济利益，并展开类似企业间的激烈竞争。空间资源是地方政府通过行政权力可以直接干预、有效组织的重要竞争因素，空间的拓展和结构的演变也因而表现出政府强烈主导，逐利色彩浓厚的特征[170-172]。

在计划经济时代，为了统筹安排城市食品供应和就业，限制农村人口盲目流入城市，关中地区也同全国一样实行严格的户籍管理制度，并在此基础上形成了断裂的"城乡二元社会结构"。随着计划经济向市场经济转轨，户籍管理制度日渐松动，城市流动人口得到了发展，大规模的地域性人口流动现象非常普遍。在积极推进城镇化的战略下，户籍管理政策更为宽松，人口进一步向城市聚集，促进城市规模的快速增大，相应的空间扩展的速度与规模也有较大幅度的上升。以农村经济体制改革为突破口的改革开放政策的实行，极大地调动了广大农民的积极性，随着经济水平的不断提高，关中城镇化进程明显加快，无论是城镇数量还是城镇人口都获得了较快增长，农民进城务工经商的人数大增。另外，随着乡镇企业的发展和农村商品经济的搞活，受城乡二元分割体制的影响，城乡体系构成中的重要一员乡镇企业在"自下而上"的动力驱动下迅速崛起，小城镇作为城镇功能的载体也开始由过去单一的行政或专业化工业中心，逐渐向综合性的政治、经济、文化和交通中心转变，中心城市的地位和作用不断增强。

由于地区利益的存在，河北省城镇区域的各城市在激烈的竞争环境中出于自身利益最大化的考虑，地方政府的行动常常变为本位主义和地方保护主义行为，形成了城镇区域各级政府与上级政府之间，以及地方政府之间在产业结构和吸引投资方面的博弈关系，行政区划在资源的流动中扮起了壁垒角色。在行政区划方面，行政区划固有的刚性造成城镇的发展空间局促，不利于要素的集聚和合理配置，城镇之间因缺乏有效的利益协调机制，进行分散建设和重复建设，不利于各级区域中心城市的发展和形成合理的城镇体系结构，制约了城镇集聚功能的发挥和城镇建设质量的提高。目前，河北省城镇区域还缺乏一体化发展的相关制度和协调政策。这导致城市与城市之间没有进行统一开发、统一规划、统一建设，从而造成经济的无效率。其突出表现在：存在严重不合理的重复建设；各城市之间有各种各样的地方保护主义；区际联系观念淡薄；区域整体经济效益差，影响了城镇区域的整体协调发展。

河北省体制、政策与新型城镇化的内在要求不相符合的问题比较突出。第一，城乡二元体制壁垒依然存在，城乡交流存在困难；第二，关于市区或县城内没有耕地的乡村的管理制度缺乏创新；第三，户籍制度改革不完善，与城镇居民相比，农民工不能平等享有就业、居住、社会保险等福利待遇；第四，当前土地制度不能满足城镇化的要求，公共土地市场化、资本化交易机制欠缺；第五，一些城镇财政缺乏独立性，投资力度薄弱。所以，政策、体制对河北省新型城镇化建设存在较大影响。

5.7.6　在观念和认识方面的制约

河北省城镇化发展滞后的原因还有观念和认识方面的制约，其阻碍了河北省更好地适应新型城镇化的要求。部分地方政府对新型城镇化的内涵在认识上出现误区，只注重城镇自身发展而忽视了区域之间的协调推动，只注重城镇自身形象建设而忽视产业的推动作用，只注重外延拓展而忽视城镇质量的提高，只注重城镇规模的扩大而没有更好地加强对城镇的管理。一些地方没有对城镇化建设进行全面的理解，只关注城镇数量的增加和城镇规模的扩大，大搞形象工程和政绩工程，不能满足城镇居民的基本公共需求。新型城镇化是一种全新的理念，是以人为本的城镇化，是促进经济、社会、资源、环境协调发展的城镇化，最终目标是实现人的全面发展。新型城镇化的建设不是一步到位的，是逐步推进的过程。现实中，一些市、县在城镇化建设中盲目攀比，制定不切合实际的指标计划，不符合河北省省情，造成了资源的严重浪费、环境污染和生态平衡的破坏。由于经济、历史、政策等方面的原因，河北省区域城镇化发展不平衡，各地区城镇化建设不可能齐头并进。一些地区没有对城镇化做出全面认识，盲目攀比城镇化率，不断扩大城镇规模，而没有从"以人为本"的理念出发，没有满足人们促进就业、改善居住环境、提高生活质量等要求，最终不会提高城镇化质量。

由于河北省城乡二元结构根深蒂固，大量农村剩余劳动力滞留在农村土地上，相对封闭的乡村，农民思想保守、落后。教育相对落后，人们文化素质普遍不高，传统观念还有不同程度的滞留，使农村劳动力形成了不思进取、安于现状、意识狭隘、安土重迁的观念，严重阻碍了农村剩余劳动力的顺利转移。

　　综上所述,河北省的城镇化发展滞后不是一朝一夕能解决的,还是面临很多问题,有些是历史沿袭,不是那么容易解决的,但是还可以换个方式处理。例如,京津在地理位置上把全省的完整性打破,那我们就得让城市抱团发展,变劣势为优势,既然京津的经济发展很好,在信息、科技、人才方面远远超过周边城市,那么在京津周边的河北省城镇就可以在政策方面吸引人才,引进技术,共享信息。还有就是在改革开放发展中遇到的问题,如体制、观念等问题,就需要政府通过政策改革来解决。

5.8　河北省推进新型城镇化发展的机遇

5.8.1　处在城镇化快速发展的战略机遇期

　　改革开放 40 多年来,河北省的经济发展速度不断提升,并跨入了一个新的阶段。2015 年,河北省城镇化率达到 51.33%,河北省生产总值(GDP)达到 29 806.1 亿元,全省人均 GDP 为 40 367.16 元,低于全国平均水平。由世界上判定城镇化水平的通常惯例可知,某一区域的人均 GDP 达到 3000 美元时,其城镇化率应达到 55%,然而河北省 2015 年城镇化率为 51.33%,相差近 4 个百分点,不过人均 DP 却超过了近一半,说明其城镇化水平与经济发展水平的差距较大。伴随着经济的不断发展,城镇化的发展空间更为广阔。由诺瑟姆曲线可以得出城镇人口比重由 30% 提高到 50%~70% 的阶段,城镇化速度处在加快阶段,其特征有:经济社会活动逐渐集聚,制造业、服务业等对于劳动力的需求越来越大,第二产业和第三产业所占 GDP 的百分比逐渐增多。而 2015 年河北省城镇化率为 51.33%,代表着河北省城镇化正处于速度不断提升的阶段。河北省和全国 2011~2015 年的城镇化率如图 5-2 所示。

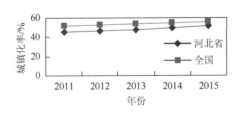

图 5-2　2011~2015 年河北省和全国城镇化率

　　如图 5-2 所示,河北省的城镇化率的上升速度一直紧随全国的速度,每年都平稳上升。河北省的城镇化建设正在如火如荼地进行,在京津冀一体化的帮衬下,只要抓住这个机遇一定会很快地发展起来。

5.8.2　对接京津协同发展全面升级的重大机遇

长久以来，京津冀地区先进的城市发展迅速，日益繁华，但是也存在着局部地区经济落后，不能与发达城市共享文明成果的问题。在未来几年内，随着快速交通网络的加速建设，诸如一小时经济圈和半小时经济圈会逐步产生，落后地区和发达城区之间的联系将会更加快捷方便。与此同时，京津冀协同发展战略已经被确定为国家战略，其发展战略的重点是实现城市定位明确，功能互补，产业互通，交通等基础设施互联互通，生态环境共保可持续发展，公共服务均等化等，京津冀地区各行业的联系将更加紧密，城市的发展将迎来新的机遇，河北省新型城镇化建设也面临着重大的发展机遇。总的来说包括以下几点。

（1）政治机遇——中央重视力度空前，深化对接恰逢其时。党的十九大报告深刻阐述"贯彻新发展理念，建设现代化经济体系"[①]，强调的重点之一就是"实施区域协调发展战略"在习近平总书记"2·26"重要讲话发表三周年之际，总书记到河北考察了生态环境保护和治理、推进脱贫攻坚和公共服务均等化等工作，并发表重要讲话："我对燕赵大地充满深情。不只因为我在这块土地上工作过，更是因为这是一块革命的土地、英雄的土地，是'新中国从这里走来'的土地。[②]"在燕赵这片热土的记忆中，有一种温暖、有一种情怀、有一种力量，以深深的足迹、殷殷的深情被定格下来，历久弥新。党的十八大以来，习近平总书记多次视察河北，多次就河北省工作发表重要讲话、做出重要指示。河北，成为他视察次数最多的一个省份。

（2）政策机遇——首都经济圈规划已经出台，一体化发展已经上升到国家战略层面。国家"十三五"规划中提出"推动京津冀协同发展，优化城市空间布局和产业结构，有序疏解北京非首都功能，推进交通一体化，扩大环境容量和生态空间，探索人口经济密集地区优化开发新模式。推进长江经济带建设，改善长江流域生态环境，高起点建设综合立体交通走廊，引导产业优化布局和分工协作"[③]。2014 年 2 月 26 日，习近平在北京主持召开座谈会，专题听取京津冀协同发展工作汇报并作重要讲话。他指出："京津冀协同发展意义重大，对这个问题的认识要上升到国家战略层面。"他强调："要坚持优势互补、互利共赢、扎实推进，加快走出一条科学持续的协同发展路子来。[④]"2015 年，国家发改委印发了《环

① 习近平. 2018.决胜全面建成小康社会夺取新时代中国特色社会主义伟大胜利——在中国共产党第十九次全国代表大会上的报告.北京：人民出版社.

② http://politics.people.com.cn/n1/2017/0226/c1001-29108247.html。

③ http://www.gov.cn/xinwen/2015-11/03/content_5004093.htm。

④ http://www.china.com.cn/news/2017-09/25/content_41642791.htm。

渤海地区合作发展纲要》（以下简称《纲要》）。《纲要》指出："到 2025 年，环渤海地区合作发展体制机制更加完善，基础设施、城乡建设、生态环保、产业发展、公共服务、对外开放一体化水平迈上新台阶，统一开放大市场基本形成，合作广度深度明显拓展。基本实现公共服务均等化，环渤海地区成为拉动我国经济增长和转型升级的重要引擎。""到 2030 年，京津冀区域一体化格局基本形成"①。2016 年，《"十三五"时期京津冀国民经济和社会发展规划》印发实施，这是全国第一个跨省市的区域"十三五"规划，制定了 9 个方面的重点发展任务，其中包括转型升级，构建现代产业发展体系。

（3）战略机遇——互补双赢战略渐成共识，对接合作意愿空前强烈。随着经济结构调整的深入和发展方式转变步伐的加快，京津冀三地越来越意识到相互间对接合作的重要性，深刻认识到优势互补、错位发展的战略意义。北京市人民政府 2017 年《政府工作报告》中指出"认真落实《京津冀协同发展规划纲要》""京津冀协同发展取得新成效。非首都功能疏解有序推进""落实京津冀系统推进全面创新改革试验方案，出台中关村国家自主创新示范区京津冀协同创新共同体建设行动计划。推动建设张北云计算基地等创新载体，打造了一批跨区域的创新创业服务平台"。天津也与河北省的对接合作作为重要发展战略，与河北省在产业、科技、劳务、能源、生态等方面深化对接，密切合作。特别是雾霾天气给京津冀地区造成的恶劣影响，更是增强了三地联合治污的决心。

（4）转型机遇——京津发展转型加快，亟须周边地区支持。当前，北京要建设人文北京、科技北京、绿色北京和世界城市，天津要建设北方经济中心，滨海新区成为国家综合配套改革示范区。两地正处于调整产业结构、转变发展方式、推进节能减排的关键期，急需河北省的资源、能源支持，需要与河北省合作共同改善生态环境，也需要向河北省转移过剩产业、延伸产业链条，同时更需要河北省广阔的腹地和市场，以实现结构上的升级转型。环保部（现生态环境部）发布 2017 年京津冀区域空气质量报告，13 个城市 12 月平均优良天数比例为 64.6%，同比上升 34.1 个百分点。$PM_{2.5}$ 浓度为 73 微克/米^3，同比下降 51.3%；PM_{10} 浓度为 119 微克/米^3，同比下降 43.9%。2017 年 1~12 月，空气质量排名后 10 位城市依次是：石家庄、邯郸、邢台、保定、唐山、太原、西安、衡水、郑州和济南市。河北省 6 个城市进入污染严重城市前 10 名。节能减排、结构调整的严峻形势也无疑给河北省带来巨大的发展动力和空间。

（5）内生机遇——河北省发展日新月异，对接京津更有实力。进入 21 世纪，河北省经济社会实现了跨越式发展。尤其是近年来，通过三年大变样、干部作风建设、万名干部下基层帮扶和持续开展的改善"两个环境"活动，干部群众的精

---

① http://dqs.ndrc.gov.cn/gzdt/201510/t20151023_755555.html。

神面貌发生巨大变化，积极营造风清气正、开放文明、和谐稳定的发展环境和生产转型、天蓝水净、地绿山青的生态环境，城市面貌焕然一新，基础设施日臻完善，产业门类日益齐全，加上河北省丰富的自然资源和人力资源，逐步形成了新的发展优势和竞争力，与京津对接合作的积极性和主动权进一步提升。

（6）外部机遇—区域经济发展多有创新，对接合作有资可鉴。国内长三角、珠三角等城市间对接合作，在简政放权活体制、错位发展促共赢、政策洼地引投资、完善服务塑名片、做强交通筑跑道、完善机制抓落实等方面的做法，为区域经济协调发展提供了很多经验。

当前，京津冀一体化已进入国家主导的新的历史时期，河北省正面临加快融入京津实现又好又快发展的重大机遇，千载难逢、稍纵即逝。如果错失这次机遇，在未来区域经济一体化的发展中河北省就会丧失主动权和话语权，陷入被动局面。关于环京津问题，也存在一些争论。例如，与京津的关系定位，究竟是该"服务"还是该"竞争"，至今一些学者还在自我纠结。但必须承认一个不争的事实，就是京津的发展一直对河北省产生着巨大影响，河北省环京津优势发挥得好，就能够"近水楼台先得月"，环京津优势发挥得不好，就容易"大树底下不长草"。

5.9　本　章　小　结

本章首先对河北省城镇空间结构演化历程进行分析。1949～1977 年，河北省处于低水平均衡阶段；1978～2000 年，处于极核聚集阶段；2001～2010 年，处于扩散均衡阶段；2011 年至今，进入空间一体化的发展阶段。四个阶段代表着河北省城镇空间结构的不断发展和完善历程。然后，本章指出了影响河北省城镇空间结构演化的主要因素，结合河北省城镇空间结构特点提出了自然环境、地理区位、交通状况、政治政策、产业发展、社会经济、地域文化、信息技术、经济全球化及新经济等十个主要影响因素，并分析了它们如何影响河北省城镇空间结构的发展。最后，对河北省城镇空间结构现状进行分析，指出河北省当前存在"弱核多中心"城镇等级体系、城镇规模结构差异明显及各区域发展失衡的现状，同时也指出了河北省城镇化发展的机遇，特别是详细介绍了京津冀一体化为河北省带来了千载难逢的机遇。这些为后面章节内容的展开奠定了基础。

第6章 河北省双核两翼三带结构研究

面对现实挑战，河北省必须认清现实，求变、求发展，只有这样才能在综合发展方面走在全国前列。好的城镇空间结构是区域经济发展的基础，为此，有必要进行城镇空间结构布局研究，寻求最佳发展方略。首先可以了解到各个城市的发展定位和主要经济支柱不同，要因产业制宜，如表6-1所示。

表6-1　河北省各地级市主导产业表

地级市	主导产业
石家庄	医药制造业，皮革皮毛羽绒及其制造业，非金属矿物制品业，纺织业
唐山	装备制造业，钢铁工业，化学原料及化学制品制造业
承德	金属制品业，装备制造业，旅游业，农副产品加工业
秦皇岛	货物运输及仓储业，金属冶炼及压延加工业，批发和零售业，仪器仪表及文化、办公用机械制造业
张家口	钢铁工业，装备制造业，燃气及水的生产和供应业，矿产品加工业
沧州	装备制造业，石油加工、炼焦及核燃料加工业，热力生产和供应业
衡水	化学原料及化学制品制造业，黑色金属冶炼及压延加工业，金属制品业，橡胶制品业
廊坊	电子设备制造业，汽车零部件制造业，农副产品加工业，金属制品业
保定	建材产品制造业，纺织业，农副产品加工业，化学原料及化学制品制造业
邢台	黑色金属矿采选业，装备制造业，纺织业，化学原料及化学制品制造业
邯郸	钢铁工业，装备制造业，货物运输及仓储业，电子设备制造业

注：数据来源于2014年河北统计年鉴

本书依据前人经验提出构建"双核两翼三带"城镇空间结构，重视城镇化过程中产业拉动作用和基础设施的空间诱导作用，通过基础设施网络建设，缩短城镇间时间距离，加强各城镇联系，形成不同规模城市匹配的城镇体系，促进省域经济协调发展。根据河北省环首都、环渤海的区位优势，以及资源分布、产业基础、经济联系和交通条件，统筹区域发展资源，突出重点地区，把构建城镇群作为城镇化布局的主体形态。

依据区域经济非均衡发展理论，要通过在重点地区投资来实现逐步增长。因此本书提出在"三带"基础上构建"双核两翼"模式：依托京津，培育环京津经济圈,借助京津强化以保定、廊坊为副核心的环京津城镇群的经济极核功能,建设省域中心发展极核,加强南北经济联系和一体化发展;以唐山、秦皇岛和承德三市构建北部冀东成长城镇团体,加强沿海隆起带和北部生态带的联系;以石家庄为主中心,邯郸为副中心,沧州为门户城市,建设邯郸、沧州之间的便捷交通线,联系衡水市,共同构建涵盖石家庄、邢台、邯郸、衡水和沧州五市的冀南成长三角。远期以北部三角、冀南三角为基础,联系张家口市,构筑冀南、冀东、冀西北成长三角;省域内部做大做强石家庄市,构建以北京、天津、石家庄为端点的京津冀都市圈成长三角。

这种空间布局方案以区域内部同质性和区域间差异性为基础,重点考虑了以下三个布局原则。

第一,依托港口,沿海与内陆联动原则。充分发挥河北省的沿海优势,为内陆地区找到便捷的出海口,在加强内陆地区的对外联系的同时,也扩大了港口的直接腹地范围,便于河北省内"两带"之间的互动,举全省之力建设沿海经济社会发展强省。

第二,地缘关系临近原则。"双核两翼三带"结构充分考虑了河北省内各设区城市间的地缘关系,按照地域邻近、集中联片开发的原则进行区划。

第三,以现有人口和产业的空间分布为基础,考虑区域差异,强调区域之间的互补性原则。现有人口和产业要素的空间集聚状态,是未来区域发展方向选择的支撑点,是要素空间结构优化调配的出发点。要以全省一盘棋的思想统领全局,统筹各地区共同发展。各地区发展做到因地制宜的同时要讲究协调和谐,既考虑自身的发展,又要便于与其他地区形成联动的整体,有利于其他区域的发展。

6.1　双核形成

6.1.1　环京津城镇群发展成为"双核"的机遇与挑战并存

本书所定义的河北省环京津城镇群以石家庄和唐山为两个主核心,廊坊市为副核心,唐山城镇群包括承德、秦皇岛等城镇,石家庄城镇群包括邯郸、衡水、邢台、沧州和保定部分区域。廊坊副中心指包括保定、张家口和承德的部分县市的半径约为 100 公里的河北省中部城镇密集区,具体指保定、廊坊两个设区城市和环京津的 28 个县市及其所属的城镇,即涿州、高碑店、徐水、容城、雄县、安新、易县、涞水、涞源、三河、霸州、大厂、香河、文安、大城、遵化、玉田、迁西、兴隆、滦平、丰宁、赤城、怀来、涿鹿、固安、定兴、永清、蔚县等县市及其城镇,总面积为 49 358 平方公里,占全省的 16%。

1. 环京津城镇群发展成为"双核"面临难得的机遇

城市是区域经济的火车头,党的十七大报告指出:"以增强综合承载能力为重点,以特大城市为依托,形成辐射作用大的城市群,培育新的经济增长极。"[1]河北省与京津进行产业、基础设施等全方位的资源整合,发挥区域整体优势,打造东北亚地区经济中心面临难得的机遇[173]。

第一,北京中心城市的地位利于环京津城镇群调整城市定位与产业结构。北京作为中心城市,要求河北省积极接轨,适时调整城市发展定位和发展目标。北京的优势在于人才智力雄厚、科技教育发达、文化资源丰富、信息资源密集、市场潜力巨大,利于发展高技术产业和现代服务业。相比之下,河北省具有承接北京产业转移的用地空间充足、劳动力成本低、土地价格便宜、与北京交通联系方便等优势,有利于发展制造业。北京白菊集团搬迁至廊坊霸州就是一个明显的范例。白菊集团总部留在北京,对企业进行组织管理、研发和开拓市场等;而霸州由于引进了工业也得到发展,同时企业自身也降低了成本,增加了利润,体现出总部经济的"三赢"含义[174]。

2015年河北省城镇化率达到51.33%,环京津地区处在城镇化加速阶段。城镇化必然拉动区域的内需,产生更大的市场需求。立足京津冀,辐射"三北",面向世界,有利于发展重化工业。

第二,国内外经济发展新趋势利于河北省吸纳外资,提高城镇经济发展水平。经济全球化导致投资多元化,河北省以其优越的区位条件成为新的投资热点地区。京津冀都市圈是我国第三大增长极,必将带动河北省城镇发展和产业聚集。

2. 廊坊等环京津城镇群发展成为"副核心"存在的主要问题

第一,环京津城镇群城市整体竞争力不高。环京津城镇群城市空间分布、规模结构不合理,规模落差大,中等城市偏少。截止到2015年,环京津城镇群设市城市人口超过100万的只有保定市和廊坊市,人口规模大于60万的有两个(遵化市、涿州市)。GDP在200亿元以上的只有三个,46%的县市GDP不足50亿元。区域性中心城市辐射带动能力不强,以大城市为核心的城镇群发展缓慢。

第二,行政推动型发展模式影响区域经济一体化进程,成为区域分工与合作的体制障碍。京津冀处在同一地理单元,共同利用区域的自然资源和生态环境,但是城市发展和经济发展的行政壁垒使经济社会一体化进程受到行政界限的限制。行政推动型发展模式较强,市场配置区域资源相对薄弱。京津冀在制定发展

---

① http://www.gov.cn/ldhd/2007-10/24/content_785431.htm。

规划时，往往只从自身考虑，缺乏统一的协调发展规划，难以建立有效协作机制，环京津地区的发展受到一定程度的限制。

　　第三，资源环境瓶颈日益突出，成为环京津城镇群发展的重要制约因素。环京津地区生态环境压力日益增大，水土流失、生态恶化的趋势没有得到根本遏制。京津冀地区水资源缺乏，属于严重资源性缺水地区，人均水资源占有量为 317 立方米，相当于全国平均水平的 1/7，各个城市都面临缺水问题。水资源开发利用程度已接近或超过水资源和水环境承载能力。随着经济社会的发展和人民生活水平的提高，对水资源的需求呈增长趋势，水资源供需矛盾加剧。

　　第四，区域发展不平衡，环京津贫困带导致社会矛盾突出。改革开放初期，河北省环京津贫困带县域经济与京津二市的远郊 15 县基本处于同一发展水平，但是 30 多年后，两者之间的经济社会发展水平形成巨大落差。以 2014 年为例，环京津贫困带 32 个县的县均 GDP 仅为京津远郊 15 县区的 15.3%，而农民人均纯收入、人均 GDP、人均地方财政收入仅分别为北京市的 30.2%、16.0%、1.9%，为天津市的 33.1%、18.7%、2.3%。环京津贫困带已经造成区域环境恶化、湖泊河流干枯断流、湿地山泉消失、生态环境持续恶化，直接威胁着环京津地区的城市供水安全和大气质量的改善。环京津贫困带的存在，不仅仅是经济问题，对京津的社会稳定、生态环境、城市供水安全、大气环境质量等产生深远影响。

6.1.2　环京津城镇群发展态势——构筑双核

　　根据都市圈理论，京津冀都市圈正处于整合阶段，京津两大都市的部分产业开始转移，扩散效应日益显现。环京津城镇群有承接产业转移的地缘优势。只要环京津城镇群内各个城镇解放思想、开拓创新，加强制度建设，完善市场机制，积极主动承接京津产业转移，完全有可能在这次机遇中获得大发展，部分城镇会成为京津的卫星城镇，与京津建立更加紧密的关系。发展壮大后的城镇群体，完全有可能承担起省域经济发展"领头羊"的重任，发挥区域经济增长极的作用[175]。

　　北京—廊坊—天津—唐山—滨海新区是京津冀区域的脊梁，从人口功能区角度看，环京津区域主要是"人口集聚区"，该区域具有可以利用的大城市郊区优势，利用京津的人才技术具有区位上的优势。要利用人口向京津周边地区转移的趋势，制定相应对策，在京津周围规划一些可利用京津设施、享受京津服务、受益京津文化的新城镇，打造河北省域环京津城镇群。这些新城镇的建设要给京津留有充分的生态空间，截流全国向京津人口的转移，形成京津人口过分扩张的"防火墙"，既促进河北省发展又防止京津人口过分膨胀。同时也要发展自己承接京津产业，在过渡京津发展中发展自己。

唐山主中心城镇团要利用自己紧邻京津的优势尽可能地利用京津设施、享受京津服务、受益京津文化，打造自己的经济圈，利用自己的海岸线优势，转变发展模式，逐步向沿海城市发展，逐渐使经济沿海化。

石家庄主中心城镇团拥有丰富的资源和一批工业基地，保定、邯郸都是工业经济较发达的城市，石家庄又是省会城市，有地理和政策的优势，要利用这些优势发展自己的特色经济，和廊坊副中心相呼应。廊坊紧邻京津有天然优势承接京津产业，但是廊坊副中心受地理环境（占地面积小）的限制，可以作为过渡将京津产业转移给石家庄城镇团。这样既发展了自己，又利于省会城市的发展。

1. 环京津城镇群形成条件分析

唐山近年来一直是河北省经济总量最大的城市，人均 GDP 常年排在全省第一且远超其他城镇，作为沿海城市一直担任着河北省综合港口的门户，在经济结构方面最接近外向型经济结构。唐山紧邻京津可以很好地承接京津的产业，最重要的是有能力承接京津的产业扩散，吸引人才，这是决定唐山成为一个主核心最有力的佐证。

石家庄是河北省的省会城市，是一个内陆城市，居于河北省的西南方向中心位置，是冀西南规模最大、发展最好的城镇，到冀西南其他城镇的距离都很近，经济总量常年居于全省第二的位置，且和经济总量第四的邯郸相互呼应，不论从地理位置，还是经济总量，或者城市定位方面考虑，石家庄都当仁不让地应该成为冀西南城镇的中心城镇。

环京津城镇群是河北省经济增长最具活力、增长速度最快的区域，其中又以廊坊最为耀眼。由于京津的带动，廊坊从一个不知名小城，短短几年内跃居全省经济总量第三，人均第二的宝位。廊坊地区的燕郊、胜芳等镇，受益于区域性大城市的引力，近年来超常规发展，胜芳全镇城镇化，燕郊由一个 20 世纪 80 年代不足万人的小镇发展成为 13 万人口的小城镇。

在河北省环京津城镇群内，以保定、廊坊为中心，28 个县市处于这个经济带中。改革开放 40 多年，这个经济带发展较快，是河北省经济最发达的区域，也是河北省对内、对外开放效果最好的区域。雄厚的经济基础，长期与京津及其他省区市交往的经验、背景和一批新兴产业的迅速崛起，使其与京津经济相融合的趋势逐渐显现。但是由于廊坊缺乏工业基础，没有特色经济，不能自主发展，完全靠京津的带动，只能作为副中心。

2. 环京津城镇群重点产业分析

根据环京津城镇群的定位和区位特点，产业选择的重点应放在三个方面：一是服务业，包括生活和生产服务，如中介公司、餐饮、娱乐、旅游等。这些产业才是第三产业的支柱，大力发展第三产业才能牢牢抓住未来。二是高新技术产业。从改革开放一开始就提出科学技术才是第一生产力，改革开放几十年的成果验证了这句话是正确的，因此，高新技术产业一直都是能够带动其他产业发展的龙头产业。廊坊、保定既有高新技术产业基础，又有靠近京津的区位优势，重点要支持和发展高新技术产业，谋求与京津取得一体化态势。环京津城镇群要带动河北省经济发展，主要依靠这里的高新技术产业发展作为辐射源。三是经过技术改造的传统产业。这些产业由原来的基础，经过技术改造、产业升级、提升效率可以发挥更大的作用，创造更高的效益，但是毕竟还是有缺点，在能源消耗、环境承载力上始终有所欠缺，因此，其分布可重点放在城镇群的外边缘地带。京津产业结构调整，一大批传统产业将向周边疏散，河北省可利用区位、资源、人力、传统产业基础等优势，积极争取京津企业落户。此外，在经济圈内，工业产业较落后的地带可重点发展环保型高效农业，培育通向京津的绿色走廊。

3. 环京津城镇群城镇特点分析

环京津城镇群及其产业在河北省产业拉动中居于突出地位，其分布特点影响着河北省产业布局结构，带动省域经济发展。

一是经济发展水平居河北省领先地位，其继续发展必然改变全省区域经济格局。2016 年，环京津的唐山、廊坊二市的 GDP 分别居全省第一位和第三位。对于 28 个县（市）进行县域经济发展评价综合位次排列，10 个县（市）处于全省前 40 位，4 个处于前 10 位，发展潜力大。

二是具有明显的区位优势，有利于全省产业在布局上南北联络，东西扩展。环京津城镇群环绕北京、天津，可以充分利用京津市场，吸纳京津人才、资金、技术、信息等生产要素。环绕京津、路网密布是环京津城镇密集区得天独厚的区位优势。环京津城镇密集区形成龙头产业之后，可有效地把全省产业带融为一个有机整体。

三是产业优势比较突出，可利用核心区的高新技术产业和周边区的传统优势产业造就省域产业高地。环京津城镇群内拥有与京津逐步一体化的高新技术产业带，包括保定国家级高新技术开发区、廊坊经济技术开发区、燕郊经济技术开发区和京廊津塘高新技术产业带等。这些高新技术开发区、产业带构成了环京津城镇群的高新技术产业骨架，进一步发展，并与京津形成一体化格局之后，将改变全省高新技术产业布局结构，带动全省经济的发展。环京津城镇群几乎集中了河北省所有产业种类，其内部具有互补性的同时又与京津产业结构明显互补。按照这一格局发展，不仅会使环京津区域产业结构走向优化，而且将在很大程度上带动全省产业结构及其布局的调整与优化。

四是城镇化水平较高，将逐步产生不同规模、不同功能的京津卫星城，最终与京津一起形成京津冀北大都市圈。环京津城镇密集区的一个显著特点就是城镇密度较大、城镇化水平较高。区内大小城镇云集，环京津 30 公里范围内的小城镇（包括县城）正在逐步发展成为京津的卫星城镇，与京津联系十分密切。环京津城镇群城镇化水平明显高于其他地区，第五次全国人口普查资料显示，全省城镇化水平为 51.33%，而环京津城镇群城镇化水平达 60% 以上。在城镇日益成为区域经济支配主体的今天，环京津城镇群的城镇数量、密度、规模及城镇化水平将对河北省产业结构及其布局带来重要影响。建设以保定、廊坊为中心的环京津城镇群，依托京津大力发展小城镇，使环京津城镇群与京津两大都市一体化发展，构筑全省区域经济增长极已被提上日程。

4. 环京津城镇群发展策略分析

1）双核的地位确定

石家庄这个省会城市，作为冀西南的发展中心毋庸置疑，2015 年城市建成区面积为 264 平方公里，居全省第一，全年 GDP 完成 5440.6 亿元，排名全省第二，按可比价格计算，比上年增长 7.5%。其中，第一产业增加值完成 494.4 亿元，增长 2.3%；第二产业增加值完成 2452.9 亿元，增长 5.8%；第三产业增加值完成 2493.3 亿元，增长 10.6%。第一产业增加值占 GDP 的比重为 9.1%，第二产业增加值占 GDP 的比重为 45.1%，第三产业增加值占 GDP 的比重为 45.8%。产业结构正逐步合理化，并且向第三产业倾斜，符合国家产业转型的大趋势，经济稳步发展，如图 6-1 所示。

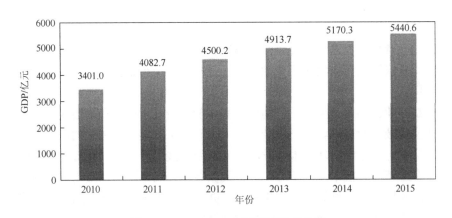

图 6-1　2010～2015 年石家庄经济总量

唐山作为一个中心来发展也是符合大趋势的，首先唐山的经济总量就一直排在河北省第一，2015 年，唐山市 GDP 为 6100 亿元，比上年增长 5.6%，比

2010 年增长 48.2%，"十二五"期间年均增长 8.2%。其中，第一产业增加值为 569.1 亿元，增长 2.8%；第二产业增加值为 3365.4 亿元，增长 4.9%；第三产业增加值为 2168.6 亿元，增长 7.5%。按常住人口计算，全市人均 GDP 约为 78 525 元（按年平均汇率折合 12 607 美元），增长 4.8%。城市建成区面积为 249 平方公里，居于全省第二。城市道路总长度为 1612.3 公里，比上年增加 0.7 公里，人均城市道路面积为 3097.8 平方米，增加 2.2 平方米。市区集中供热面积为 6642 万平方米，新增 553 万平方米。天然气管线总里程为 2784 公里，增加 114 公里，扩供用户 1.5 万户。主城区公交运营车辆为 2253 部，其中，新能源和清洁能源公交车为 426 部，增加 310 部；公交运营线路为 135 条，新增 1 条。运营载客出租车为 7461 辆，新增 300 辆，更新双燃料出租车 582 辆。城市公园绿地面积为 2981.2 公顷，人均公园绿地面积为 15.1 平方米。俗话说，要想富，先修路。唐山路上交通好，海上有全国排得上名的京唐港。唐山作为冀北的发展中心也是实至名归，是环京津城镇群最重要的一个点。

2）树立环京津城镇群优先发展观点

要实现河北省又好又快地发展起来，就要把加快推进城镇化进程，完善城镇体系，优化结构和布局，加快基础设施建设，壮大城镇经济，增强城镇功能，充分发挥城镇辐射带动作用，促进城乡一体化发展等措施作为实现奋斗目标的重要保障条件。目前，由于两个中心城镇唐山、石家庄的产业规模已经成型，我们主要的目标就是城镇结构布局优化，还要注入新的产业血液，一方面要自己构建外向型经济，另一方面主要承接京津地区的产业扩散，依靠京津的辐射带动，发展环京津城镇群。目前，河北省城镇发展的战略重点应在三个方面：一是完善基础设施建设，构建环京津城镇密集区，推进基础设施与北京全面对接，协调京涿（涿州）、京廊（廊坊）、京燕（燕郊）、京固（固安）城市轻轨项目，加快进京、环京高速公路网建设，打造 10 分钟到半小时交通圈。推动北京新机场、张家口军民合用机场、承德民用机场建设步伐，规划建设围场旅游机场，形成沟通国内外城市的门户。依托京津、京唐、京石、京张、京承、京沧等高速公路六条区域发展轴，带动沿线城镇发展。二是做大做强中心城市，着力培育 200 万人口以上特大城市。提升环首都区域中心城市功能，增强承接北京产业转移和区域协调发展能力。其中保定市要发挥历史文化优势，以中心城区为核心，统筹清苑、满城、徐水、安新四区县资源，拓展功能组团，构建"一城三星一淀"的大都市发展格局，增强中心城区的规模和实力，建设历史文化名城、先进制造业基地和休闲度假旅游基地。廊坊市要发挥临近京津的区位和信息产业优势，构建中心城区与固安、永清三角城市区域，建设京津冀电子信息走廊、环渤海休闲商务中心城市。张家口市要发挥产业基础和旅游资源优势，整合市辖区、县（市）及周边建制镇资源，建设京冀晋蒙交界区域中心城市。承德市要发挥历史文化遗产和生态风景资源优势，建设国际风景旅游城市、国家历史文化名城，形成以中心城区、承德县、滦平县和隆化县为主体的空间布局结构，构建京津冀辽蒙交界区域中心城市。三是积极发展中小城市和小城镇。优先培育基础条件好、发展潜力大、区位条件优越、产业带动作用强的霸州市、高碑店市、定州市、白沟新城，打造成高品质的中等城市。大力发展县域经济，整合县域重要空间资源，带动县城扩容升级，打造高标准小城市。全面承接首都产业和功能转移，按照"主导产业配套、新兴产业共建、一般产业互补"的思路，每个县（市、区）选择1~2个重点产业，打造一批具有战略支撑作用的产业集群。四是建设特色重点镇，积极发展滦平县巴克什营镇、围场满族蒙古族自治县四合永镇、怀安县左卫镇、蔚县西合营镇、霸州市胜芳镇、三河市燕郊镇、文安县左各庄镇、大厂回族自治县夏垫镇、固安县牛驼镇、涿州市松林店镇、蠡县留史镇、蠡县辛兴镇、高阳县庞口镇、定州市李亲顾镇等国家和省级重点镇，着力完善功能、改善环境、塑造特色，提升聚集人口和产业的能力，建成具有较强辐射能力的农村区域性经济文化中心。环京津城镇群建设是区域布局结构的重中之重，河北省城镇发展战略的三个发展重点都可以集中到环京津城镇群，实现经济强省目标，必须优先发展环京津城镇群。

3）河北省环京津城镇群发展对策

优先发展环京津城镇群，就要在相关政策上体现出"优先"举措，在实力相差不大的情况下政策才是城市发展的主要驱动。投资向环京津城镇群倾斜的同时要构造京津冀一体化发展的产业格局。

首先是高新技术产业一体化发展。河北省在高科技产业领域难以同京津抗衡，特别是北京，但河北省可以利用区位优势和政策优惠，吸引国家科研院所、京津高等院校和中关村的科研力量，到河北省来、到河北省的科技企业来，为河北省的发展提供智力支持。充分发挥环绕首都的独特优势，积极主动为京津搞好服务，全方位深化与京津的战略合作，承接京津资金、项目、产业、人才、信息、技术、消费等方面的转移，形成环首都绿色经济圈。重点在近邻北京、交通便利、基础较好、潜力较大的涿州、涞水、涿鹿、怀来、赤城、丰宁、滦平、兴隆、三河、大厂、香河、广阳、安次、固安14个县（市、区），建设高层次人才创业、科技成果孵化、新兴产业示范、现代物流四类园区，发展养老、健身、休闲度假、观光农业、绿色有机蔬菜、宜居生活六大基地，逐步把环首都地区打造成为经济发达的新兴产业圈、绿色有机的生态农业圈、独具魅力的休闲度假圈、环境优美的生态环境圈、舒适宜人的宜居生活圈。

其次是生态农业一体化发展。京津农业规模虽小，但技术、产量、耕作方式和生态保护都处于领先地位，河北省环京津城镇群农业发展不仅要与京津农业形成一体化态势，更重要的是体现自身规模优势，连片开发形成专业化特色产品基地。根据区域生态安全及首都对周边地区的生态要求，构建"绿屏+绿环+绿廊+

绿道"的区域生态安全格局。强化对三个国家级风沙治理区、九条风沙通道、六个风沙隘口、六大水源保护区和三大水源涵养区的生态保护与修复,对若干风景区和森林公园实施保护性开发管治,突出打造区域绿色生态安全屏障。保障六条主干水系廊道的生态水量,修复废弃河滩及沙石坑,改善河流水系的景观环境。结合各县(市、区)的森林公园建设规划,在环首都东南部平原,沿水系、农田、蓄滞洪区等生态资源密集区,构建"环"状绿廊,有效提升首都地区的空间环境品质。

再次是服务业一体化发展。京津具有巨大的服务需求市场,随着京津作为政治、经济、文化中心和国际化大都市功能的增强,各种高档次服务的需求越来越多,第三产业会得到进一步发展,环京津城镇密集区要抓住这一机遇,大力发展高质量、高层次、多品种的社会服务业,满足京津两大城市巨大的服务需求。

最后是传统优势产业一体化发展。由于历史原因,北京、天津在市区内发展了众多工业产业,这些产业多属于传统产业,已不能适应京津城市功能的新定位,特别是北京。这就给环京津区域提供了一次较好的发展机会。河北省环京津城镇群可以借此机会,制定优惠政策加快承接京津企业迁移。

6.2　两翼构建

交通现代化,缩短了城镇间的时间距离,为河北环京津城镇群形成创造了条件。例如,京石之间,过去北京的一小时圈在涿州,现在在保定,将来可能延至定州及石家庄。这就使人们在中心城市就业,在周围城镇居住成为可能,从而带动周边城市发展,于是就可能形成大的都市圈。

6.2.1　北部成长三角的构建——北翼

依据都市圈理论,再结合增长极理论、成长三角模式和双核开发模式,把河北省北部地域上邻近的唐山、秦皇岛、承德作为一个大的都市圈来培育,构建河北省北部唐山—秦皇岛—承德三核心型都市圈,作为河北省飞速发展的北翼。

北部冀东成长三角由唐山都市区、秦皇岛都市区和承德市组成。现在唐山、秦皇岛的经济发展结构类似,逐步转向外向型经济结构,基本连为一体,其经济发展水平明显高于承德,但受地理条件限制和经济发展模式经济结构限制,对承德的带动作用有限。这个都市圈的主要任务是构筑便捷的联系承德的通道,利用良好的交通资源满足承德充分发挥旅游资源优势,让唐山、秦皇岛带动承德市发展,使三市优势互补,保护承德市相对优越的生态环境,充分挖掘其资源潜力。

承德市旅游资源特别丰富，其旅游资源的精髓是"山"，其中以丹霞地貌最为出名。而秦皇岛作为海滨城市，其旅游业发展的灵魂是"水"，这里飞瀑流泉到处可见。山灵水秀，使承德、秦皇岛旅游资源有很强的互补性。承德、秦皇岛二市完全可以强强联合，构建旅游统一体，共同开发旅游市场，打出一片天。而作为资源型城市的唐山，正面临着矿产资源枯竭、开采成本上升的困境，并且环境保护与治理的任务艰巨。一旦不能适时顺利实现产业转型，经济衰退和城市资源流失是不可避免的。为了实现科学发展，促进社会和谐，达到可持续发展，必须进行产业转型，探索多元化经营道路。利用其多年来积累起来的资金优势和基础建设优势，对承德进行投资开发，在帮扶承德市发展的同时自己获利，是在互利共赢基础上使唐山和谐发展的有效途径之一。唐山作为客源地和资金来源地发展，与承德、秦皇岛共建冀东成长三角，发展前景光明。

1. 唐山都市区

唐山都市区由中心城区和丰润、古冶、丰南、海港、南堡组成。都市区总体空间结构为"一区一带"的空间分布形态，"双三角"的核心空间网络[175]。

"一区"为中心城区（含中心区、开平和丰南三部分）、丰润城区和古冶城区构成的城镇密集区；"一带"即一条沿海产业和城镇发展带，是以海港开发区、曹妃甸开发区、南堡开发区为主体，包括沿海各旅游区、盐田和滩涂养殖等滨海区域，融港口运输、仓储物流、临港产业、盐田、滩涂养殖、旅游度假、生态涵养和未来滨海新城为一体的多功能沿海发展带。"双三角"的核心空间网络指由中心城区、丰润城区与古冶城区构筑的城镇空间金三角和由曹妃甸、京唐港和南堡构筑的产业金三角。

唐山都市区要以曹妃甸新区（包括曹妃甸工业区、曹妃甸新城和南堡）的开发建设为契机，"用蓝色思路改写黑色煤都历史"，坚持"极化中心、培育沿海、轴向推进、集群发展"的城镇空间发展战略，构筑"一区一带双三角"的空间布局结构。

大力建设和培养五大基地（全国精品钢材基地、京津冀区域化工基地、基础能源基地、优质建材基地、机械加工基地）；加快曹妃甸、南堡、海港等经济技术开发区的建设，大力发展新兴产业；加快发展科技、商贸、信息咨询等第三产业，努力建设能够辐射东北地区的中央商务区。

曹妃甸港是环渤海地区唯一可以集矿石、煤炭、石油运输于一体的天然大港，定位为我国北方国际性铁矿石、煤炭、原油、天然气等能源原材料主要集疏大港，按照"大港口、大钢铁、大化工、大电能"的发展思路，不遗余力地抓重点、抓基础、抓前期、抓跑办。

京唐港是唐山近年来发展起来的港口，以水泥、煤炭运输为主，是建设城市利用资源的主要通过港口，近年来发展迅速，大有靠近曹妃甸港的趋势，京唐港距韩国仁川 400 海里（1 海里 = 1.852 公里），距日本长崎 680 海里，距神户 935 海里，与矿石出口国澳大利亚、巴西、秘鲁、南非、印度等的海运航线也十分顺畅。这些优势条件都是促进京唐港发展不可或缺的硬性条件。

强调海陆共同发展，京唐港、曹妃甸港和唐山市可以组成一个内部成长三角，以此来带动发展，强势互补，带动周边市区。"海陆一体化""港口+临港工业+产业带"是河北省未来的基本经济格局。应加快唐山市的发展，为冀东三角区域提供增长极带动，建立唐山、承德之间的快速联系通道，为承德产业发展提供资金、为承德旅游市场提供客源，在合作中实现互利共赢。

2. 秦皇岛都市区

秦皇岛市地处辽、冀边界地带，是联系东北与华北的重要通道，具有地处渤海湾与辽东湾联系地带的区位优势，按照"东优西移、南控北进、在保护中发展、在发展中优化"的思路，坚持生态环境优先原则，严格控制和合理利用海岸线，强力推进"西港东迁"，积极建设西部滨海新城，整体打造秦皇岛临海生态经济新区，建设具有浓郁海滨特色的园林式、生态型、现代化滨海名城，构筑由山海关、海港、北戴河、滨海新城（大蒲河）、昌黎县城、抚宁县城等构成的"4+2 带状组团"式城镇空间结构布局结构[175]。

市区应充分发挥中心城市的职能作用，保证各部门协调发展。县城除了根据自身优势和市场潜力，选好角色、发展自己外，还要服务市区，增强相互联系，带动小城镇发展。整个秦皇岛市应构筑由山海关区、海港区、北戴河区、南戴河、黄金海岸、滨海新城（大蒲河）、昌黎县城、抚宁县城及其他沿海建制镇等构成的沿海城镇发展带。

秦皇岛有良好的自然条件，属于暖温带半湿润大陆性季风气候，受海洋的影响，全年气温比较温和。年平均气温为 24.5 摄氏度，年平均降水量为 663.1 毫升，年平均相对湿度为 59%～63%。北戴河、昌黎沿海一带常年保持一级大气质量，空气中负氧离子的含量达到每立方厘米 7000 个以上。城镇市区森林覆盖率达到 45.9%，人均公共绿地为 15 平方米，空气质量二级以上的天数达到 350 天以上。秦皇岛地势北高南低，呈梯状分布，形成了多种多样的旅游地貌类型，又有石河、汤河、戴河、洋河、饮马河、青龙河、滦河七条河。有鸟类 30 目 61 科 409 种，丹顶鹤等国家一类保护动物 10 种，国家二类保护动物 58 种，中日合作保护的候鸟 200 余种。秦皇岛海岸线长 126 公里，所辖海区 15 米等深线海域面积为 1000 平方公里。昌黎县的黄金海岸，高大的新月形沙丘奇异壮观，它是"中国最美丽的八大海岸"之一。秦皇岛山川秀丽，气候宜人，是非常适宜人类居住的地方，是能使人健康长寿、颐养天年的风水宝地。

　　秦皇岛有这么好的自然资源，只要利用得好，足以繁荣秦皇岛经济，发展完善城镇体系，实现城乡一体化，提升中心城市经济实力。秦皇岛要依靠自身现有资源，发展耗能低、占地少、污染小、效益较高的生态型、轻型项目，搞总体上以旅游为重点的第三产业。

　　秦皇岛旅游资源特别丰富，是我国著名的滨海旅游度假基地，山海关古城是国家历史文化名城。秦皇岛具有"金沙、碧海、绿地"的人居环境，是河北省唯一一个全市第三产业超过50%的城市。秦皇岛目前最佳的发展模式就是以旅游服务业为主导，开发和完善市域旅游资源，建成以市区为基地，以市域各县为旅游新增长点的发展网络体系，形成人文景观与自然景观相协调补充，接待服务设施初步配套完善，能适应旅客食、住、行、游、购、娱等需求的旅游网络，提高国际知名度，打造国际旅游名城，在扩展国内市场的同时，打开国外市场。

　　建立秦皇岛与承德之间便捷的交通联系，紧密连接秦皇岛、承德两市，联合开发"承山""秦水"，使旅游产业一体化发展。建设秦承合作开发项目，两市强强联手，优势互补，对于两市旅游产业的发展都将产生积极而深远的影响，可以促进两市和谐发展。

3. 承德市

　　目前，唐秦基本已实现一体化发展，不管是经济模式还是城镇建设规模，都已经形成唐秦城市密集区。唐秦实力的提升，也为承德市的经济发展提供了前所未有的机遇，承德市应抓住机遇，建立与唐秦的多方面联系和合作，积极承接唐秦和北京的资金、产业转移，积极借鉴秦皇岛市旅游业的发展经验，政府应该积极引导，制定优先政策，引进秦皇岛市的旅游专门人才和因地制宜的发展模式，建设良性竞争、积极合作、互利共赢的大好局面。随着国家的经济发展，人们的生活水平逐渐提高，旅游更是以后的热门产业，因此承德近期发展的突破口应该是建立与唐秦一体的旅游产业。

　　承德市是具有国际旅游功能的历史文化名城，具有丰富的旅游资源。承德市总面积近4万平方公里，占河北省面积的1/5。北部是七老图山脉，有茫茫林海，广袤草原；中部属燕山山脉，为低山丘陵区；南部则属燕山山脉东段之延续，峰峦重叠，峡谷幽深。河流有潮河、滦河、柳河、老牛河等，承德市海拔为200～1200米，平均海拔为350米，最高峰雾灵山海拔为2118米。环绕市区的山峦属丹霞地貌，奇峰异石，自然天成，千姿百态，形成独特的磬锤峰、双塔山、罗汉山、天桥山等十大景观。承德绿化覆盖率大于30%，垃圾处理率大于80%。旅游景区（点）噪声平均值小于60分贝，城市饮用水水质达标率大于96%。在承德这片美丽而神奇的土地，有许许多多的"世界之最"：世界最大的皇家园林、世界最大的皇家寺庙群、世界最大的皇家狩猎场、世界最大的木制佛、世界最短的河流、世界独一无二的石柱等。其中，避暑山庄是我国最出名的皇家园林，古朴典雅，布局严谨，庄内水木清华，风光旖旎，众多建筑风格各异，却又和谐统一；避暑山庄外围的外八庙融汉族、蒙古族、藏族、维吾尔族多民族的风格于一体。我们要合理利用这些旅游资源，发挥历史文化资源优势，加强京承唐秦旅游业的协作，大力发展旅游业，这样才能建成历史文化积淀深厚的山水型生态旅游业。

同时承德市作为环京津城镇团的一员，也要以保障京津乃至华北地区的生态环境安全为准则，重点发展以生态农业、生态工业和生态旅游为主的，具有区域生态经济功能的特色产业。要发展水稻旱育稀植技术，建设农业成果示范基地和国家生态水稻生产示范基地。要实现无公害蔬菜产业化、优质肉牛产业化、加强科技培训与生态观光基础设施建设。要对全市山区绿化美化，使山体森林覆盖率达到50%。

承德市要实现自身的发展，仅仅靠旅游是不够的，还要实施"科教兴市"战略，大力引进开发高新技术产品，培育和创建高新技术企业，实施高新技术改造传统产业工程，促进高新技术及其产业的发展。以露露、四海公司为主体，培育发展绿色饮料食品产业。以承德中药集团、天星药业、众生药业、普宁制药为主体，引进特色中药、生物制药新技术，开发和研制名优新特产品。以克罗尼公司、金建检测公司等为主体，建立智能化仪器仪表产业基地。以本特、五岳、联创、飞达公司为基础，促进非公有制经济飞速发展[175]。

"要想富，先修路"这是亘古不变的道理，要加强承德市和北京市、天津市、唐山市、秦皇岛市的交通联系，就要修建快速便捷的通道。唐山、秦皇岛、承德之间便捷的交通联系，使三市构成冀北成长三角的三个支撑点，承德可以成为唐山的旅游目的地，唐山可以成为京津产业转移主要地区，北京、天津、唐山、秦皇岛可以成为承德的客源地和资金来源地。承德市在加强与秦皇岛的交通联系的同时，应积极构建秦承一体的旅游市场。承德、秦皇岛山水旅游资源互补，产生"化学反应"，最终做出秦承两市"一加一大于二"的效果，这对两地旅游业发展都将产生积极影响。

北翼的形成主要是通过唐山、秦皇岛和承德三市的共同努力，协调发展，最终建成经济互补、政策协调、基础设施完善的冀东北成长三角，形成经济高度协调的有机体，达到区域一体化发展，建成河北省的冀东北增长极，为河北省的发展增添一翼。

6.2.2　南部成长三角的构建——南翼

2015年沧州市经济总量虽然排在全省第三，但是其经济总量无论从规模上还是从产业等级上都未能与周边地区形成较大落差，难以起到带动河北省中南部地区发展的作用，不过依然可以起到承上启下的作用，承接京津产业转移，带动小城镇发展。依据成长三角模式、双核结构模式、门户城市理论和都市圈理论，构建由石家庄、沧州和邯郸组成的南部冀南成长三角，充分发挥省会城市的辐射带动作用，以沧州为门户城市打通海上通道，修建邯郸—黄骅铁路，串接衡水。以邯郸作为主要节点、商贸中心，通过邯郸使黄骅港辐射中原。石家庄、邯郸、沧州三点互动，辐射带动邢台、衡水共同发展，最终形成以石家庄—邯郸—沧州为核心的三中心支点型冀南大都市圈。

1. 石家庄都市区

要想带动周边经济的发展，首先要自身发展得够好，石家庄在现有的经济基础城镇规模上又提出了大发展。2016 年石家庄迈入了高速发展的时代，正定新区全力申办国家级新区，明确了石家庄在"十三五"时期的规划目标，总的来说包括以下七个方面。

（1）全方位融入京津冀协同发展，在厚植省会发展优势上实现新突破。构建一体化综合交通网络，积极推进京石邯城际铁路、津石铁路、石衡沧黄城际铁路和太行山高速、津石高速、石衡高速等国省干线建设，不断加密与北京、天津及周边地区互联互通的交通网络。推进绕城高速以内的高速公路实行开放式收费，不断完善主城区快速路体系。提升正定国际机场功能，全力打造京津冀区域航空物流枢纽中心。积极推进京津石综合交通运输信息共享平台建设，尽快实现京津冀区域内交通"一卡通"、客运"一票制"和货运"一单制"。把"大正定新区"建设作为参与京津冀协同发展的"一号工程"，将其全力申办成为国家级新区，主动承接公共服务、行政事业机构、企业总部、研发创新中心等非首都功能疏解和京津高端产业转移。统筹高新技术开发区、经济技术开发区等国家和省级产业园区，积极承接京津装备制造、电子信息、生物医药、轻工食品等产业转移。围绕石保廊全面创新改革试验区建设，积极与京津联合创建一批国家级协同创新中心、工程研究中心和重点实验室。

（2）建设全面创新型城市，在推进发展动力转换上实现新突破。在原有的经济和产业基础上，转换思路，进行产业转型，使城镇的发展推动力多样化。

（3）建立新型现代产业体系，在调整优化产业结构上实现新突破。对原有的产业体系进行产业升级，摒除原有的高消耗、低效率的生产模式，优化产业结构，为石家庄市的城镇空间结构优化做铺垫。

（4）优化城市空间发展格局，在促进区域平衡发展上实现新突破。按照"一核一带两轴三区"市域空间结构，以产业结构调整和区域协调发展为重点，做大做强中部城市经济，加快发展东部工业经济，力促西部绿色工业、生态农业和旅游业发展，在全市域形成功能布局合理，城镇化、工业化与生态建设相协调的空间结构。实施城区排水管网综合改造，消除城市建成区黑臭水体。到 2020 年使常住人口城镇化率达到 63%，户籍人口城镇化率达到 52%，并基本实现美丽乡村建设全覆盖。

（5）打造宜居绿色家园，在改善生态环境上实现新突破。持续推进大气污染防治，大力优化能源结构，不断提高清洁能源占能源消耗的比重。减少煤炭消费总量，到 2020 年使原煤在一次能源消费中的比重下降到 65%，洁净煤使用率达到 90% 以上。推进钢铁、水泥、电力、焦化、石化、制药等重点行业节能减排。实施企业搬迁升级改造工程，到"十三五"末使高排放企业全部迁出主城区。确保 2018 年大气质量退出全国重点监测城市后十位，到 2020 年实现大气质量明显好转。

深入实施太行山绿化、沿河绿化、环省会绿化等生态建设工程，2018 年完成植树造林 300 万亩，实现太行山宜林地带绿化全覆盖，到 2020 年全市建成区绿地面积达到 1 万公顷，森林覆盖率达到 42.2% 以上。

（6）开创改革开放新局面，在增强发展动力活力上实现新突破。到 2020 年民营经济增加值占 GDP 的比重达到 75% 以上，力争实际利用外资年均增长 5% 以上。

（7）全力增进民生福祉，在建设惠及全民的幸福省会上实现新突破。坚定不移地完成脱贫攻坚任务。在 2018 年，赞皇、灵寿、行唐、平山四个贫困县全部脱贫，到 2020 年全面完成 30.2 万农村贫困人口脱贫任务。实施创业就业扶持工程。到 2020 年，全市城镇新增就业 45 万人，城镇登记失业率控制在 4.5% 以内。实施社会保障完善工程。推进健康石家庄建设，整合城镇居民基本医疗保险和新型农村合作医疗两项制度，建立统一的城乡居民基本医疗保险制度。推动医疗、医保、医药"三医联动"，逐步实现基本医保、大病保险、医疗救助、商业健康保险衔接配合，努力构建多层次医疗保障体系。逐步提高城乡社会救助标准，实行农村低保线与扶贫线"两线合一"。加快发展社会福利、慈善救济事业，推进居家养老、社区养老和机构养老协调发展，大幅增加养老服务设施。实施教育优先发展工程。到 2020 年学前三年毛入园率达到 95%，九年义务教育巩固率达到 99.9%。

石家庄市是重要交通枢纽、全国医药基地、华北重要商埠。石家庄应构建以石家庄主城区为核心，以藁城、正定、鹿泉、栾城四个组团为重点，以东西、南北向的高速公路和铁路为纽带的"1+4"省会都市圈发展格局，做大、做强、做优环省会城镇群，巩固提高在河北省城镇化中的"领头羊"地位，并在京津冀都市圈的竞争中抢占一席之地，带动冀中南地区加快发展。按照沿海大省省会标准，完善服务功能，改善城市形象，把石家庄建设成为天蓝、地绿、水清、气爽、路畅的生态城市；在全省率先实现全面建设小康社会的发展目标，把石家庄建设成为生活更加富裕、居民素质较高的现代文明城市[176]。

同时，石家庄市要发挥省会优势，切实提高在区域发展中的首位度，不断强化科技、人才、金融、资本等方面的集聚效应；依托机场、高速铁路和高速公路等综合交通优势，整合中心城区与周边地区资源，加快正定新区建设和鹿泉、藁城、栾城组团一体化发展，构建组团式城市功能空间；加快大西柏坡、东部产业新城、临空港产业园区建设，成为冀中南地区以医药、装备制造为主的先进制造业基地、以商贸物流金融为主的现代服务中心城市。

在医药、纺织、商贸流通、特色农业等传统主导产业基础上，大力发展包括信息产业在内的高新技术产业，抢占产业结构制高点，形成区域性高新技术产业中心，不断提高在全国省会城市综合实力中的位次。推进第三产业跨越式发展，以完善商业设施、商贸服务体系为切入点，吸引外部商贸集团、大型展示交易会的长期进驻，丰富商品市场和商业信息，为商贸流通中心的形成提供完备的支撑条件。

制定扶植产业集聚的政策支持，注重创造有竞争力的区域环境，对现有产业集聚区（如专业化生产区、高新技术园区）积极扶持，重视发展中小企业，营造区域创新环境，促进科技产业化，引导和培育企业积极发展。

利用京广、石太、石德铁路及沿线场站设施，开通京津、环渤海经济圈的省际列车，加强石家庄市与相邻城市的联系，努力打造辐射河北中南部、山东西部、山西东部、河南北部、华北南部的区域中心城市。石家庄市既有了雄厚的发展基础，又有了非常具有前瞻性的未来发展计划，从而更有把握打造成京津冀都市圈的第三极。

2. 沧州市

2015 年，沧州的 GDP 在省内排名第三，经济发展势头良好，沧州作为重要交通枢纽，是冀南的出海口，也是冀中东部地区中心城市，是由主城区、港城区和化工园区构筑的沿海城市。以渤海新区（包括化工园区、中捷农场、渤海新城、南大港、黄骅和海兴）建设为契机，按照"战略东移、壮大新区、整合资源、突出重点"的发展思路，形成以石黄高速公路、朔黄铁路等交通干线为依托，沧州主城区、黄骅—中捷、渤海新城、海兴县城、南大港等城镇为节点的东西轴向"葡萄串"式城镇空间结构布局。到 2020 年，规划人口达到 30 万人，建设用地达 33 平方公里。

近年来沧州发展迅速，综合考虑沧州的发展优势和特点，确定沧州的城市性质为环渤海地区重要沿海开放城市和京津冀城镇群重要产业支撑基地，以发展高新技术、高端装备制造和现代服务业为主的现代化港口城市。城市重点向东发展，西部填空补齐，适当向南、向北发展，形成"两轴、三心、四组团"的城镇空间结构。"两轴"为解放路公共服务轴和大运河休闲景观轴；"三心"为依托东部城区、老城区和西部新区形成东、中、西三个城市中心；"四组团"分别为西部组团、运河组团、新华组团和东部组团。沧州市还出台了《沧州市城市总体规划（2015—2030 年）》，到 2030 年，中心城区规划人口 170 万，建设用地 170 平方公里。加强城镇配套设施建设，完善城市基础设施。按照"非交通高峰时段不拥堵，实现畅达、低碳、智能"的城市交通发展目标，构建"七横十四纵"的方格网式路网结构，建设永济路和黄河路 2 条快速路、28 条主干路和 59 条次干路。规划沿解放路建设轨道交通线路，新建 2 条快速公交线路，构建"七横、十一纵、七放射"的常规公交通道，新建 8 处公交枢纽站。新建地表水厂 1 座，扩建清源水厂；扩建运东和运西污水处理厂；新建 3 座 220 千伏变电站和 20 座 110 千伏变电站；扩建华润热电厂，新建运东热电厂，新建 2 座调峰锅炉房；新建 2 座天然气门站。

沧州市还要充分利用沿海优势，通过港口和临港产业的发展率先实现经济飞跃，在此基础上找准功能定位，建设成为冀中南及晋中的出海口。大力搞好黄骅港建设，建成 8000 万吨以上大港，积极拓展杂货码头和化学专用码头。加快化工城建设步伐，努力打造沧州化工产业新优势。产业发展重点为进一步扩大城市人口规模，增强产业集聚能力，充分发挥河北省环渤海南部中心城市的功能与作用，重点发展港口及临海产业、化学工业、机械制造业、食品加工业、纺织服装业五大行业，增强城市发展引力；完善港口功能，加快建设临港城市，打造沧州滨海新区；在合理利用水资源基础上，进一步完善以化工工业为主的工业体系，加速化工行业向沿海集聚，建设沿海现代重化工基地；充分利用神黄铁路、石黄高速公路建设运营形成的通道优势和区位优势，建设连接河北省中南部与中国西部地区的海上货运通道。

依托黄骅港，推动经济重心向沿海地区转移。优化主城，壮大港城，整合资源，突出重点[176]。构筑"一主两副哑铃式"空间结构，形成东西一条主城镇发展轴，南北两条副城镇发展轴的格局。

调整行政区划，整合沿海资源，将"一港（黄骅港）、一区（临港化工园区）、两城区（黄骅市区和港城区）"建成河北省和沧州市经济发展的重点区域。东西向主城镇发展轴依托朔黄铁路、石黄高速公路和 307 国道。南北两条副城镇发展轴，拓展滨海南北联系方向，向北联系天津，向南联系鲁东及鲁中地区。

黄骅市区是以发展轻工、电子、机械为主的城区。黄骅港城区作为西煤东运出海口，河北省化工工业基地，是以发展临海工业和对外贸易为主的港口城区。

黄骅港的建设，一方面促进了黄骅港城和沿海临港工业的形成与发展，另一方面为河北省中南部地区提供了出海口，随着输港交通设施的建设与完善，黄骅港口对河北南部的吸引功能越来越强。应充分利用黄骅港逐渐扩大规模新契机，发挥化工基础优势，重点发展临海经济和化学工业，推动生产力向沿海地区发展。

在未来，扩大沧州中心城区规划管辖范围，整合青县、沧县、运河区、新华区、渤海新区，建设大沧州都市区，规划总面积达 6012 平方公里，2016 年约有246 万人。做大做强沧州市中心城区和黄骅生态新城，完善城市功能，提高承载能力，引领、辐射、带动市域经济快速健康发展。未来形成"一城、五区、三组团"的空间布局结构，"一城"指沧州都市区；"五区"指新华区、运河区、渤海新区、沧县、青县；"三组团"指沧州中心城区、黄骅生态新城和青县城区。规划到 2030 年，规划区城镇人口达 418 万人，城镇建设用地为 498 平方公里。其中沧州中心城区 170 万人，建设用地 170 平方公里；黄骅生态新城 140 万人，建设用地 169 平方公里；青县县城 35 万人，建设用地 48 平方公里。

按照港口、产业、新城、腹地四位一体协同推进的发展思路，促进人口、产业等生产要素向渤海新区集聚，构建"一主两副多节点"的空间结构。"一主"指黄骅生态新城，"两副"指临港开发区和海兴县城，"多节点"指各建制镇。把渤海新区建设成为河北沿海增长极、东出西联的龙头、亚欧大陆桥新的桥头堡。积极承接京津产业转移，依托北汽生产基地、生物医药转移园等项目，建设"北京·沧州渤海新区生物医药产业园"。大力发展核能、风能等绿色能源产业，形成以钢铁冶金、化工医药、装备制造、新能源为主导的产业体系。通过六条快速交通廊道，加强渤海新区与沧州中心城区的交通联系。加速黄骅港由煤炭装船港向综合性港口转变，建设全国"西煤东运"第二通道下水港和河北省沿海地区航运中心。

加快推进青县与沧州中心城区同城化发展步伐，依托迎宾大道、饶安大道等四条沧青快速通道，加强沧青交通联系。青县城区重点发展近郊旅游观光、休闲娱乐、食品制造等配套服务业，建设成为沧州中心城市北部组团，京津冀重要的加工制造业基地。展望远景，随着京津冀协同发展的逐步推进，沧州凭借优越的区位、便捷的交通和丰富而独特的资源，将会实现新的跨越，一座特色鲜明、景观优美、充满活力和魅力的现代化大城市将屹立在渤海之滨。

3. 邯郸都市区

邯郸作为"国家历史文化名城，晋冀鲁豫交界地区经济中心"，要充分发挥主城区的中心作用，积极构筑环城 30 公里半径卫星城圈，形成以主城区为核心的"1+8"都市区空间结构[176]，即以中心城区为核心，各卫星城沿郊区一级公路呈圈层镶嵌状布局。1 即中心城区；8 即 8 个卫星城，包括峰峰、武安、永年、广府、肥乡、成安、临漳、磁县。

加快经济发展，突出历史文化名城保护，充分利用冀、晋、鲁、豫四省交界的地缘优势，进一步确立四省接壤地区中心城市的地位，发展成为区域交通中心、商贸流通中心、冶金工业中心，做到大而优、大而强。基于邯郸市域各城镇的现状和发展潜力，合理布局城镇。按照梯级推进思路，加快发展中心城区，积极培育中小城市，择优扶持重点镇，逐步完善城镇体系。重视国家级历史文化名城地位，加强以"赵文化"为特色的旅游建设，处理好名城保护和经济发展、城市建设等的关系，把握社会主义先进文化的前进方向，形成融历史文化和现代文明为一体的城市风格和城市魅力。

提升产业结构，延伸产业链条，在现有产业基础上，进行产品结构升级，大力扶持个体私营经济发展，发展机械配件、食品加工、纺织服装等，形成有竞争力的产业集群。一是以邯钢、新兴铸管等大型企业为核心，加快企业联合和重组；二是加大技术投入，积极推广新技术、新工艺，通过先进技术改造传统产品结构；三是加大开放力度，改善投资环境，吸引国内外资金投入。

邯郸同样面临资源型城市的发展困境，必须考虑多元化发展和产业结构转型问题。鉴于邯郸作为"晋冀鲁豫交界地区经济中心"的特殊区位，今后要把交通运输业、物流业作为发展重点，发展商贸流通和物流配送，强化交通枢纽的中转功能，努力发展成为重要的区域性商贸中心和物流中心。建设邯郸—黄骅铁路，给自己找到出海口扩大对外贸易的同时也扩大黄骅港的腹地范围。

构筑由石家庄、邯郸、沧州构成的冀南成长三角，可以使三个城市各自的潜力得到充分发挥。石家庄作为省会城市，在冀南地区一枝独大，拥有政策、人才、交通等多方面的优势，加强与沧州的联系可以通过黄骅港，利用海洋优势，发展对外贸易，改变省会城市深居内陆的不利局面，同时沧州（黄骅）的门户地位也因为腹地的强大而得到提升。加强与邯郸的联系，利用邯郸控制晋、冀、鲁、豫四省交界处的优势区位，联合邯郸这个"边缘的中心"城市，加强与其他三个省份的商贸联系，利于邯郸和石家庄的发展。通过与沿海（沧州）和沿边（邯郸）城镇的交往，实现区域中心城市的居中性和港口（边界）城市的边缘性的有机结合，实现区位上和功能上的互补，发挥区域双核结构的优势的同时，又最大限度地集成了成长三角模式的优点，形成稳定的区域增长极。

6.3　三　带　发　展

6.3.1　沿海经济隆起带的发展

河北沿海地区地处华北、东北地区结合处，区内有多种交通运输方式，交通便利，不仅是物资集散和旅游基地，更是建立大市场、大流通最活跃、最适宜的地区。

1. 区域核心层次发生变化，天津滨海新区迅速崛起

国务院关于天津市城市总体规划的批复（国函〔2006〕62 号）对滨海新区的定位为"将滨海新区建设成为我国北方对外开放的门户、高水平的现代制造业和研发转化基地、北方国际航运中心和国际物流中心，以及宜居生态型新城区"，天津"十一五"规划指出滨海新区要发展成为依托京津冀、服务环渤海、辐射"三北"，面向东北亚的现代化新区，成为带动中国北方经济发展的有力支撑。天津滨海新区的崛起，将引导城镇空间结构重心向沿海转移，沿海地区在一定时期内，将呈现竞争与合作共存的局面。沿海港口竞争加剧，天津港、黄骅港、曹妃甸港、王滩港、秦皇岛港之间在腹地范围、外来资本、临港产业选择、国内航运体系地位等方面竞争激烈。

但总的来说，天津滨海新区的发展与河北省沿海经济发展的互促作用大于竞争作用。从国家政策和天津自身发展的重点分析，天津沿海地区将形成新的经济增长极，并向河北省沿海地区辐射。滨海新区大规模开发，在一定程度上对河北省沿海地区的发展构成竞争，同时也促进沿海地区新城市的形成，加快生产力布局向沿海转移的步伐。津、冀沿海地区可能形成沿海重化工产业带。

2. 环渤海区域诸港口间的竞争与整合

通过对河北省沿海地区自身特点和与周边港口的竞争关系进行分析可知，要想在与周边港口竞争中占据优势，除了在自身软硬件上下功夫，提高港口竞争力外，还必须改善和拓展后方集疏运通道。一方面，必须通过对现有设施的技术改造和集疏运交通的合理组织，为港口现阶段正常运营提供容量保证及顺畅的集疏运条件，进一步巩固港口的现有优势及腹地的联系。另一方面，通过更高等级的交通设施建设，拓展港口后方腹地，提高现有腹地通达度，以便在日趋激烈的竞争中占据优势。市以港兴，港依陆路交通发展。加强港口后方的交通建设，尽快形成先进的与港口配套的立体交通体系，充分发挥港口优势，是河北省沿海地区"以港兴市"战略的关键；必须把着力改善交通条件作为战略重点，构造船舶-港口-陆路集疏设施协调发展、组织合理的联运网络。

1）错位竞争

根据《渤海湾地区港口建设规划》，2010 年前建设由秦皇岛港、京唐港、黄骅港等港口组成的集装箱运输系统；建设由京唐港、曹妃甸港区组成的深水、专业化进口铁矿石中转运输系统，重点新建曹妃甸港区 20 万～30 万吨级专业化进口铁矿石中转码头；建设由京唐港、曹妃甸港区组成的原油中转运输系统；建设由秦皇岛港、黄骅港、京唐港等港口组成的煤炭装船运输系统。根据区域经济发展、综合运输网布局及港口性质、功能和岸线资源分布，河北省沿海港口布局规

划的层次是[177]：以秦皇岛港为主要枢纽港，京唐港、黄骅港为区域性重要港口，相应发展其他中小港口的港口布局。在京唐港、曹妃甸港和黄骅港港区附近，根据各自条件建设滨海新城。2015 年全年京唐港的货物吞吐量达到 2.33 亿吨，比 2010 年翻两番，曹妃甸港达到 2.9 亿吨，跃居河北省第一大港口，黄骅港达到 2.2 亿吨，增速居全省之首。经过错位竞争的合理安排，各个港口都得到了大发展，被最大化地利用。

2）积极整合

秦皇岛港、黄骅港、京唐港、曹妃甸港等港群体系建设及相应港城的发展，将在形成区域经济优势的基础上，全面带动京津唐地区和河北省中南部腹地经济的发展。同时，以港口和港城发展为点、以伸向内陆的各交通线为轴线，点轴结合、海陆一体开发，建立协调互助的海陆联动开发体制和有效的运转机制，促进河北省沿海地区经济的快速发展。

3）沿海城镇空间结构布局

海洋的大规模开发，需要强大腹地的支持；腹地经济的发展，必须依托合理的城镇空间结构布局。研究河北省沿海地区城镇空间结构布局特点，综合考虑影响城镇空间结构布局的各种因素，用城镇空间结构布局理论指导河北省沿海城镇发展，对于均衡整个环渤海经济圈和河北省的城镇布局及社会经济发展具有重要意义。纵观世界各国沿海地区，港口与港口城市相互依存发展，"港兴城兴、港衰城衰"是普遍经验。"大港口-小城市"或者"大城市-小港口"都会形成港口经济与城市经济的不对称关系，使港城之间的互动受到影响。建设沿海经济强省，必须将港口建设与沿海地区城市建设结合起来。

目前河北省沿海地区城镇空间结构布局的基本框架为"一带三个中心四个层次"[178]。"一带"指沿海城镇发展带；"三个中心"指秦皇岛市区（由海港组团、北戴河组团和山海关组团构成）、唐山市区（由中心城区、丰润城区、古冶城区及曹妃甸开发区、海港开发区、南堡开发区构筑的双三角核心空间网络构成）和沧州市区（由主城区和港城区两部分构成）；"四个层次"指城镇规模和职能四个等级，即区域中心城市—县级市、县城—重点镇—一般镇。河北省沿海地区城镇发展要坚持城镇化与工业化、产业化、市场化相结合，着力培育沿海城镇发展带，强化中心城市的职能与地位、积极发展县级市（县城）、有选择地培育重点镇，突出重点、梯次推进，优化城镇规模结构、职能结构、空间布局和区域基础设施网络，促进大、中、小城市和小城镇协调发展，与京津共同构筑大滨海地区。

河北省沿海城镇发展带北起秦皇岛山海关，经海港区—北戴河—南戴河—昌黎黄金海岸—乐亭—滦南—唐山海港开发区—唐山曹妃甸开发区—唐山南堡开发区—汉沽—塘沽—大港—黄骅港，该城镇带是环渤海城镇带的重要组成部分。借助港口开发建设，以旅游度假、机械、石化、煤化工、电力、海产品加工等为主体的新型产业经济带正在形成。在临港产业等海洋经济支撑下，沿海将形成一系列新兴城镇。

　　沿海城市连绵带最大辐射节点是唐山市区，二级辐射节点是秦皇岛和沧州两个市区，三级辐射节点是小城市和县城，四级节点是各建制镇。加快发展唐山、秦皇岛、沧州三个城市集群，培育扶持曹妃甸港城、黄骅（含黄骅市区、黄骅港城）两个沿海副中心，积极推进秦皇岛西部滨海新城、京唐港城、曹妃甸港城、南堡新城和黄骅港城五个沿海新城的建设，构筑沿海"集群式"城镇发展带，推进沿海地区城镇现代化和城乡一体化。

　　4）构筑沿海经济隆起带

　　沿海具有利用海洋资源的优势和方便的海上运输条件，是发展临海产业的最佳地带。从世界发达国家看，沿海地区是产业聚集的经济发达地区，是人口聚集区。河北省的落后主要体现在沿海地区的落后，加快沿海地区发展，完善港口职能，整合港区资源，形成布局合理、分工明确、优势互补的港群体系，增强港口对陆域腹地的辐射力和带动能力是当务之急。沿海经济带的隆起过程也是河北省城镇飞速发展的过程。"蓝色力量"正在成为河北发展的中坚力量，港址资源、旅游资源、盐业资源和滩涂土地资源为发展海洋经济创造了条件。

　　a. 构建方略

　　沿海地区要加快发展，必须以海洋型经济和临港产业发展拉动港口壮大，以港口壮大促进沿海地区经济发展，形成内外互动的沿海城市带和经济带；通过延伸腹地，扩大对内辐射力度；港口职能由专业型港口向综合型港口转化。河北省沿海地区城镇发展缓慢，主要是因为没有形成沿海产业聚集带，带动沿海城市发展的大型港口基本上以能源输出为主，专业性强，集装箱、件杂货腹地小，对港城拉动作用小。临港产业规模小，港城处在雏形发展阶段。

　　b. 具体措施

　　河北省沿海开发时间较短，港口年轻，沿海产业发展潜力巨大，要充分利用优越的区位条件，以国家经济发展战略北移的政策环境为依托，立足港口，大力发展海洋经济、滨海旅游业，促使生产力布局向沿海集中，努力培育秦唐沧临港产业带，形成以特色农业为基础、旅游业为主导、临海加工业为支柱、现代服务业为依托的沿海产业格局。

　　优化港口结构，拓展港口功能，明确港口定位，完善港口职能，整合港区资源，构建以秦皇岛港、唐山港、黄骅港为支撑的分工合理、优势互补的现代化港群体系，使各港口在共同拥有的腹地中相互依存，在互补中形成规模效益。

　　秦皇岛港要保持北煤南运主枢纽港地位，充分发挥港口城市的传统优势，巩固提高综合功能，通过资本的横向扩张和纵向整合，成为环渤海地区的干散货和油品的接卸、中转和储运中心，实现集装箱业务的跨越式发展。完善海港区、山海关区、北戴河区城镇功能，整合昌黎、抚宁沿海空间资源，调整功能分区和岸线布局，统筹沿海地区发展，积极培育新城，形成以港城为依托，休闲旅游和制造、物流等临港产业相互促进、带状组团式发展的滨海城镇空间格局。秦皇岛临港产业以港口、贸易加工工业综合体为主要类型，以发展低耗能、无污染的港口工业和港口物流业为主。一方面要调整港口功能，稳定煤炭运输，积极拓展集装箱运输；另一方面要重点抓好高新技术、造船基地、临港装备制造、食品加工、滨海旅游等产业。

统筹唐山港、曹妃甸港和京唐港的功能分工和协作，曹妃甸港要建设成为我国北方国际性铁矿石、煤炭、原油、天然气等能源原材料主要集疏大港，世界级重化工业基地，国家商业性能源储备和调配中心，以及国家循环经济示范区。整合海港开发区、南堡开发区和曹妃甸港城、丰南、滦南、乐亭等沿海空间资源和城镇布局。以曹妃甸工业区和滨海新城为核心，强化曹妃甸新区与唐山市区、天津滨海新区的交通和产业联系，将曹妃甸新区打造成冀东最具实力的沿海产业带和城镇发展带。唐山市临港产业以港口、钢铁工业综合体、石油化工为主要类型，形成钢铁、化工、港口物流业、农产品加工等若干产业集群。

黄骅港作为北方地区中枢综合港，以煤炭运输为主，综合散杂货运输，和天津港、曹妃甸港形成联合优势，共同打造北方物流中心。充分发挥土地资源优势，整合临港工业区、促进产业和人口向沿海集聚，形成全省沿海地区新的经济增长极。沧州市临港产业以港口运输、石油化工为主要类型，重点发展以盐化工、石油和天然气化工、煤化工为重点的综合化工产业和以物流为主的临港产业，成为拉动冀中南和朔黄铁路沿线发展的新引擎。

c. 优化交通

沿海与腹地互动，统筹推进沿海经济隆起带与其他地区的发展必须要加快交通建设。构建以港口为中心的交通网络，加快沿海交通网络建设，建设沟通河北、天津、山东、辽宁诸港口的沿海高速公路，整合沿海城镇空间结构布局和发展资源，推进生产力布局向沿海转移。

曹妃甸港口的建设是河北省环渤海经济新的增长点，构筑以曹妃甸—天津滨海新区为中心的发散型交通网络是河北省沿海地区今后交通建设的重点[114]。在充分发挥京秦、石黄高速公路运输能力基础上，加快沿海高速公路建设，实现南部城市石家庄、保定、廊坊与北部城市唐山、秦皇岛同曹妃甸港交通畅达。加快建设承唐高速，贯穿京张—京唐高速，打通曹妃甸港通向河北省西北部的通道。同时积极谋划邯郸—沧州的铁路项目，实现河北省南部地区与港口的交通对接。随着沿海高速公路和沿海铁路建设，以及港口后方集输运系统进一步完善，沿海城镇发展带将成为河北省对外开发的前沿阵地和河北省最具活力的城镇发展轴。同时推进产业基础雄厚的村庄向小城镇提升，依托特色产业向小城镇发展。

d. 近期重点

加快建设沿海经济隆起带，夯实沿海城镇发展基石，具体包括：①加快产业布局向沿海地区转移的步伐，以较快的速度在沿海形成沿海产业带和新的经济增长极，夯实滨海城镇发展的经济基础。②加强区域城市产业合作，增强区域整体产业竞争力。重点加强与天津沿海产业的协作、对接和竞争。提升自身实力，改善投资环境，缩小与京津的经济落差，积极主动承接京津产业转移，发展成为京津的配套产业基地。因此，"海陆一体化""港口+临港工业+产业带"是河北省未来的基本经济格局。

6.3.2　山前传统城市产业发展带的发展

山前传统城市产业发展带是从秦皇岛—邯郸、以京沈高速公路—京珠高速公路和相应铁路为主轴形成的河北省中轴线。截止到 2016 年，山前传统城市产业发展带上 1000 万人口以上城市有 2 座，500 万～1000 万人口城市有 4 座，几乎包括了河北省所有大中城市。人均 GDP 在 4 万元以上的城市中，山前传统城市产业发展带中的秦皇岛、唐山、石家庄名列前茅，唐山更以人均 GDP 7.8 万元高居各市榜首。

GDP 总量分析表明，山前传统城市产业发展带经济总量约占全省经济总量的 2/3；人均 GDP 分析显示，山前传统城市产业发展带是全省平均富裕程度最高的地区。秦皇岛、唐山、廊坊、保定、石家庄、邯郸六市在全省经济发展中已经形成了隆起带。

山前传统城市产业发展带以京津为纽带，依托铁路、高速公路、港口、国道、省道形成了综合交通网络，交通地位突出，区域交通系统呈现网络化发展趋势。根据城镇空间结构演化理论，结合京、津城市发展，河北省今后应在山前传统城市产业发展带培育网络型多中心城镇空间结构，扩张城市带[179]。

北部保定、廊坊、唐山、秦皇岛四市，接受京津辐射比较多，和京津有着千丝万缕的联系，应逐步淡化"楚河汉界"，以项目带动建立城市联盟，构建网络型城市体系和空间布局。由中国科学院和中国工程院两院院士吴良镛先生所著的《京津冀地区城乡空间发展规划研究三期报告》中提出"以京、津双核为主轴，以唐山、保定为两翼，根据需要与可能，疏解大城市功能，调整产业布局，发展中等城市，增加城市密度，构建大北京地区组合城市"[113]。京津冀北地区的核心区域是以京津保、京津唐构成的两个三角区域，并以此为基础向外辐射。

改革开放后，在石家庄的带动下，其周围形成众多城镇，在半径不足 100 公里范围内形成设市小城市五座。石家庄目前仍在极化发展，作为省会城市，全省的政治、文化和经济管理中心,其经济实力和辐射范围在冀中南地区首屈一指,环省会城镇群正在形成。

山前传统城市产业发展带领先发展的基本空间模式为依托交通复合轴线,从单核城市向开敞性组团发展,从圈层蔓延向轴向发展,以石家庄、唐山、保定、廊坊、秦皇岛、邯郸为增长极,延伸腹地,形成"交通轴线+城镇组团+绿化隔离带"式的网络型多中心城镇空间格局。目标是依托京津两大都市区,沿交通轴线形成都市连绵区,形成多中心网络型城市体系。重点培育石家庄、保定、唐山、邯郸四个都市区,发挥其在区域经济发展中的龙头作用,提升秦皇岛、廊坊和定州的聚集和辐射能力及在山前传统城市产业发展带中的地位;将山前传统城市产业发展带有发展潜力的县级市培育成中等城市,完善城镇规模等级,增强区域集聚能力,发挥城镇规模效益。

山前传统城市产业发展带的形成对河北省城镇空间格局影响深远,表现如下:其可以更好地融入区域经济一体化进程,充分利用京津发展河北省;能够与京津一起构筑环渤海湾大城市带;发展与国际接轨的外向型产业,加快产业结构调整,提升河北省企业的国际知名度。

为更好地促进山前传统城市产业发展带的形成与发展,应逐步实现三个整合:一是河北省山前传统城市产业发展带城市间资源的进一步整合;二是与京津之间的区域基础设施共建共享、产业协作、城镇职能及生态环境治理等方面的对接;三是加强环京津与环省会城镇群的基础设施、产业协作、城镇职能等方面的对接与协调。

6.3.3 北部生态保护带的发展

北部生态保护带包括张家口和承德两个设区市,土地瘠薄,城镇发展以集中式为主,分散的乡村人口较少。2015 年承德城镇化水平为 51.45%,与全省的平均城镇化水平相当。但是在经济实力上,北部生态保护带低于沿海城市连绵带和山前传统城市产业发展带。由于北部生态保护带需严格保护生态环境,城镇集中发展仍将是未来 20 年城镇化发展的主要模式。

北部生态保护带是人口功能分区中的"人口限制区"和"人口疏散区",要以国家生态工程建设为契机,加快构筑生态产业发展服务平台、劳动力转移输出服务平台和资源环境补偿政策服务平台,稳定提高自我发展能力。从实际出发,根据现有经济基础和发展条件,从加强基础设施和生态保护设施建设入手,转变经济增长方式,制定并组织实施有助于实现消除贫困和改善环境"双赢"的技术政策,加速推进资源型经济向生态型经济转变,构建保证京津和冀北生态安全的生态经济示范区,提升生态旅游产业的地位,把资源产业和环境保护结合起来。

　　河北省住房和城乡建设厅在新农村建设"四个一批"规划研究中,预测这些地区将有约 60 万人转移到城镇。要从政策上鼓励这些人口向城镇转移,从资金、就业等方面给予支持。政府相关劳动就业部门建立长效跟踪机制,除第一次安排就业外,还要在数年内进行监测,防止由搬迁导致的致贫、返贫现象出现。北部生态保护带在河北省消除贫困和改善生态环境中具有举足轻重的地位,必须高度重视。

　　针对北部生态保护带生态环境脆弱、贫困人口集中和外部资源环境约束较大等实际问题,理顺区域发展中人口与资源、经济发展与环境保护的关系,建立生态型产业体系是当务之急。

6.4　本 章 小 结

　　构筑"双核两翼三带"城镇空间结构,可以优化河北省城镇空间结构布局,改善城镇发展质量,促进省域经济全面持续健康发展。以科学发展观为指导,以建设小康社会为目标,以构建和谐社会为载体,与工业化、现代化相适应,走环境友好、资源节约、社会和谐、城乡一体、区域联动,促进整个区域长期健康发展的新型城镇化道路是我们的追求。河北省以城镇面貌三年大变样为主题,以做大做强区域中心城市及其主城区为着眼点,将城镇化战略推向了一个新阶段。在这样的大背景下,研究区域发展和城镇空间结构布局结构问题,具有现实而深远的意义。"双核两翼三带"模式的提出,顺应了时代潮流,对于省域经济又好又快发展提出了可供借鉴之道。在探讨理论的同时,对河北省的发展提出一些可供参考的建议是作者的心愿。

第7章 河北省城镇空间结构优化运行
机制分析和主要问题

对河北省城镇空间结构优化运行机制的分析是在本书第 4 章研究机制的内涵和主要要素的基础上，通过对政府作用机制、市场配置资源机制和社会公众协调机制的总体把握和分析，将政府作用机制中最重要的政策引导与规划控制机制、政府投资与示范机制、政府协调与控制机制和客观现实进行对比分析，可以发现阻碍政府作用机制发挥作用的因素，以便后文针对具体问题提出相应的对策。将市场配置资源机制中最重要的价格调节机制、产业集聚与转移机制、要素空间集聚与扩散机制进行客观分析，有利于进一步认识市场配置资源机制的作用和传导路径，提炼出影响市场配置资源机制存在的客观问题。将社会公众协调机制中最重要的公众参与机制与社会组织机制进行分析，有利于明确阻碍社会公众协调机制发挥作用的客观问题，为后文的对策建议做好铺垫。另外，在前面研究河北省城镇空间结构现实格局的类型、评价结果与影响因素基础上，总结出河北省城镇空间结构运行本身存在的主要问题。

7.1 河北省城镇空间结构优化的政府作用机制分析

7.1.1 政策引导与规划控制机制

城镇空间是社会经济发展和城镇化健康推进的物质载体，城镇空间结构优化既是城镇化发展的客观要求，又是城镇化发展的必要条件。政策的有效推动和引导，能够促进城镇空间合理化、城镇空间规模和功能协调化、城镇空间形态多样化，最终促进城镇空间结构优化发展。城镇空间结构优化需要政策引导与推动作用，河北省的历届工作会议和规划报告中多次提到优化城镇空间格局，推动城镇化健康发展。2016 年河北省城镇化工作领导小组办公室公布了 17 个省级新型城镇化综合试点地区名单，根据新型城镇化发展新趋势和新要求，城市规划建设管理进一步加强，城市功能得以完善。省级新型城镇化综合试点包括两个设区市，分别为张家口市、衡水市；四个省直管县（市），分别为辛集市、迁安市、平泉县、任丘市；四个县（市），分别为威县、安国市、涉县、易县；七个建制镇，分别为石家庄市鹿泉区铜冶镇、高碑店市白沟镇、怀安县左卫镇、卢龙县石门镇、霸州市胜芳镇、枣强县大营镇、隆尧县莲子镇。在京津冀一体化的条件下河北省将得到更多的资源。

《河北省城镇体系规划（2016～2030年）》强调小城镇是城镇化的最基层单元，是城市与乡村的过渡地带，是连接城市和农村的桥梁，是城市与乡村之间生产要素流动的重要通道，是辐射带动乡村地区经济和社会发展的核心，小城镇肩负着缩小城乡二元结构的重任，在推动新型城镇化和统筹城乡发展进程中具有重要作用。下一步应该规划更多的城镇，将它们分为工业型重点镇、商贸型小城镇、商贸型重点镇，通过规划的推动和引导，将有利于节约和集约利用土地，增强对城镇空间的指导和约束，促进城镇空间规模合理增长，以及空间功能相互衔接和相互促进。

7.1.2　政府投资与示范机制

城镇空间结构优化和城镇基础设施建设是政府投资及由政府投资的示范效应而带动起来的引致投资共同作用的结果，城镇发展、城镇空间规模的扩大及城镇功能的完善需要全社会固定资产投资的推动。河北省固定资产投资总额从2012年的17 039亿元增加到2015年的28 905.7亿元，增加了0.7倍。与此同时，城镇固定资产投资增加了0.7倍，从2012年的16 530亿元增加到了2015年的27 834亿元，城镇固定资产投资占全省固定资产投资的比重也由2012年的87%增加到2015年的96%，城镇固定资产的不断增加保证了城镇基础设施、产业和其他各项社会经济活动的有序进行。按用途分的城镇固定资产投资主要集中在新建项目上，2015年河北省新建项目的固定资产投资占总投资的比重达到了67%，推动了城镇空间规模的持续扩大和城镇空间形态的改变。按来源分的固定资产投资中，2015年河北省政府预算内投资为1044.6亿元，而贷款和自筹类投资合计25 726.4亿元，是政府投资的25倍，可以粗略估计政府投资乘数为25。

政府的政策和资金支持能够引起相当于自身25倍的引致投资，从而推动城镇空间规模和形态改变。投资是衡量区域因素、产出因素和交通成本等综合因素的标准，因此城镇固定资产投资客观上起到了优化城镇空间结构的作用。

政府投资与示范机制能够在政府投资的推动下通过示范和示范效应带动引致投资和关联投资的增加，从而筹集到城镇各项建设所需的资金。然而，总体上来讲，河北省政府投资与示范机制存在投资总量相对不足和投资结构不均衡两大弊端，制约了城镇发展水平和综合实力的提升。一方面，2015年河北省的城镇固定资产投资总额仅占山东省的60%，占江苏省的64%，占辽宁省的76%，继续加大城镇固定资产投资主体的多元化、投资形式的创新和投资收益的增加是政府投资与示范机制发挥作用的关键因素。另一方面，政府投资的示范效应还有进一步优化和提升的空间，粗略估计，2015 年河北省的政府投资乘数为 25，而辽宁省的政府投资乘数为 33，山东省的政府投资乘数为 42，江苏省的政府投资乘数为 40。河北省政府投资和示范机制未能充分发挥作用主要受制于投资环境，包括区位条件、资源条件、交通网络、基础设施及城镇要素保障等因素，因此需要优化城镇空间，通过提升产业产出效率，促进城镇功能的分工与协作，控制城镇规模合理，完善城镇交通网路等达到城镇投资环境的优化，最终推动新型城镇化建设和城镇综合承载能力的提高。

7.1.3　政府协调与控制机制

城镇空间结构优化是一个复杂的社会经济进程，在资金、技术和要素稀缺的约束条件下，必然出现城镇间的空间竞争和地区冲突，需要政府通过协调机制有效地调节要素与资源的空间流动，最终达到资源要素在城镇空间的合理流动。政府对城镇空间结构优化的协调机制主要包括两个维度，即政府与政府之间的暖商与合作和政府与企业间的沟通与协调。首先，政府间的沟通协调机制对地区间空间竞争和地区冲突有着重要的影响，重要原因在于地方官员"一把手"效应对经济和城镇空间结构发展影响重大[180]，其根源在于官员的政绩考核体系。在国家主体功能区划推出以后，河北省政府于 2013 年 5 月推出了《河北省主体功能区规划》，从根本上将"唯 GDP 论英雄"的传统官员考核标准转变为多层次、多元化的官员考核体系，其中对优化开发区的官员主要强化对经济结构、资源消耗、环境保护、科技创新、吸纳人口、公共服务等指标的评价，以优化对经济增长速度的考核；对于重点开发区域将综合考核经济增长、吸纳人口、产业结构、资源消耗、环境保护等方面的指标；对于限制开发区域主要强化对农业综合生产能力、生态功能保护及提供生态产品能力的考核；对于禁止开发区域，主要强化对自然文化资源的原真性和完整性保护的考核。对官员考核体系的改革从制度设计层面，减缓了城镇空间的激烈竞争，同时也将会提高政府间暖商与合作的效率和可操作性。其次，河北省正加大政府与企业的信息沟通和协调，通过实地调研、网站服务和专题报告等多种形式，增强政府对企业和市场的把握能力，通过对企业面临的环境和市场的分析，增强政府协调机制对城镇空间结构优化的影响，通过政策措施引导企业技术改造提高城镇综合承载能力，通过政策引导产业转移调节城镇空间密度进而影响城镇空间功能和规模。

然而，政府协调与控制机制对城镇空间结构优化的作用是有限的。一是经济增长依然是城镇空间规模扩大和城镇功能升级的主要手段和渠道，是产业结构调整、城乡一体化进程加快和城乡公共服务均衡发展的基础和保障，因此在短期内难以改变人们对 GDP 的盲目崇拜,官员的晋升锦标赛和城镇竞争与冲突在短期内将继续存在。二是从河北省所处经济发展阶段和城镇发展阶段的差距来讲,政府的政策、规划和投资由于信息不对称和市场发展环境的持续变化,难以真正推动企业发展,制约了产业发展与企业经营对地区城镇空间发展的贡献。三是决策主体的多元化影响了城镇空间结构布局的整体性和持续性,影响了城镇功能的衔接和城镇网络的形成,甚至出现部门之间规划的矛盾,使城镇空间摩擦和空间冲突严重,最终影响到城镇间资金、技术和信息交流。因此,在现有发展环境下,政府协调与控制机制对城镇空间结构尚未理顺,政府协调与控制机制一定程度上是对政府投资与政策缺位的调控和弥补。

7.2　河北省城镇空间结构优化的市场配置资源机制分析

7.2.1　价格调节机制

价格调节机制是市场经济的基本运行机制,通过价格的升降调节商品和要素的供给和需求量,最终达到市场出清状态。河北省城镇空间结构优化需要依靠市场配置资源机制,其中最根本的机制是价格调节机制,通过土地市场和房地产市场价格的涨跌,调节城镇空间运行主体自觉调整生产和生活秩序,最终达到城镇空间规模的动态平衡和城镇空间功能合理分工。

河北省行政空间范围内,2015 年商品房销售均价为 5109 元,房价在市场价格调节机制的作用下呈现波动状态,而通过房价高低能够调节资金、劳动力等要素在不同的城镇之间或者同一个城镇的不同空间范围之间流动,从而形成一定的城镇功能分区。对比不同城镇的房价发现,石家庄的房价最高,衡水的房价最低。从理论上讲,高房价的地区一般情况下是城镇空间要素的流入地区,对周边地区的经济增长有着很强的极化效应,在城镇空间结构优化和城镇功能分工与协作过程中起着主导作用,而其他区域大多需要加强与石家庄的合作,逐步挖掘自身在整个城镇系统中的功能,并通过与周边城镇的物质能量交流,最终实现自身城镇空间结构优化调整。

房价是决定居民居住空间和空间要素流动的重要指标,而土地价格则是决定企业生产经营决策、调节产业空间布局的重要杠杆。短期而言,房价对地价没有影响,地价是导致房价上涨的主要原因,而从长期来看,房价和地价存在双向因果关系[181]。房价与地价的相互关系和相互作用是城镇空间结构优化的重要杠杆。然而,价格调节机制在推进河北省城镇空间结构优化过程中却存在一些问题:一是信息公开制度不健全,导致土地价格形成的招投标过程中存在暗箱操作和"寻租"行为,既产生了腐败现象,影响了政府公信力,又导致高房价产生的负面效应需要由企业和社会公众来消化，从而不利于正常经济运行和城镇建设。二是土地产权流转制度不健全，拆迁补偿存在较大的利益纷争，客观上不利于城镇用地规模的扩张，进而阻碍了城镇空间规模的增加和城镇空间形态的优化。因此，需要通过健全价格运行的体制机制，通过土地和房地产价格的调节机制，优化河北省城镇空间结构。

7.2.2　产业集聚与转移机制

承接产业转移是河北省城镇空间结构优化的主要动力之一，加强"产城融合、产城一体"的发展战略，牢牢把握主导性、基础性、带动性和具有风向标价值的行业企业是河北省落实工业化、城镇化、信息化和农业现代化的有效途径。通过创新承接产业转移的新模式，可以进一步挖掘地区资源禀赋优势，为城镇空间结构优化调整提供源源不断的动力支持。2011 年 6 月，河北省政府颁布《河北省人民政府关于进一步扩大开放承接产业转移的实施意见》，提出了四项实施原则：①政府引导，市场运作。加强规划引导，强化政策扶持，完善公共服务，优化发展环境；发挥市场配置资源的基础性作用，以企业为主体，多形式、多渠道、大规模承接产业转移。②主动承接，优化发展。依托自身优势，围绕发展重点，积极主动承接产业转移；以增强自主发展能力为目标，在承接中创新，在创新中发展。③因地制宜，集聚发展。从各地实际出发，科学确定产业承接发展重点，提高承接转移质量；引导产业向园区集聚、向重点区域集中，优化产业空间布局。④立足当前，着眼长远。把承接产业转移与促进可持续发展结合起来，抓住当前有利时机，加快承接产业转移，促进经济发展；严格产业准入，注重生态环境保护，提高产业承载能力。

同时为了提高城镇空间功能的分工与协作效率，提出需要为河北省城镇的"双核两翼三带"注入新的产业，以充分发挥产业集聚机制的效用，带动关联产业和配套产业发展，最终为城镇发展注入新的动力。

产业集聚与转移机制是推动河北省城镇空间结构优化的重要机制，也是促进城镇空间发展和完善城镇功能的有效手段，然而河北省产业集聚与转移机制存在以下不足。第一，一些地方过分看重生产总值、税收等短期经济指标，承接了一些高消耗、高污染的落后产业项目，对生态环境造成了很大的负担，影响了城镇与产业的可持续发展能力，背离了绿色经济和循环经济发展理念。第二，产业集聚机制的作用明显高于产业转移功能，未能通过产业集聚与转移机制的动态平衡路径推动城镇空间结构优化，城镇之间存在产业同构和低水平重复建设现象，导致城镇空间竞争激烈和资源浪费。加上一些地方对能够创造较多税收的企业给予特殊优惠，而对其他企业则在政府服务等方面存在明显缺位，没有营造公平的发展环境，不利于产业链的延长和大中小型企业的集聚发展。第三，重视制造业、高新技术产业和战略新兴产业的发展，过分重视工业发展，挤占了现代服务业生存发展的空间，导致现代服务业不发展，与实体经济脱节[182]，不能为产业的集聚发展提供支持，也不能服务于产业扩散，从而难以形成大中小城镇协调发展的城镇空间格局。

7.2.3　要素空间集聚与扩散机制

城乡要素的自由流动是保障要素空间集聚与扩散的根本前提。通过要素的流动，既能够实现农村剩余劳动力的有效转移，促进城镇的发展，又能为城镇空间规模的扩张提供大量的土地资源，而要素集聚与扩散的关键在于农村土地所有权与经营权的分离，通过建立健全的土地流转体制，促进生产要素在城乡间的自由流动，促进公共资源在城乡之间的均衡配置，构建城镇经济社会一体化发展的新型城镇空间形态。我们可以借鉴作为全国统筹城乡综合配套改革试验区的成都，通过"确实权、颁铁证"的方式逐步建立健全归属清晰、权责明确、保护严格、流转顺畅的现代农村产权制度，坚持"促进城乡要素自由流动"，着力打开阻碍要素流动的制度"闸门"。邯郸的户籍制度改革也十分有特色，在充分考虑地方经济社会发展水平和城市综合承载能力的前提下，积极稳妥地推进户籍管理制度改革，逐步打通更多进入城镇户籍的通道。唐山提出建立农民工有序进城入户，享受城乡一体的政策制度，对进城入户的农民工，由政府、企业和个人三方承担公共服务费用。通过体制机制改革，逐步促进农村剩余劳动力和土地两大关键要素的自由流动，在户籍制度改革过程中，重点要改革社会公共服务与户籍挂钩的制度，实现城乡居民在劳动就业、基础教育、公共卫生、社会养老、住房保障等方面的权益共享，有效解决"半城镇化"问题。在土地改革过程中，要把握全局，通过市场化的手段实施土地综合整治，坚持因地制宜，不是让农村全部变为城镇，而是要让现代文明向农村及小城镇辐射，经营和发展特色小城镇，保持小城镇的发展特色和优势。然而，也应该看到，农村剩余劳动力转移和土地流转问题是统筹城乡发展的核心和根本问题，其面临的复杂性和任务的艰巨性是长期存在的，要素空间集聚与扩散机制很大程度上受到户籍制度和土地流转制度的束缚，制约着河北省城镇空间规模和形态的发展。一方面，农村产权制度改革、户籍制度改革同农村金融服务体制、农村产权纠纷调处体制等有着紧密的联系，它们构成了一个综合的政策体系，需要其他配套政策共同作用才能促进土地与劳动力的自由流动，而制度建设和完善是一个漫长的过程，因此短期内通过要素集聚与扩散机制推动河北省城镇空间结构的优化发展的效应未必显著。另一方面，除土地以外的资金、劳动力和技术等要素通过等级扩散和跳跃式扩散促进中小城镇空间优化发展,需要具备良好的交通网络、产业基础等配套环境作为实现要素收益的保障,需要通过政策引导、产业转移、产业集聚等实现城镇空间结构优化调整,因此要素空间集聚与扩散机制还需要与产业集聚与转移机制、政策引导与规划控制机制等机制一起发挥作用。

7.3　河北省城镇空间结构优化的社会公众协调机制分析

7.3.1　公众参与机制

公众参与机制是城镇空间规划和政策制定科学性、合理性和可行性的重要保障,城镇空间结构优化不仅涉及财产、土地等核心利益问题,还涉及自然、环境和生态等与公众切身利益息息相关的问题,因此需要保障公众的知情权、监督权和决策权,发挥社会媒体的监督和导向作用,促进城镇空间向着健康、有序、高效的方向发展。河北省正借助交通、信息通信等经济层面的实体系统和法律制度、规章条例等制度系统,提高公众参与城镇规划建设和重大项目规划实施的积极性、主动性,保障了城镇规划和城镇功能区划、产业布局等有效开展。2012 年河北省公路里程达到了 216.3 万公里,高速公路里程达到了 5069 公里,有 11 条高速公路年内已通车,较 2011 年增长了 6.6%,河北省建成和在建的高速公路总里程已达 6537 公里,排位全国第三,初步形成了华北交通枢纽,且交通投资不断增加,交通路网建设将会更加完善,大大缩小了社会经济活动的物流成本和时间成本,为公众参与各方面事业建设提供了有效保障。同时,随着现代信息通信技术和互联网技术的普及与推进,政府通过将传统的信访机制和当前的互联网、微博、微信等多种创新形式结合,提高了处理应急问题的能力和效率,同时开通了电话、网站投诉、微信等多种渠道,为公众合理表达自身意见提供了方便,大大增加了公众参与政府决策的方式和渠道,减轻了政府行政的压力和阻力,提高了城镇规划建设的决策水平和效率。在规章制度方面,2011 年 9 月 29 日通过的《河北省城乡规划条例》自 2012 年 1 月 1 日开始实施,要求城乡规划委员会由人民政府及其相关职能部门代表、专家和公众代表组成,确定了公众行使决策权,且规定省域城镇规划、区域城镇规划,城市、镇总体规划的组织编制机关应当对规划实施情况每五年至少进行一次评估,采取论证会、听证会或者其他方式征求公众意见,确定了公众参与机制对城镇空间结构调整的作用。在公众意识方面,随着收入水平的逐步提高,公众越来越关心生态环境、居住空间、城镇空间结构布局等问题,通过对公众意识的合理引导能够产生促进城镇空间结构有序发展的积极力量。公众参与机制是河北省城镇空间结构优化的有效保障,但依然存在诸多不利因素阻碍公众参与机制发挥作用。一是交通、信息技术是公众参与城镇规划的实体系统和保障，但这仅仅是必要条件，其参与的效率和结果取决于公众的知识文化水平和公众意识，而公众意识的提高则是一个长期的过程，需要公众媒体和社会舆论的正确引导；二是公众参与城镇规划行使知情权、监督权和决策权未受到政府的重视，部分地方政府举行的各项听证会往往达不到预期效果，公众代表的发言或者政策建议不具有广泛的代表性，加上公众缺乏相应的专业素质，其政策建议也往往难以被采纳到城镇规划中。

7.3.2　社会组织机制

城镇空间是劳动空间分工叠加起来的多个经济空间的总和，这种空间组织形式容易存在资源禀赋优势和产业优势不匹配的问题，根源在于政府作用机制和市场配置资源机制的缺位，尤其是长期忽视社会组织机制，城镇空间产品市场、要素市场和服务市场分割严重，企业组织结构低度化和产业结构低级化，使城镇空间结构布局摩擦加剧、协调不足和非一体化特征明显。河北省城镇空间结构优化受生产组织演化进程的影响，社会组织机制已经历了缘协调、契约协调的过程，逐步进入以管理协调为核心的社会组织协调方式。社会组织机制主要由三方面的社会组织形成。一是社会网络组织。它不同于市场组织和层级制的非正式社会组织，是以血缘关系、亲缘关系、业缘关系、地缘关系等为基础的"缘协调"，社会网络组织不仅是简单的社会组织，还是调动社会资源、获取社会资源，甚至是再分配社会资源的重要手段，对城镇空间结构优化起着双向作用，可能是地方政府规划和城镇空间决策的积极拥护者，也可能为地方政府的空间决策和区域政策起着阻碍作用。二是市民社会组织。它基于"管理协调"来发挥社会协调机制。随着河北省社会经济的日益发展，各类大中小城镇都已经形成了经济型社团、公益性社团和互益性社团，前者是和政府协调机制相结合，承担着部分行政管理职能，中者是强调社会和公众基本利益，后者是为了实现一定的情感认同和价值认同。尤其是后两者规模和作用的日益壮大，将在各级政府区域规划和城镇空间结构调整中起重要作用。三是虚拟社会组织。它在网络通信技术日益发达的当今社会，为各企业和家庭提供了匿名的、超越时间和空间联系与交流的便利性。这种虚拟组织在一定程度上可能形成公共的社会认同和社会意识，并对人际关系、社会公益和信息传播起着重要作用。虚拟社会组织的运行能够及时反映市场机制作用下城镇空间发展的弊端和障碍，可以有效监督政府管理决策的效率，是现代信息技术高度发达的必然要求，对城镇空间结构优化起着重要积极作用。

然而，社会协调机制对河北省城镇空间结构优化的作用机制仍未理顺。一是社会组织与政府沟通和交流未能形成长效机制，政府未对不同层次和类型的社会组织进行细分，在城镇空间重大规划布局上，也是通过一些相对被动的危机应对和危机处理手段，对社会组织在经济和城镇发展中的作用未能得到应有的肯定。二是媒体与非营利组织的监督与协调作用，是引导社会网络组织、市民社会组织和虚拟社会组织的重要方面。媒体报道具有一定的时效性，对热点问题的跟踪、报道和监督是媒体和非营利组织所热衷的，从而导致长期忽视城镇空间结构优化的深层问题和深层矛盾。因此，充分发挥社会组织机制的效用，还需要一个长期引导与培育的过程，这样才能解决企业面临的经营发展问题，进而促进企业对城镇空间发展发挥核心动力作用，才能充分发挥媒体与非营利组织的监督和导向作用以纠正城镇空间结构布局等问题，最终促进河北省构建以特大城市为核心、区域中心城市为支撑、中小城市和重点镇为骨干、小城镇为基础，布局合理、层级清晰、功能完善的现代城镇空间格局。

7.4　河北省城镇空间结构优化面临的主要问题

7.4.1　城镇分布呈现"多弱核心"形态

强影响范围指城市的集聚和辐射作用表现最明显的地区，这一地区接受城市的扩散效应十分迅速，是区域空间结构和发展形态的直接体现。通过对河北省11个设区市和京津强影响范围的分析，可以得出以下结论。

第一，河北省城镇空间结构布局整体上呈孤立的多弱核心状。河北省11个设区市的强影响范围均相互独立，仅邢台和邯郸存在少许重叠和毗连现象。这说明城市间的相互作用、相互影响很小。各设区市均为所辖范围内的集聚中心，极化机制占主导地位，河北省还没有形成一个足以带动全省经济发展的增长极。

第二，形成了两个城镇密集区。虽然河北省各城市间的相互作用不是很大，但从各个城市的强影响范围来看，依然存在两个城市相对密集的地区，即沿海的秦皇岛—唐山—沧州城镇密集带和沿京广铁路的保定—石家庄—邢台—邯郸城镇密集带。

第三，北京市、天津市对河北省城镇空间结构演变的影响强烈。北京和天津两座城市的强影响范围很大，成为阻断河北省城市间交流的屏障。河北省城市被京津南北分割的空间布局，虽然有利于南北部城市与京津之间展开交流与合作，但延缓了河北省城镇体系的发展速度，使河北省难以形成合理数量的特大城市、大城市、中等城市和小城市。

弱影响范围指接受城市扩散效应相对迟缓的地区。不过，随着中心城市综合规模的扩大，这一区域接受城市扩散效应的速度会不断加快。可以说，城市弱影响范围预示着区域形态的发展方向和空间发展趋势。通过对河北省各城市和京津的弱影响范围进行分析可以看出，河北省城镇体系空间布局呈现以下两个特征。

第一，沿京山、京广铁路分布的东北—西南向的山前传统城市产业发展带是河北省主要城镇密集区。城市之间的相互作用、相互影响往往通过交通线联系在一起。河北省京山和京广铁路沿线分布着秦皇岛、唐山、廊坊、保定、石家庄、邢台、邯郸七个设区市。这些城市依托便利的交通条件，经济发展迅速，是河北省经济发展的增长极，是河北省城市发展的强劲动力。

第二，冀西北和冀东南城市规模较小，没有形成完整的城市密集区。这里所说的冀西北指张家口和承德，张承二市是该地区的极化中心。两市的综合规模较小，尤其是承德市，虽然近邻唐山、秦皇岛和北京，但是受其辐射有限，规模较小，发展动力不强。冀东南地区指京津以南、京广铁路以东的地区，包括沧州和衡水市域范围。目前两城市的综合规模都不大，尤其是衡水，综合实力弱，影响范围小，构成经济低谷地带。

7.4.2　城镇"小而散"特征明显，缺乏有特色、有竞争力的中小城镇

2016 年，河北省大中小城镇共计 1019 个，其中包括 11 个地级市、172 个县城和 2234 个建制镇，总体呈现出"小而散"的空间结构布局特征，5 万人以上的城镇占比很小。城镇空间的公共基础设施配置受到城镇分布体系和空间距离的影响，使投资成本高、效益低下，未能形成真正意义上的规模经济效应。城镇公共基础设施、城镇内部的道路交通条件和城镇间联系的交通网络条件的滞后，会严重影响城镇功能和城镇品位的提升，从而难以形成具有整体竞争力和一定特色的城镇群。另外，城镇功能定位模糊，未能真正结合地方的资源禀赋优势形成特色鲜明的城镇发展路径，使城镇产业发展、人口流动和土地利用不协调，相互之间的落实与衔接不协调等问题产生。城镇空间扩张模式和进程主要受到地方政府意识的主导，在财政分权的制度安排下，地方政府有足够的动力将辖区内的土地资源变现[183]，通过土地的开发和土地使用性质的改变，采取"土地财政"的手段弥补财政支出。这也造成了城镇空间扩张进程中地方政府倾向于向周边区域扩张，关注新区拓展，忽视了对老城区特有文化、习俗与传统的保护和挖掘，导致城镇空间拓展存在"单一性"与"同质性"的双重特征，而缺乏有特色资源、有文化内涵和有历史传承的中小城镇。

7.4.3　城镇空间结构处于低度协调状态，城镇之间的协调机制未能建立

京津冀一体化的提出还需要时间来进行消化处理，成熟的城镇化机制还未建

立, 一体化的具体实施还未落实。城镇空间结构低度协调是河北省城镇空间结构布局的关键和核心问题之一。一方面, 按照克里斯泰勒的观点, 城镇数量按照行政区划原则应满足 $K=7$ 的系统, 即高级别行政中心管理六个低级别行政中心, 其等级序列是 1, 7, 49, 343, …。但是, 不能单纯地用国外理论来检验河北省城镇发展实际情况, 具体到河北来讲, $K=7$ 应该是值得商榷的数值。然而, 为了进行城镇行政管理和城镇空间物质能量交流, 高级别行政中心的数量是低级别行政中心的一定倍数, 才能形成城镇空间功能结构的合理分工。而河北省特大、大、中、小城镇数量所排成的序列是 3:4:7:19, 既不符合克里斯泰勒的行政区序列, 也不满足某个等比数列。另一方面, 从 2016 年状况来看, 城镇空间结构协调度仅为 0.7066, 处于低度协调阶段, 且出现了低度协调到高度协调演变过程中难度逐渐增大的趋势, 这是制约河北省城镇空间结构优化的障碍。具体而言, 大城市发展的“极化效应”过于明显, 中小城镇发展明显滞后是河北省城镇空间结构发展的客观现实, 城镇之间的资源要素流动依然呈现出向大城市过度集中的现象, 不仅造成了“城市病”和生产生活成本的日益升高, 还造成了中小城镇的资源要素外流, 客观上产生了城镇空间发展的“两极分化”。归根结底, 河北省大中小城镇的交流协调机制并未真正建立, 更多地表现为“过度竞争”, 而非“有序合作”。

7.4.4　工业的“外部嵌入式”模式未能推动城镇空间结构优化

河北省大量引进工业来推动城镇化的发展, 但是还没有取得成果。一些经济开发区甚至造成了很大的资源浪费。河北省城镇发展依靠自身交通干线、通信基础设施、管道运输和物流设施等“硬实力”和金融、文化及劳动力素质等“软实力”, 实现了城镇空间结构的变迁和发展, 招商引资和产业转移更是在软硬实力的双重结合下, 起到了扩张效应和示范效应的作用。然而, 在地方政府用地指标日益紧张的条件下, 招商引资和产业转移实现了从量到质的转变, 地方政府对纺织服装、机械制造等劳动密集型传统产业的偏好逐步降低, 而更加倾向于选择现代制造产业、绿色环保产业、生物健康产业等资本技术密集型的高新技术产业, 客观上导致了工业发展与城镇发展脱节, 工业表现出“外部嵌入式”特征[184], 产生了对低技术、本土化的劳动力的排斥作用, 使工业与城镇发展不仅呈现出空间上的分异, 而且存在经济与社会层面的分异。工业发展与城镇发展脱节, 必将造成工业发展失去本土化和地方化的支撑, 工业的关联产业和上下游产业的滞后必将增加工业生产的物流成本, 降低工业生产经营效率; 同时工业核心动力的缺失, 又将影响城镇空间结构变迁和升级, 使城镇发展缺乏持续稳定的增长动力, 容易在激烈竞争的城镇空间结构博弈进程中丧失原有优势和地位。

7.4.5　城镇综合承载能力差距导致城镇空间结构失衡

　　城镇综合承载能力是一个较新的概念，不同于城镇功能或城镇规模等概念。从宏观角度来讲，城镇综合承载能力既包括地质构造、水土资源和环境质量等物质层面的自然环境资源承载能力，又包括城镇容纳能力、影响能力、辐射能力和带动能力等非物质层面的城镇功能承载能力。从微观角度来讲，城镇综合承载能力指的是城镇资源禀赋、基础设施、公共服务和生态环境等综合因素对人口和经济社会的承载能力。河北省城镇空间结构失衡的直接原因之一就是各个城镇的综合承载能力不够。从纵向来讲河北省城镇空间经历了"城镇空白—城镇形成—中心城市出现—城镇等级基本形成—城镇多极化和网络化格局雏形"的客观进程，是一个城镇数量从无至有、城镇规模由小到大、城镇空间结构由简单到复杂、城镇联系由松散到较为紧密的客观进程。具有良好自然资源条件和一定经济、技术和社会基础的城镇具有更高的城镇综合承载能力，其城镇空间结构演变进程也较快。自然资源条件是先天给定的条件，是难以改变或需要花费巨大成本才能改变的城镇发展条件，因此，由经济、社会和技术等因素导致的城镇综合承载能力差距是城镇空间结构失衡的主要原因。当然，也应该看到城镇空间结构演变具有一定的惯性和滞后性，城镇空间结构优化升级是一个长期的、连续的客观进程。

7.5　本　章　小　结

　　通过对河北省城镇空间结构优化机制进行分析，得出政策制定的滞后性、层级性及相对统一性与城镇空间结构的多样性矛盾，政府投资总量的相对不足和投资结构不均衡，以及信息不对称和决策主体多元化造成的部门决策冲突是阻碍政府作用机制的主要障碍。土地产权制度不健全、土地流转过程的暗箱操作和"寻租"行为、盲目的 GDP 崇拜思维，产业重构和低水平重复建设，以及农村产权制度、户籍制度和农村金融服务体系的不健全是阻碍市场配置资源机制的主要障碍。而公众意识缺乏、企业与政府的长效沟通机制不健全是阻碍社会公众协调机制的主要障碍。另外，河北省城镇空间呈现出来的"多弱核心"局面、缺乏有特色和竞争力的城镇、城镇的"小而散"模式、城镇空间功能结构不协调、工业对城镇的"外部嵌入式"特征明显等都是影响城镇空间结构优化的问题，需要对城镇空间结构优化的总体思路、宏观路径和具体措施进行细致研究，以找到破除影响河北省城镇空间结构优化的体制机制障碍的方法，促进城镇空间结构优化调整。

第8章 河北省城镇空间结构优化调整思路及其对策研究

河北省城镇空间结构优化研究主要围绕构建以特大城市为核心、区域中心城市为支撑、中小城市和重点镇为骨干、小城镇为基础的总体目标，通过宏观、中观和微观三个层次，对城镇空间密度、城镇地域和规模结构、城镇空间形态三条线索展开研究，并通过空间引力模型、功效函数与协调函数、空间滞后模型得出河北省城镇空间结构现实格局类型、评价结果及影响城镇空间结构因素的显著性，以及对城镇空间结构优化的机制进行分析与探讨，所得出的河北省城镇空间结构优化的主要问题，以及阻碍城镇空间结构优化的体制机制障碍需要进行相应的对策研究。河北省城镇空间结构优化调整是一个复杂的系统性工程，需要客观地认识到优化的层次性、阶段性和动态性，需要在优化的总体思路指导下，对城镇空间结构优化的机制设计和当前亟待解决的问题做进一步的分析和研究。

8.1 河北省城镇空间结构优化的总体思路

河北省城镇空间结构优化的总体思路是在整个京津冀一体化研究背景和框架结构基础上结合河北省城镇空间结构的现实格局和城镇化所处的阶段，指出在进行机制设计和提出政策措施时应该遵循的原则，主要包括可持续发展原则、统筹城乡发展原则、"四化同步"发展原则、大中小城镇协调发展原则和区域合理分工原则，并在此基础上提出城镇空间结构优化的内容和重点。

8.1.1 河北省城镇空间结构优化的原则

1. 可持续发展原则

河北省城镇空间结构优化调整，要以经济社会的持续健康发展为原则，要以同代人之间、城镇内部和城镇之间的发展环境的帕累托改进为前提，不能损害一方利益。同时，还需要在结构优化的推进与调整进程中，为后代人的各种社会活动预留足够的空间和土地。河北省城镇空间结构优化要充分尊重各空间单元的自身发展规律，既要通过空间结构的合理优化提升城镇内部产业、资金和人口的运行效率，促进城镇功能的合理分区，通过生产功能区和生活功能区的有效组合，提升产业的集聚效应和规模经济，同时提高社区品质和社区生活条件；又要通过城镇内部空间结构的优化调整，实现城镇间和城乡间要素的自由流动，促进城镇和乡村经济的可持续发展。在城镇空间结构优化进程中要体现公平性、可持续性和共同性原则。既需要优化城镇空间结构，促进城镇空间生产效率的提高，又需要尊重经济社会发展的客观规律，通过城镇空间结构优化调整，发挥各空间单元的运行效率。例如，如何在治理雾霾的基础上既不减缓经济增长，又要保障空气质量。

2. 统筹城乡发展原则

河北省城镇空间结构优化调整要以城镇功能区的调整与布局实现统筹城乡发展为原则。河北省城乡发展差距较大，存在城乡利益二元结构，包括工农业经济利益的二元结构、城乡居民收入分配二元结构、城乡公共产品供给二元结构、城乡资源要素报酬率二元结构等具体方面，城乡利益能否处理得当关系到区域经济协调发展、地区收入差距等多方面问题。河北省城镇空间结构优化既要为农村剩余劳动力转移提供保障和渠道，促进人口向大中城镇合理转移；又要疏通城镇空间扩散和溢出机制，完善城乡交通干线和网络条件，通过城镇的辐射和带动，逐步扩大城镇空间规模和范围，打破城乡二元障碍，促进城镇协调发展。

3. "四化同步"发展原则

河北省作为中国东部经济大省，一直在探索工业化中期与城镇化加速发展阶段的互动发展模式，并取得了明显效果，2012年工业化率达到52.69%。随着经济与社会的发展，农业现代化与工业化、城镇化呈现出相互影响、相互制约的关系，政府提出"三化联动"。党的十九大报告指出"推动新型工业化、信息化、城镇化、农业现代化同步发展"[①]，因此河北省城镇空间结构优化需要贯彻落实党中央的政策指示，以"四化同步"发展为原则。在城镇空间载体内需要优化城镇空间，促进城镇化与工业化同步协调发展。同时加强科学技术在工业领域的应用，使信息化与工业化深度融合。还要在城镇空间合理利用和优化调整过程中，为农业现代化发展预留空间和土地，实现城镇空间结构优化和城镇空间形态升级的双重目标。

4. 大中小城镇协调发展原则

河北省城镇空间结构优化需要逐步完善城镇体系，壮大中小城镇，实现大中

---

① http://www.gov.cn/zhuanti/2017-10/27/content_5234876.htm。

小城镇协调发展,需要在加快城镇空间结构优化的同时,实现城镇化进程的稳步推进,并防止出现"城市病"、二级分化太严重、特大城市的卫星城市非常落后而无资源可用等现象。充分尊重市场规律,促进城镇合理分工,合理控制城镇规模,以大中小城镇协调发展和城镇体系健全为城镇空间结构优化的目标和导向。通过改革户籍管理制度,促进农村人口向城镇转移,此时除个别城市外河北已经全面放开了小城镇落户条件,促进人口有序、就近向城镇转移。适度修订设市、设镇的标准,完善城镇网络体系,采取多核心状城镇发展模式,逐步调整特大、大、中、小城镇的比例关系,适度增加城镇密度较为稀疏地区的城镇数量,从而形成城镇空间整体格局。以大中小城镇协调发展为原则,既能够充分尊重要素、信息、服务等向大城市流动的主体趋势,又能提升中小城镇发展能力,为大城市产业转移和空间溢出创造条件。

5. 区域合理分工原则

河北省城镇空间结构优化需要放在河北省各大经济区的发展进程中,同时需要考虑省内各个新区规划建设和多点多极发展战略的客观要求,以区域合理分工为重要原则。京津冀一体化已经上升为国家战略,是引领中国华北地区发展、提升内陆开放水平、增强国家综合竞争实力的重要支撑。河北省充分尊重经济发展客观实际,发挥区域比较优势,深化区域合作,大力推进"一极一轴一区块"建设,促进全省城镇空间协调发展和区域合理分工。还应该注意,河北省在城镇空间结构优化进程中,需要考虑省内各个新区规划建设和多点多极战略支撑的要求,按照要素禀赋优势和区域经济发展水平,做好城镇空间的合理分工,有效避免产业同构和过度竞争。

8.1.2 河北省城镇空间结构优化的内容

1. 人口的引导和分流是河北省城镇空间结构优化的基本内容

人口是城镇空间结构优化的主体力量,也是城镇空间结构优化后的受益者和贡献者。人口是劳动力的主要来源,为经济增长及城镇规模和空间扩大提供了重要的要素和资源。人口的引导和分流是河北省城镇空间结构优化的基本内容,人口流动和迁移既是经济现象,又是社会现象。人口的集聚是城镇空间结构的客观形态,人口倾向于向经济发达、就业机会多、工资水平高的地方流动。目前,就河北的户籍制度而言,人口流动更多体现的是市场规律作用,而人口迁移更多体现的是政府作用,因此,人口的引导和分流是政府和市场作用的结果。河北省已经全面放开了大中小城镇落户条件,只要在城镇有合法稳定住所,本人配偶、子女、父母及其亲属都可以在当地申请落户,而作为特大城市的石家庄,落户条件暂未放松。政府通过改革和制度调整鼓励和实现人口迁移，更多体现的是政府意志，还应该通过区域经济刺激计划和发展规划，实现区域经济的振兴，提供更多的就业机会吸引人口迁移和流动，通过市场机制作用实现人口的流动和迁移，从而为城镇空间结构优化做好铺垫。

2. 产业的布局与调整是河北省城镇空间结构优化的核心内容

产业是城镇发展的核心推动力，由产业衍生出来的工业园区、生活配套区和商务区等功能区是城镇空间结构的重要形态和组成部分，因此产业的布局和调整是河北省城镇空间结构优化的核心内容。产业的发展是一个从低级到高级、由简单到复杂的进程，产业的升级与调整本身要表现在一定城镇和空间范围内。产业的布局是政府与企业在综合了所有交通、市场、劳动力、金融服务能力等区域整体配套能力后所做出的决策，是政府与企业利益诉求的平衡点，既是政府与企业合作的结果，又是政府与企业博弈后的均衡解。尤其是在土地资源日益紧张的客观约束条件下，产业的布局与调整更是要经过详细调研与周密论证后才能做出决策，既需要符合企业利润最大化的客观要求，又要与地方政府相关经济社会发展规划相一致，因此产业的布局和调整本身也是城镇空间结构优化的重要内容。加之随着产业的发展，产业与上游形成的产业链和关联产业会逐步完善和壮大，并在城镇空间上表现为一定空间形态和空间单元。这种空间形态和单元的调整升级，并与周边组织产生物质信息交流，本身也是城镇空间结构优化进程的一部分。

3. 规划交通基础设施建设是河北省城镇空间结构优化的重要内容

"要想富，先修路"，这是亘古不变的道理。交通基础设施是城镇空间结构的重要景观和组成形态，交通基础设施的通达性、容纳能力是衡量城镇规模、城镇等级的重要指标。城镇内部的交通网络运载能力是城镇空间结构优化的重要内容，也是城镇空间结构优化调整的物质保障和基础条件。而城镇间的交通网络里程是城镇群物质能量交流的保证，是城镇功能分区和城镇空间定位的联系纽带。河北省城镇空间结构优化需要交通基础设施作为重要保障，涉及的产业园区必须以交通网络作为原材料输入和产品输出的纽带，涉及的不同功能区划必须以交通网络作为人员和信息交流的物质基础。另外，交通基础设施是一个由干线和节点组成的交通网络体系，不管从城镇内部还是城镇外部来讲都是如此。交通基础设施作为城镇空间的重要形态和景观，需要考虑生态效应、环境效应和空间效应。交通网络的完善和规划要服从国家层面的主体功能区区划和河北省城镇空间发展规划，同时需要做到适度超前发展，提高跨区域交通能力，大大缩短城镇物质能量交流的时空成本，显著提升交通时效性、便捷性和舒适性，通过交通网络通达性的提升和容量能力的增强为河北省城镇空间结构优化做好准备。

4. 建立政府、市场和民间机制是河北省城镇空间结构优化的制度内容

政府是大方向的领导者，市场是自动调节的强有力力量，民间是具体实施者，三者要相互协调沟通。河北省城镇空间结构的形成和演变是由政府主导的，尤其是在中国政治经济联动的既有机制下，地方官员对城镇空间结构优化布局负责，地方官员的升迁和晋升同财政收入和辖区发展水平捆绑在一起，激烈地抢夺优质项目和政策必然导致官员间和地区间陷入"标尺竞争"。尤其是在"一把手"效应对城镇空间发展产生重要影响的客观背景下，城镇更多地体现为竞争而非合作。适度的竞争会带来城镇空间发展质量和水平的提高，而过度竞争往往导致城镇间经济贸易交流的正常渠道受到阻碍，人为提升交易成本，不利于城镇合理分工和协作。因此，要通过上级政府建立一套行之有效的沟通协调机制来缓解和协调城镇发展进程中的各种矛盾和问题，需要上级政府在制定经济和城镇发展规划时，充分考虑城镇规模、城镇等级和城镇综合承载能力，做到规划的科学性、客观性和公正性，并建立一套有效的监督管理体制来约束下级政府行为，使各城镇发展的重心和主导产业明确、相互衔接和相互协作。通过政府协调机制的建立，可以做好河北省城镇空间结构优化发展的"顶层设计"[184]，最大限度地减少城镇空间结构优化升级中的制度障碍，通过低成本、高效率的沟通和谈判机制，最大限度地避免城镇空间资源浪费、重复建设和盲目建设。

8.1.3　河北省城镇空间结构优化的重点

1. 培育和壮大城镇群

京津冀一体化是一个很好的契机，借此可以在北京、天津周边培育和壮大城镇群。城镇群是在特定的区域范围集中的不同性质、类型和等级的城镇组成的空间结构形态，以一个或多个核心城市为依托，以一定的自然环境和交通网络为联系纽带而组成的一个相对完善的城镇"集合体"，城镇群是城镇发展到成熟阶段的最高空间组织形式。河北省城镇空间结构优化的重点是要形成几个由不同等级的城镇及其郊区通过空间物质人员交流形成的城市-区域系统。区域经济板块的做大做强的着力点在城镇群，只有通过城镇群的规模效应、集聚效应和扩散效应，才能提升城镇群的经济规模和城镇空间发展水平，以参与全国和全球竞争。河北省城镇群壮大和升级的着力点在于壮大区域性中心城市，依托其具备的现代产业体系所需的人才、技术、资金和信息条件，形成高效的资源配置和社会分工，通过"涓流效应"和"极化效应"促进经济活动并带动城镇群的壮

大和发展[185]。河北省城镇群的根基在于壮大县域和镇域经济，需要以一批规模大、功能齐全、特色鲜明的小城镇为依托，需要促进大中小城镇协调发展，做大区域性中心城市，大力发展小城镇，从而壮大城镇群的规模和数量，完善城镇群的空间集聚形态。需要通过多点多极城镇空间格局推动河北省城镇空间结构由单核心向多核心模式转变，通过多个城镇群的壮大和发展，优化城镇发展的空间格局，形成全省竞争有序、分工明确的城镇空间结构形态。

2. 合理选择主导产业

主导产业决定着可持续发展的可行度。产业的布局与调整是河北省城镇空间结构优化的核心内容，而主导产业的选择是河北省城镇空间形态和结构变迁的核心动力。主导产业是区域产业占比最高，采用先进技术和工艺的产业，能实现较高增长率，并且带动关联产业发展的产业。主导产业也决定着城市的等级结构。从量的方面来讲，主导产业在当前或者今后国民收入中占有较大比重；从质的方面来讲，主导产业在国民收入中起着举足轻重的作用，能对区域经济增长起关键和核心作用。主导产业不仅涉及就业、收入，还涉及区域关联产业的发展和城镇空间结构优化，因此主导产业的选择是河北省城镇空间结构优化的重点之一。河北省主导产业选择需要结合城镇空间发展阶段、形态和规模，通过产业与城镇的互动发展，增强城镇吸收各种要素的能力。以实体经济为依托，大力发展主导产业的前向关联、后向关联和旁向关联产业，包括现代服务业，形成三种产业协调发展，达到产业发展、城乡发展、城镇空间结构优化的目的。要进一步了解河北省各城镇发展的产业情况，结合区域和资源禀赋优势，把发展特色产业、优势产业、新型产业作为河北省优化城镇空间结构的突破口，立足区域市场、开发国内市场、探索国际市场，将河北省建设成东部重要战略资源开发基地、现代制造业基地、科技创新基地、农产品深加工基地，并同时建立物流中心、商贸中心和金融中心。

3. 拓宽城镇建设资金来源

城镇空间结构优化涉及城镇建设的各个方面，是一个复杂的系统性工程，资金是城镇空间结构优化的核心要素和关键要素，因此需要进一步拓宽资金来源、探索资金管理的混合模式，提高资金利用效率。探索多种形式的资金管理和经营模式，通过政府和市场手段的双重结合，将城镇建设资金由"拨款"转变到"投资"，以建立市场配置资金的全新投入方式。通过引入民间资本、社会资本和境外资本等，大力拓宽城镇建设的资金来源，通过建立专门的由政府、社会和境外资本组成的资产管理公司，负责城镇空间结构优化的投融资管理、建设管理、经营管理和综合开发。例如，在城镇空间结构优化方面，对于河北省一些投资期限长、资金需求大、经营风险高的交通、通信和能源等重大项目，采取 BOT（build-operatetransfer）模式，以政府和民间组织达成协议为基础，由政府向民间组织颁发特许经营权，允许民间组织在一定时期内筹集资金建设重大项目，并主导项目的经营和管理。当特许期限结束以后，将重大项目的管理经营权移交给政府。这种运作模式适合河北省城镇空间结构优化的现实，具有很强的可操作性，既解决了政府基础设施建设的巨大资金压力，提前为社会公众提供了社会公共产品，又有利于鼓励和带动民间资本真正参与公共事业建设，是一个多赢的运作模式，是河北省城镇空间结构优化的重要方面。

4. 科学制定城镇空间发展规划

城镇空间发展规划是城镇发展的必然要求和必然趋势，城镇空间经历了从无序到有序、从简单到复杂、从低级向高级的发展，城镇空间发展规划在其中起到了十分重要的作用。2011 年 9 月 29 日通过的《河北省城乡规划条例》是新形势、新背景和新特征下河北省城镇空间发展的重大调整，意味着城镇空间发展规划将更为科学和合理，并遵循节约土地、城乡统筹、合理布局、集约发展的原则，将更加注重城镇空间结构优化、生态环境保护和资源、能源的综合利用。科学的城镇空间发展规划应该优先安排基础设施和公共产品的建设，妥善处理新区开发与旧区改造的关系，兼顾城镇发展与产业发展的关系，以及自然资源和历史文化的关系，提升城镇规划质量，挖掘城镇发展的特色元素和特殊文化。同时，河北省城镇空间发展规划将服从于河北省国民经济和社会发展规划，并按照下层规划服从上层规划、专业规划服从总体规划，与主体功能区和土地利用总体规划相衔接，避免规划之间的相互矛盾和不协调情况发生，真正做到规划的科学性、合理性和可操作性。

8.2　河北省城镇空间结构优化的宏观路径

通过对国家和河北省城镇化进程的梳理可以清晰地看出，河北省城镇化的进程与国家城镇化的进程基本同步，城镇化步伐基本合拍，这说明河北省城镇化受国家城镇化的政策、制度、环境等的影响较大。

在整合前人的资料中发现，在推动城镇化进程的动力系统中，最主要的因素有两个，一个是政府的外在推动，另一个则是市场的内在吸引。政府的外在推动是通过城镇的行政设置、城乡管理体制的改革和国家发展战略的调整来影响城乡人口的变化，而市场的内在吸引是通过城乡的比较效益、城镇的规模效应和集聚效应来吸引农村人口向城市集聚。纵观中华人民共和国成立以来河北省城镇化的发展进程，几次较大规模的城乡人口变动均和政府的外在推动密切相关。例如，1978 年唐山、石家庄升级为省辖市，相继增设了廊坊、衡水、泊头等市，河北省城镇化水平也由 1976 年的 11.3%上升到 1982 年的 13.69%。从 1983 年起，全国推行"市管县"体制和"整县改市"政策，1984 年，国家降低设镇标准并放宽户籍管理限制，河北省乡改镇的步伐随之加快。

改革开放以来，河北省区域发展战略经历了几次大的调整。在不同的区域政策影响下，城镇化的空间结构也发生相应变化。1986 年提出"环京津"发展战略；1988 年调整为"以城带乡、铁路与沿海两线展开"；1992 年调整为"一线（沿海）、两片（石、廊开发区）、带多点（各高新技术开发区、高新技术产业园区、旅游开发区和保税区）"；1993 年又提"两环（环京津、环渤海）"发展战略；1995 年正式提出"两环（环京津、环渤海）开放带动战略"为河北省经济发展的主导战略；2004 年河北省委省政府提出"一线两厢"区域经济发展战略构想。近年来河北省的经济发展战略更加强调"沿海意识"，重视利用沿海的区位优势发展沿海经济。《河北省国民经济和社会发展第十一个五年规划纲要》强调发展曹妃甸重化工业基地和沿海重化工产业带。

8.2.1　河北省城镇空间结构的政府作用机制设计

1. 政策引导与规划控制机制

京津冀一体化的大背景下，河北省城镇化发展必然会受到中央的高度关注。河北省在城镇空间结构优化进程中制定出了一系列引导政策，有效推动资金、劳动力等要素合理流动，以达到优化资源配置，提高资源利用效率的目的。例如，河北省政府已经制定出《关于进一步鼓励和引导民间投资健康发展的实施意见》《关于扶持小型微型企业健康发展的实施意见》等相关措施有效合理引导要素、产业和企业的健康发展。政府通过制度安排引导资源的合理开发和使用，通过合理的规划协调落实主体功能区；通过经济刺激政策，减少企业负担，通过开发区、高新区、工业园区和工业集中发展区建设，为企业生产经营创造良好条件，促进城镇空间结构优化；通过产业转移相关细则和落实办法的制定，完善主导产业和优势产业的产业链，选取关联产业壮大城镇空间结构优化的核心动力。通过上级行政部门搭建沟通平台，建立有效的信息交流与沟通机制，减少城镇空间博弈与竞争中的效率损失，建立优势互补、协调发展的城镇空间分工和合作机制。

政府引导与规划控制机制的目的在于规范城镇空间发展格局，提升城镇空间发展质量，避免由盲目扩张和低水平重复建设造成产业同构和空间竞争恶化。一方面，政府的政策推动与引导需要通过制度手段使其具有强制性和法律性，需要激励机制与惩罚机制相结合，减少地级市层面和县级层面贯彻执行省级城镇空间发展规划的政策阻力，要求地级市层面和县级层面的发展规划必须服从上级规划，以做到城镇空间发展规划的协调一致，使城镇空间结构布局符合政府的整体战略部署和规划布局。另一方面，政府通过区域政策可以改变城镇空间结构布局的整体格局和动态水平，可以有效协调城镇发展和区域宏观运行，能够在特定的城镇空间范围内实现结构调整和优化，因此要提高政策制定的科学性和可操作性，充分照顾不同类型和不同经济发展水平的城镇，使政策的推进和落实达到预期效果，充分尊重城镇居民和市场主体的核心利益，推动土地整理和城镇空间规模的功能调整。

2. 政府投资与示范机制

北京、天津这两个特大城市的存在，对河北省来说有利有弊，如资源的倾斜、人才的流失等。京津两市的存在也是河北省城镇空间结构优化主要的动力机制之一，而河北省政府投资存在投资总量不足和投资结构失衡的现象，区位条件、资源条件、交通网络等投资环境都在客观上阻碍了政府投资与示范机制发挥作用。因此，投资的示范与溢出机制，需要通过原始投资带来二次投资，并通过投资的示范效应，带动产业链下游投资的跟进，从而解决城镇空间结构优化所需的大量资金问题。这种投资过程总体上需要通过"拓宽资金来源—加强资金监管—提高资金利用效率"的过程与途径实现，具体流程如图 8-1 所示。

图 8-1 资金使用流程图

城镇空间结构优化需要在政府主导作用下，降低准入门槛、减少制度障碍，建立一套能够广泛吸收民间、社会和境外资本的机制，以拓宽民间投资范围和领域，引导和鼓励民间资本进入。资本的筹措和募集可以通过股权投资，取得基础设施或者其他重大项目的股份。在项目正常运行后，享有项目对应的经营管理权并分红实现投资回报。通过特许经营的方式，将政府控股或经营的部分项目转交给民间资本经营，实现政府经营收益与民间资本经营效率提高的双赢局面。在市政工程和路网建设方面还可以通过项目融资方式，经政府担保提高银行授信额度，解决城镇规划建设的资金问题。在涉及城镇规划建设的大型机械设备和固定资产购置时可以采取融资租赁的方式，这样既解决了城镇建设进程中的大型设备购置问题，又保证了工程和项目进度。在涉及基础设施和城镇功能区建设时，还可以采取集合信托方式，通过相关平台搭建委托人和受托人的沟通机制，达到筹集资金的作用。

河北省城镇空间结构优化的范围主要包括城镇基础设施、市政公用事业、城镇功能区建设和保障性住房建设，都是一些资金需求量大、建设周期长的重大项目，完成的效率与进度直接关系到河北省经济发展的整个投资环境，因此需要在投资示范与溢出机制的各个环节，进行科学、客观、公正的城镇空间结构规划，符合河北省经济和社会发展规划要求，实现上下级功能区规划衔接。同时加强资金监管，定期公开项目进度与资金使用情况，保证资金的安全，提高资金利用效率。通过高效的投资示范效应，带动引致投资和关联投资的增加，实现河北省城镇空间结构的优化与调整。

3. 政府协调与控制机制

河北省城镇空间结构优化需要政府发挥协调作用，主要是政府与政府间及政府与企业间的协调，在中国政治和经济联动发展的背景下这种机制显得尤为必要，理顺政府协调与控制机制有利于协调区域发展，提高城镇空间扩张质量。河北省各级政府协调经济发展与城镇空间扩张是在资源环境承载能力这一约束性指标限制下的必要措施。一是要通过政府沟通协调机制的建立，促进政府间信息沟通、利益协调和危机处理，解决由城镇空间规模和形态差距巨大带来的多种负面影响。以区位条件、产业条件、经济发展层次和水平等条件为出发点，促进河北省辖区内的各个城镇展开地区合作、产业合作和技术合作，并在财政激励和政治激励的双重作用下，协调区域发展，调整城镇空间结构。二是要在各级政府的组织和协调下，充分发挥企业的生产积极性和技术研发能力，通过地方政府构建的沟通交流平台鼓励企业开展资金、技术、科研和市场合作，通过激活企业发展创新的积极性，促进关联产业分享技术和市场，并在城镇空间规划下实现产业与城镇空间有效融合，通过企业的技术改造和生产方式创新，带动城镇空间的调整和升级。三是必须明确河北省城镇空间决策主体的多元化与利益复杂化，不仅包括区域之间的利益冲突，还可能包括城乡之间的利益冲突。利益多元化和复杂化是资源、区位、交通条件和激烈的"标尺竞争"综合作用的结果[143]，这就要求河北省城镇空间扩张过程中要充分考虑城乡关系，协调城乡利益，统筹城乡发展，解决城乡二元结构带来的桎梏。政府需要完善社会发展机制，通过经济与社会的同步协调发展，达到优化城镇空间格局的目的。并且，在国土空间规划和主体功能区划作用下，解决区域间的矛盾和利益冲突，将沧州、衡水、邢台地区确定为重点开发区，将经济农产品主产区、草原湿地和塞罕坝国家森林生物多样性生态功能区等重点生态功能区作为限制开发区，将自然保护区、森林公园和地质公园等保护区作为禁止开发区，通过各类区域协调发展，协调区域利益和城乡关系。总之，河北省城镇空间结构优化的政府协调与控制机制要求构建政府与政府、政府与企业间的沟通协调平台，要从城镇空间结构规划的顶层设计入手，科学、合理、公平地制定各种区域开发政策和空间规划，妥善处理区域间、城镇间和城乡间的利益，并制定长期有效的危机干预办法来协调空间主体利益，争取利用最低成本处理各种冲突和矛盾。

8.2.2　河北省城镇空间结构的市场配置资源机制设计

1. 价格调节机制

河北省城镇空间的发展主要表现为城镇内发展迅速、城镇间矛盾突出，尤其是在地级市层面的竞争与矛盾比较突出，而这种竞争与矛盾主要体现在土地市场和房地产市场上。具体而言，中央政府将区域经济发展作为首要目标，通过财政和人事制度安排，将地方官员的管理水平、区域发展水平和财政收入与官员晋升联系在一起，通过财政激励和政治激励实现官员的晋升。而这种制度和逻辑可以推广到地级市、县级市和乡镇各级别的官员和官员行为，地方官员对财政和政治激励做出博弈后的决策，逐渐成为维护市场型（market preserving）和强化市场型（market augmenting）的地方官员[186]，主要致力于辖区内的经济发展和城镇空间管制，而财政激励的基础是土地财政，因此对土地市场价格的调节和控制实现了城镇空间结构的动态发展。地方官员既需要致力于发展辖区城镇经济，增加辖区财政收入，又需要致力于拉开城镇间的距离、优化城镇空间结构以表现自身的管理水平和政绩，谋求在晋升中脱颖而出。城镇空间发展既表现为辖区内的结构优化，又表现为城镇间差距扩大和城镇间竞争的加剧。因此，需要通过土地市场价格的干预和调节，实现城镇空间结构的优化调整。价格调节机制对城镇空间结构优化调整的示意图如图 8-2 所示。

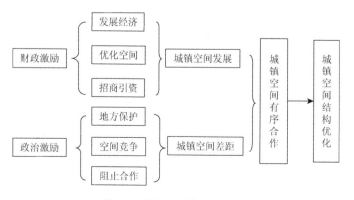

图 8-2　价格调节机制示意图

一方面，通过财政激励的作用，地方官员有足够激励通过招商引资提高辖区企业数量与质量，发展城镇基础设施和交通网络，努力提升辖区经济水平，优化城镇空间发展格局，从而进一步带动城镇整体竞争水平的提高和城镇空间形态的优化升级。另一方面，在政治激励作用下，河北省各级政府采取的是"党管干部"和"分部分级"管理，官员升迁是通过辖区综合政绩下的"任命制"，决定地方官员晋升的是上级政府，而非下级或辖区内的公民选举，造成了同级政府在经济发展和城镇空间结构优化的进程中往往采取地方保护主义限制资源和要素流动，不惜成本地"抢夺"重大项目，人为提高了城镇空间生产经营的成本，加剧了城镇空间竞争程度，使城镇空间合作和产业合作的机制受到阻碍。土地财政是实现财政激励的重要手段，而依赖于土地市场的房地产市场及其上游的产业也通过税收方式实现地方政府财政收入，同时通过地方保护和空间竞争方式，既能够实现城镇空间结构优化，又可以拉开城镇发展的差距。因此，土地市场的运行需要建立健全信息公开制度，将土地所有权和使用权的合法转让纳入法定轨道，规范土地竞价的招投标过程，对土地占有权、使用权、收益权和处分权进行市场化运作，完善土地登记制度，明确界定适应产权市场化的土地权利，允许集体土地进入建设用地市场，以市场机制为主、政府机制为辅确定土地定价，促进城镇空间结构优化调整。

2. 产业集聚与转移机制

产业是区域经济发展和城镇空间形态布局的核心推动力，产业也是城镇空间结构的重要组成部分，产业的发展规模和效益影响着地区经济发展水平和城镇空间结构，产业集聚主要包括市场创造模式和资本转移模式两种类型，而产业集聚的表现形式是工业园区或者工业集中发展区。2015 年，河北省城镇空间结构优化受到产业集聚与转移机制的影响，在各地级市形成了工业集中区 213 个，可以分为两种类型。一种是在原来有一定规模和市场条件的专业市场基础上形成的"市场创造模式"，另一种主要是政府政策主导下通过承接产业转移和招商引资等形成的"资本转移模式"。这些产业调整和企业行为都是在城镇空间载体上发生的，对城镇空间结构迁移起着重要作用，具体的产业集聚与转移机制设计如图 8-3 所示。

市场创造模式指发挥市场对资源配置的基础性作用，推进企业向一定的地理空间范围内集中，促进专业化市场的形成，以便为企业生产提供信息条件和市场交易条件，并共享信息、基础设施和政府服务等，从而降低生产成本，促进企业利润最大化[187]。然而，这种"市场创造模式"需要有选择性地鼓励和支持产业发展，支持现代制造业、高新技术产业和战略新兴产业发展，并重视短期与长期的关系、经济增长与环境保护的关系，促进产业集聚和产业结构升级，促进城镇空间结构合理优化。这种模式下，企业通过发达的信息、完善的交通网络和优质的企业咨询、金融等服务，会形成产业集聚，从而形成一定规模的城镇空间形态。

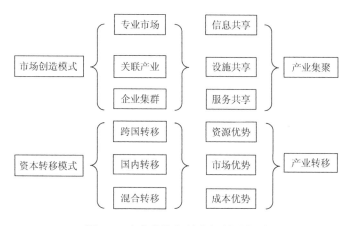

图 8-3　产业集聚与转移机制示意图

　　而另一种产业发展模式就是资本转移模式，其核心也是产业在区位的最优布局和选择，转移的结果一般是通过等级式或者跳跃式迁移形成新的地理空间范围集中。产业转移一般为跨国转移，是通过资本、技术、知识产权的输出，寻找资源丰富、劳动力成本低、市场广阔的地区；另一类转移是国内转移，即国内企业在东部地区生产成本升高的情况下，通过寻求生产成本低、利润高的地区组织企业生产。通过地区的资源优势、市场优势和成本优势，能够减少企业运行的原材料和产品的运输成本，更容易获取市场信息，从而实现利润的最大化。资本转移模式需要注意产业对城镇经济增长的带动作用，需要注重本地市场配套率，以及结合城镇资源要素优势与周边城镇形成适度的区域分工，通过与周边城镇的资金、要素和技术交流，促进城镇空间结构优化，防止短期的"GDP冲动"而造成产业同构和低水平重复建设[188]，导致城镇空间竞争激烈和资源浪费。总之，产业集聚和产业转移都是企业生产经营活动的客观行为，产业集聚是为了获取信息、网络和服务优势，是本地市场效应和价格指数效应的合力大于本地拥挤效应的结果。而当本地拥挤效应足够大时，产业的集聚会由于竞争的激烈、利润空间的降低和工业园区生产条件的恶化而发生转移行为，产业会出现再次调整。产业集聚与产业转移都是动态的发展进程，产业的集聚与转移的动态调整是城镇空间结构优化的保证，也是城镇空间结构优化的必要条件。

　　3. 要素空间集聚与扩散机制

　　河北省城镇空间结构变迁是资金、技术、劳动力、产业的集聚与转移相互作用的结果，是城镇空间结构形成的重要动力。要素的集聚与扩散受市场规律和制度因素的双重影响，也就决定了政府的宏观政策对要素集聚与扩散起着引导和调整作用，合理的政策引导可以使城镇空间结构和空间形态更加合理，具体机制如图 8-4 所示。

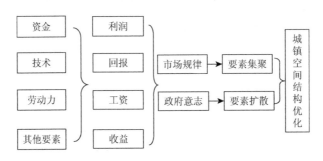

图 8-4　要素空间集聚与扩散机制示意图

　　从图 8-4 可以看出，城镇空间结构形成的要素主要包括资金、技术、劳动力和其他要素，资金追求利润，技术追求回报，劳动力追求工资，其他要素追求要素收益，而这种要素收益往往受到城镇发展水平、人口规模、购买能力、消费水平等各方面的影响。城镇发展水平高、人口规模大、购买能力强、人均收入高的地区往往是要素收益高的地区，城镇空间结构发展的各要素趋向于向特大城市、大城市和区域中心城市集聚，要素的报酬率受到集聚效应、规模效应的影响和作用，往往遵循如克鲁格曼（Krugman）提出的收益递增规律[189]，因此石家庄这一特大城市和区域性中心城市往往在市场规律作用下成为要素集聚的首选地。这就是所谓的要素集聚力，在本地市场效应和价格指数效应的影响下，资源要素和企业倾向于空间迁移和集中实现利率的增加。这便需要以市场机制为基础，完善农村产权、户籍、金融和社会保障等综合政策体系，促进要素合理流动。还需要政府通过制定优惠政策和其他制度变迁，充分释放改革红利，鼓励和引导要素向石家庄和其他区域性中心城市以外的中小城镇集聚。这也就是在市场拥挤效应的作用下，鼓励要素从等级高、规模大的石家庄城镇群向等级低、规模小的冀南、冀东北城镇群扩散，或通过各大城镇群内的区域性中心城市向周边条件较好的地区扩散，以及通过等级扩散和跳跃式扩散，实现城镇空间要素转移，促进河北省城镇空间结构优化发展和结构升级。

8.2.3　河北省城镇空间结构的社会协调机制设计

1. 公众参与机制

　　河北省城镇空间结构优化需要建立一套行之有效的公众参与机制，充分保障公众的知情权、监督权和决策权，保障公众在城镇空间结构优化调整进程中的核心利益和权利。首先，实现公众参与的法制化，对侵害公众参与的行为给予严厉打击和惩罚。其次，构建有利于公众参与机制运行的实体经济系统，通过完善交通网络、提高居民收入、大力推行信息技术应用等构建公众参与城镇规划和重大产业项目的物质和技术保障，完善信息公开制度，开拓多种渠道的公众参与途径，提高公众参与的便捷性和实效性。最后，对公众开展教育，提高公众对城镇规划和重大项目建设的参与意识、法律意识和维权意识，通过有效地监督和合理地进行意见表达等方式，提高城镇空间结构优化运行的效率。

2. 社会组织机制

社会组织机制是长期以来被忽视的重要机制，在"市场失灵"和"政府失败"的情况下，容易导致城镇发展空间摩擦的加剧，导致产品市场、要素市场和服务市场的分割，使城镇空间协调程度和城镇分工不明确。河北省城镇空间发展的核心动力是产业，产业是由企业和家庭共同组成的动态有机系统，企业和家庭的空间决策对城镇空间有着重要的影响。城镇空间结构的形成和演变应该与产业演进和企业行为联系在一起，除了政府和市场以外，社会组织在生产组织演化进程中起到重要作用，社会组织机制从"缘协调—契约协调—管理协调"的演进中发挥这种协调作用。一方面，企业作为重要的社会组织形式，在与政府的各种沟通交流中可以合理反映自身经营的问题，向政府争取相应的资金补助、政策支持和税收优惠，通过与政府的磋商和协调最终创造企业发展面临的不利因素，从而推动产业的发展和城镇空间结构优化。另一方面，充分完善社会组织、市民社会组织与虚拟社会组织的信息沟通和交流，促进整个社会组织生态圈的健康发展和平稳运行[190]。同时，对以媒体、非营利组织为主的社会组织给予有效的监管和引导，促进舆论监督和信息传递的有效性和真实性，使其能够在城镇空间结构优化、重大产业布局、城镇总体规划和详细规划出现问题时能正确监督和报道，最终达到企业利益、社会组织利益、政府利益和公众利益的动态平衡。

8.3 河北省城镇空间结构优化的当前政策措施

8.3.1 引导资源要素自由流动，注重城镇节点空间结构"自组织发展"

京津冀一体化带来了机遇，可以充分发动城市的"自组织发展"，在这个大前提下政府机制有意向地引导大方向。河北省城镇空间结构优化是资源、要素在政策的引导和推动下自由流动、自由组合的结果，要素的流动是为了追求合适的回报和合理的区位选址，主要涉及城乡要素自由流动和城镇间要素的自由流动。

河北省城乡差距较大，促进城乡要素自由流动需要统筹城乡，着力打破阻碍要素流动的制度障碍，一方面需要在全省范围内深化农村产权制度改革和农村金融制度改革，全面放宽大中城镇落户条件，进一步完善城乡要素自由流动的"制度体系"，同时需要加快建立健全的维持制度运行的"支撑体系"，包括农村金融服务体系、农村产权纠纷调解体系、农村产权交易平台体系等。建立健全农村产权经纪人管理服务体系，建立农业项目投融资的交流平台，提供政策咨询、产权流动、股权融资和项目推介等综合服务制度，建立城乡产权交易的电子商务平台，实现网络交易和网络支付结算，探索农业合作社的多种模式，初步建立城乡资源评估体系，拓展农村产权融资服务渠道，从而促进要素在城乡间自由流动和交易，促进城乡空间结构形态"自组织发展"和城镇空间结构优化。城镇间要素自由流动，需要建立要素交易平台，实现要素在城镇间自由流动。城镇空间要素追求合适的收益和要素报酬率，倾向于向特大城市、大城市和区域中心城市流动，当集聚所取得的效益被高昂的生产生活成本抵消时，要素会在利润最大化机制驱动下，往其他中小城镇流动，实现新的城镇空间形态和空间结构。

8.3.2　加强城镇空间交通网络规划，促进交通轴线适度超前发展

交通轴线是点轴系统的重要因素，是城镇空间联系的重要纽带，是城镇空间结构优化的必要条件。河北省环绕中国的政治中心，有着天然的交通优势，应该充分发挥这一点来带动城镇化的发展。交通运输条件还是促进城镇专业分工、城镇空间集聚和扩散的主要因素，也是城镇体系建设和城镇间经贸往来的重要纽带，交通线路的变迁、运输方式的进步和网络密集程度都影响着河北省的城镇空间结构基本格局。相比传统方式而言，交通运输条件发生了根本变化，主要服务于工业化和城镇化进程，以及城镇空间相互沟通与联系需求，使城镇空间结构布局超越了完全"自组织"形态，通过交通运输体系的建设和交通运输方式的选择，可以达到城镇空间结构优化调整的目的。河北省城镇空间结构布局相对集中，城镇空间形态差异明显，原有的铁路线路可以形成网络并且密集程度高、等级偏高，进出河北省铁路通道多；高速公路主框架和区域性高速公路网络尚未形成，水路航道因等级低、季节性强，不足以承担大规模运输职能，这都大大限制了城镇体系的合理布局，制约了形成优化合理的城镇空间结构。2016年，河北省铁路包括京广、京九、京沪、京山、京张和石德等7条铁路干线、8条铁路支线和4条地方铁路组成的铁路网；已建成高速公路26条，通车总里程5069公里；国道8条，总里程4835公里；省道33条，总里程9597公里。但相对于河北省的面积而言，这些交通线路还未能真正形成网络，以促进河北省经济社会和城镇空间结构优化，因此，在交通投资大、周期长、风险高的客观约束条件下，需要提高城镇交通网络规划的科学性和合理性，充分考虑交通建设环境、空间景观和居民出行的影响。

明确交通网络建设的责任主体，建立"省帮助、市尽责、县努力"的财政激励约束机制，加大财政资金对城镇交通设施和交通轴线的投入力度，通过贷款贴息、融资担保、先建后补、以奖代补多种渠道，发挥政府投资的支持和导向作用。引入民间资本，完善 BOT 模式或 BT（build-transfer）模式，通过股权融资、项目融资和特许经营方式大力吸引社会资本、境外资本和民间资本投资城镇交通网络建设。积极推进融资租赁、集合信托等多种融资方式，筹集项目建设资金，鼓励银行增加对城镇交通网络建设的放贷额度，规范地方政府性融资平台发展，为城镇空间交通轴线适度超前发展提供资金支持和保障。通过交通投资机制的溢出效应和示范效应，有效带动城镇空间要素交流与运行，最终促进城镇空间结构优化。

8.3.3　依靠改革红利释放活力，落实城镇空间结构优化的机制设计

河北省城镇空间结构优化是城镇化的重要组成，需要协调各方力量，建立政府、市场和社会三方的联动机制。组建省级新型城镇化发展专业投资平台，其中，涉及保障性住房和市政基础设施建设等城镇空间形态的具体方面的资金瓶颈问题，已通过专业投资平台，向民间市场发行定向债券融资渠道解决，并通过财政资金大力支持。自 2013 年开始连续三年安排专项资金，支持 100 个省级试点城镇加强市政基础设施建设。同时，各地方政府根据自身的资源禀赋和发展条件，开展切实有效的区域合作，如北京—廊坊、石家庄—天津、北京—邯郸等已经签订产业园区、城镇建设等方面的合作协议，通过产业的集聚和扩散机制，发挥各地区比较优势，从而进一步加强各空间单元的沟通与合作，减少过度竞争和恶性竞争下的产业同构和产能过剩问题。此外，政府的引导与规划控制机制也是城镇空间结构优化的重要推动力，通过政府的政策引导和推动，不仅可以引导产业布局和调整，还可以在既有的空间约束条件下，规划和落实各个空间单元的城镇建设。通过河北省政府制定的《关于进一步鼓励和引导民间投资健康发展的实施意见》《河北省人民政府关于大力扶持小型微型企业健康发展的实施意见》等一系列相互支撑与配套的政策，推动城镇空间在市场和政府的双重作用下实现优化调整。这一系列的机制和政策安排背后，需要打破制度和体制障碍，充分发挥改革红利，加大体制机制创新力度，深化行政管理体制改革，积极稳妥地推进城镇空间结构优化。

8.3.4　建立和完善城镇体系，形成大中小城镇协调发展的空间格局

就 2016 年的情况而言，河北省城市首位度为 6，从城镇体系规模结构看，石家庄作为特大城市，在全省经济和城镇建设方面有着巨大的优势，特大城市石家庄作为核心城市，对其余区域和城镇的"极化效应"远远大于"扩散效应"。与此

同时，唐山、邯郸、秦皇岛、张家口等大城市发展较慢，综合竞争力与石家庄相比差距甚大，且与石家庄的联系受到区位条件和交通网络体系的影响，难以承接北京和天津经济的辐射和扩散。因此，制定一套具有法律效应的纲领性文件来指导和约束河北省城镇空间发展显得尤为必要。2017 年 3 月，河北省住房和城乡建设厅发布了《河北省城镇体系规划（2016—2030 年）》，受到河北省和各级政府的高度重视，已展开了对邯郸、唐山等地区的调研工作。《河北省城镇体系规划》是河北城镇空间结构优化的重要政府性空间规划方案，是根据《中华人民共和国城乡规划法》和《河北省城乡规划条例》具体编制的，是引导全省新型城镇化健康发展，合理配置省域和区域空间资源，优化城镇空间格局，统筹市政基础设施和公共设施供给、促进大中小城镇协调发展的依据，同时规划的贯彻落实也将为全省"多点多极支撑"发展战略和城镇空间结构优化升级提供法定规划依据。

规划的编制和完善，需要以合理的城镇体系为指导，培育城镇空间核心发展动力，坚持以"四化同步"为原则，注重城镇空间结构优化的区域差距、城乡空间形态、城镇间产业发展动力、城镇空间发展质量和效益等。确定以人为核心的城镇空间发展模式，以降低人的空间通勤成本和生活成本为出发点，合理布局城镇生产功能区、生活区和休闲服务区。着力打造"双核两翼三带"的城镇空间战略格局，形成以特大城市、大城市和区域性中心城市为依托，大中城镇为骨干，小城镇为基础的现代城镇体系，全面提升城镇空间结构优化的质量和水平，以城镇空间结构的优化调整实现城镇产业集聚、环境承载力提高和带动区域协调发展的目标。

8.3.5　积极稳妥走河北特色新型城镇化道路

城镇化是现代化的必由之路。我们一定要把推进城镇化作为重大战略任务，按照省委"十要十不要"的要求，遵循客观规律，把握正确方向，努力走出一条以人为本、优化布局、生态文明、传承文化的新型城镇化道路。

第一，有序推进农业转移人口市民化。加快推进户籍制度改革，抓紧出台差别化落户政策。合理确定石家庄、唐山、保定、邯郸 4 个市区人口超 100 万城市的落户条件，有序放开其他 7 个设区市市区的落户限制，全面放开县级市、县城和建制镇的落户限制。稳步推进城镇基本公共服务常住人口全覆盖，逐步把进城落户的农民纳入城镇基本养老、医疗等社会保障体系，解决进城人员后顾之忧，使他们进得来、留得住、过得好。

第二，着力优化城镇化布局和形态。坚持把城镇化纳入京津冀协同发展格局，以城镇群为主体形态，构筑以京津两个特大城市为核心，石家庄、唐山两大城市为区域中心，其他设区市为支点的层级合理的城镇体系。做大做强中心城市，构建以主城区为核心、周边县（市）为组团的发展布局。推动基础条件较好、发展潜力较大的县城和建制镇发展成为中小城市。完善城镇规划，逐步由扩张性规划转向限定城市边界、优化空间结构规划，改变"摊大饼"发展模式。优化基础设施、产业发展、公共服务布局，解决交通拥堵、环境恶化等"城市病"。严格控制建设用地总量，盘活土地存量，用好地下空间，提高土地利用率。突出城市文化灵魂，体现地域文化特色，延续城市历史文脉。

第三，大力提高城市建设管理水平。增强城市综合承载力，加快学校、医院、图书馆等公共服务设施建设，推进城市供水供暖供气、地下管网等市政建设，提高基础设施配套能力和防灾减灾能力。创新城镇建设投融资体制，鼓励社会资本通过特许经营等方式参与城市基础设施投资运营。健全质量管理制度，完善工程质量标准，搞好建筑设计，努力打造精品建筑、百年工程。强化城市精细化管理，拓展数字城管功能，建设智慧城市。理顺管理体制，推行综合执法，提高文明执法水平。

第四，加快县域经济发展和县城建设。全面落实支持县域经济发展和县城建设的政策措施，支持经济强县（市）特别是工业产值超千亿元的县（市）推进产业转型和城乡统筹发展，加大对财政弱县特别是财政收入不足 3 亿元困难县的扶持力度。发展县域特色主导产业，实施产业集群示范工程，推动产业向园区聚集。继续推进安国中药都建设。优化行政区划，统筹推进县改市、改区和省直管县工作，增强县乡发展活力。大力推动县城建设，在基础设施、园林绿化、景观风貌等方面建设一批重点工程，建成一批高水平的公共服务设施和商业综合体、专业市场等配套设施，增强县城的承载力和吸引力。推进国省干线、农村公路、"断头路"、"瓶颈路"和危桥改造。搞好县城规划，体现尊重自然、顺应自然、天人合一的理念，发展绿色建筑、绿色能源、绿色交通，实施经济社会发展规划、城乡规划、土地利用规划"三规合一"，一张蓝图干到底，确保规划的科学性、权威性和严肃性。

第五，推进城乡一体化协调发展。加大城乡协同发展力度，形成以工促农、以城带乡、工农互惠、城乡一体的新型工农城乡关系。加大公共财政向农村倾斜的力度，推动优质资源向农村倾斜，基础设施向农村延伸。加强城市产业与农村产业对接，增强城镇对农村产业的辐射带动力。2014 年再选定 3000 个重点村，开展农村面貌改造提升行动。把提高贫困人口生活水平和减少贫困人口数量作为主攻方向，增强扶贫攻坚的精准性、有效性、持续性，出台鼓励贫困县脱帽出列办法，深化燕山—太行山、黑龙港流域连片特困地区和环首都扶贫攻坚示范区建设。加大产业、金融扶贫力度，通过山区农业综合开发、股份合作、家庭手工业等方式发展脱贫增收项目，增强贫困地区"造血"功能，提高教育、医疗等基本公共服务水平，确保 100 万扶贫对象稳定脱贫，尽快让贫困地区富起来、贫困群众的生活好起来。

8.4　本章小结

　　促进河北省城镇空间结构优化调整需要客观认识到其层次性、阶段性和动态性，需要从总体上确定城镇空间结构优化的原则、内容和重点，再从政府、市场和民间三个层次探索城镇空间结构优化的宏观路径，最后对当前的城镇空间结构存在的显著问题和亟待解决的问题提出具体措施，从总体思路、宏观路径和具体措施三个方面入手，能够解决城镇空间结构优化的长期、中期和短期问题，为城镇空间结构优化发展提供有效的政策保障，并提高公众参与城镇各项空间规划的积极性和科学性。

第9章 河北省城镇空间结构优化的具体内容

9.1 城镇空间结构优化目标

河北省城镇空间结构优化的总体目标包含两层子目标,第一层为城镇空间结构布局目标,可看作静态目标,即建立城镇等级体系,形成河北省合理的城镇空间结构布局;第二层为河北省城镇空间结构形态发展目标,可看作动态目标,即促进不同规模等级城市协同发展,提高区域经济联系,实现城镇空间结构高度协调。静态目标是动态目标的基础,通过静态动态目标结合实现城镇空间结构优化目的。

9.1.1 静态目标的优化内容

静态目标的优化内容包含城镇空间形态、空间布局、规模分布。对河北省进行城镇空间结构优化的静态目标就是实现城镇布局的合理,包括城镇规模、城镇功能和城镇形态的合理。根据增长极理论的观点,在区域范围内城镇发展是以某个驱动产业或驱动城市为基础而形成区域城镇空间结构。通过ArcGIS10.1软件对河北省城镇空间现状进行分析,发现其在空间分布组合上存在严重的失衡问题,人口分布失衡、经济发展失衡及产业落后等对河北省全省城镇发展具有明显的阻碍作用。因此,基于当下各种规模城镇在地理上的空间分布,对城镇进行等级排序;根据城镇间经济、产业、交通的相互作用,按照城镇等级进行归属划分,最终形成经济联系紧密、产业互补、人口集中的河北省城镇组群,实现城镇空间结构布局的静态目标。

首先,建立河北省城镇实力指数指标体系。城镇实力指数反映的是地区的经济实力、人口实力和城镇实力,现有文献中也大多以此作为计算城镇实力指数的主要依据。刘静玉等[97]采用非农人口、GDP、第三产业产值和城镇空间距离4个指标构建了城镇实力指数指标体系。王发曾等[98]采用非农业人口、建成区面积和GDP作为反映城镇实力的指数。吕岩威等[191]以国家统计局关于西部地区经济考量的指标作为指标体系。周国华等[192]采用非农业人口、高校学生在校人数、职工年平均工资等12个指标构成指标体系。通过分析相关文献中所建立的城镇实力指数指标体系，结合本书的研究目的，从城镇规模、城镇经济水平和城镇基础建设三方面构建河北省城镇实力指数指标体系，共 10 个指标。其中，城镇规模包括地区非农业人口（单位：人）、地区 GDP（单位：万元）；城镇经济水平包括财政收入（单位：元/人）、城镇固定资产投资（单位：元/人）、第三产业比重（单位：%）；城镇基础建设包括城镇居民人均可支配收入（单位：元/人）、人均公路面积（单位：户/人）、人均电话数（单位：个/人）、人均医生数（单位：人/万人）、人均教师数（单位：人/万人），如表 9-1 所示。

表 9-1　河北省城镇实力指数测算指标体系

一级指标	二级指标
城镇规模	地区非农业人口（U_1）
	地区 GDP（U_2）
城镇经济水平	城镇固定资产投资（U_3）
	财政收入（U_4）
	第三产业比重（U_5）
城镇基础建设	城镇居民人均可支配收入（U_6）
	人均公路面积（U_7）
	人均电话数（U_8）
	人均医生数（U_9）
	人均教师数（U_{10}）

其次，建立河北省城镇等级体系。中心地理论认为城镇空间形态是在不断发展中形成的，根据城镇规模、提供商品的种类，可以划分不同的等级。等级高表示其对相邻区域发展的重要程度高，城镇综合实力指数大；等级低表示其对周边区域发展的重要程度低，城镇综合实力指数小。河北省 2016 年有 11 个地级市、20 个县级市、112 个县，考虑到地理位置、城镇分布的实际情况，以河北省县级行政区域为基本单位，共 143 个研究对象。研究数据主要来源于《河北经济年鉴 2015》、《中国统计年鉴 2015》、河北省统计局官方网站及相关数据网站。各城镇交通距离通过 ArcGIS 软件获得。采用 SPSS 软件对各城镇指标数据进行主成分分析和系统聚类分析，把河北省 143 个城镇划分为省域中心城市、区域中心城市、地区中心城市和地方中心城市四类，根据分类结果建立城镇等级体系。

最后，进行河北省城镇组群划分。通过对河北省城镇空间结构状况进行分析可以发现，其总体城镇空间形态表现出严重的失衡现象。因此，河北省城镇空间结构优化的静态目标即为建立经济联系紧密、产业互补、人口集中的河北省城镇组群。通过对已有相关文献进行研究，得到城镇组群的重组应遵循两个原则。一是对不同等级的城镇进行归属重组，根据城镇等级体系，相同等级的城镇不能进行归属重组；二是保证上下级城镇归属在空间上的连续性，根据地理空间的实际情况，低级别城镇只能归属于相邻高级别的城镇，不能进行跨越式归属划分。

文献中多以城镇人口、GDP、城镇距离作为城镇间相互联系的主要因素，其中，牛惠恩等[193]提出了经济隶属度计算模型和中心城市可达性计算模型，随后被李国平等学者应用于城镇空间研究中；张落成[194]提出了经济作用场强计算模型。这些模型为区域城镇空间结构优化研究提供了良好的视角。本书在以往研究内容的基础上，结合河北省城镇空间结构优化研究的实际情况，采用经济隶属度计算模型和中心城市可达性计算模型进行城镇归属划分。

经济隶属度表示低级别城市对高级别城市的经济隶属程度，用 F_{ij} 表示。

$$F_{ij} = \frac{R_{ija}}{\sum\limits_{i=1}^{n} R_{ija}}, \quad R_{ija} = \frac{\sqrt{P_i G_i} \cdot \sqrt{P_j G_j}}{D_{ij}^2} \quad (9\text{-}1)$$

式中，R_{ija} 为下级城市 j 与上级城市 i 之间经济联系强度的绝对值；P_i、P_j 为 i、j 两个城市的人口总量；G_i、G_j 为城市市区的生产总值；D_{ij} 为两个城市间的平均交通距离。

中心城市可达性表示两城市间相互联系便捷程度的指标。指标数值越高，表示城市间联系越紧密，用 a_{ij} 表示。

$$a_{ij} = \frac{\bar{A}}{A_{ij}}, \quad A_{ij} = \frac{D_{ij}}{V_i}, \quad \bar{A} = \frac{1}{n}\sum\limits_{i=1}^{n} A_{ij} \quad (9\text{-}2)$$

式中，A_{ij} 为从下级城市 j 到达上级城市 i 的时间；$\bar{A}$ 为从下级城市 j 到达上级城市 i 的平均时间；D_{ij} 为两个城市间的平均交通距离；V_i 为两个城市间的平均交通速度。

通过式（9-2）得出从下级城市 j 到达上级城市 i 的城市可达系数，在式（9-1）中得出的经济隶属度是一个相对值，城市可达系数是一个绝对值。为了使城镇归属划分更加方便，对式（9-2）进行改进，得出城市可达系数的相对值 a'_{ij}。

$$a'_{ij} = \frac{a_{ij}}{\sum\limits_{i=1}^{n} a_{ij}} \quad (9\text{-}3)$$

9.1.2　动态目标的优化内容

对河北省城镇空间结构进行整体优化的总体目标是实现各级城镇发挥各自作用，实现功能互补、协同发展。静态目标的城镇布局优化是实现总体目标的基础，而动态目标则是实现总体目标的关键。城镇空间结构随着各级城镇的发展而不断变化，而城镇的发展除了对自身资源进行整合以外，更重要的是依靠城镇间的资源共享和流通。根据点轴开发理论，城镇是以轴线作为经济空间发展的内生变量，在一定距离范围内表现为城镇功能不断完善、城镇规模提高；在区域范围内表现为产业、人口、资源的输出和引进，是区域城镇发展和演化的方向。

因此，河北省城镇空间结构优化的动态目标是以轴线作为主要的研究视角，落实河北省各城镇群中的主体城市功能作用，促进大中小城镇协同发展，探索合理有效的空间发展模式。

河北省交通路线密集，交通发达，对于城镇发展具有良好的推动作用。通过对河北省主要交通路线的梳理，在城镇组群划分的基础上，制定城镇发展轴线。根据交通路线的联系作用进一步把轴线划分为不同等级，明确河北省城镇空间发展重点方向，促进各级城镇间的联系协作，实现动态优化目标。

9.2　河北省城镇等级体系

对河北省 143 个城镇实力指数指标体系数据进行标准化处理。采用 SPSS21.0 对标准化数据进行 KMO（Kaiser-Meyer-Olkin）检验和 Bartlett 球形度检验，检验结果如表 9-2 所示。

表 9-2　KMO 和 Bartlett 检验

取样足够多的 KMO 度量		0.810
Bartlett 的球形度检验	近似卡方	1622.753
	df	45
	Sig.	0.000

表 9-2 结果显示，河北省 143 个城镇指标数据的 KMO 值为 0.810，Sig. 值为 0.000，表示其可以进行主成分分析。对指标数据矩阵进行主成分分析，选择主成分法抽取公共因子，以特征值大于 1 抽取因子数量，得到三个主成分。第一个主成分的特征值为 5.131，方差贡献率为 51.311%；第二个主成分的特征值为 1.873，

方差贡献率为 18.728%，第三个主成分的特征值为 1.053，方差贡献率为 10.528%。在 SPSS21.0 中计算得出各主成分得分系数矩阵，如表 9-3 所示。

表 9-3　成分得分系数矩阵

变量	成分 1	成分 2	成分 3
Zscore: U_1	0.255	−0.020	−0.086
Zscore: U_2	0.295	−0.116	0.023
Zscore: U_3	0.315	−0.127	−0.043
Zscore: U_4	0.273	−0.050	−0.049
Zscore: U_5	−0.109	0.257	0.272
Zscore: U_6	−0.064	0.110	0.600
Zscore: U_7	0.074	0.032	−0.633
Zscore: U_8	−0.014	0.292	−0.091
Zscore: U_9	−0.128	0.361	0.035
Zscore: U_{10}	−0.081	0.348	−0.056

根据各成分得分系数矩阵计算河北省各城镇的三个主成分得分，并计算城镇的综合得分，综合得分数据见表 9-4。把河北省 143 个城镇的三个主成分的得分情况作为系统聚类分析的原始数据。在整个系统聚类分析的过程中，选择何种距离计算方法则成为系统聚类分析中的重点，大量的实践分析经验表明，组间平均距离法在多种情况下表现优异[195]。因此，在计算中选择组间连接，度量标准选择平方欧氏距离，采用 Z-score 法对指标数据进行标准化。根据省域中心城市、区域中心城市、地区中心城市和地方中心城市四大类的划分方式，设定聚类数目为 4，得出河北省城镇分类结果。根据分类结果建立河北省城镇等级体系，如表 9-4 所示。

表 9-4　河北省城镇等级体系

等级	城镇	个数
省域中心城市	石家庄市（5.28）、唐山市（4.17）	2
区域中心城市	廊坊市（2.23）	1
地区中心城市	邯郸市（1.67）、秦皇岛市（1.44）、沧州市（1.34）、保定市（1.33）、邢台市（0.77）、张家口市（0.73）、承德市（0.73）、衡水市（0.59）	8

等级	城镇	个数
地方中心城市	三河市（0.97）、迁安市（0.62）、霸州市（0.62）、固安县（0.55）、河间市（0.55）、遵化市（0.49）、涿州市（0.47）、邯郸县（0.46）、武安市（0.45）、香河县（0.42）、大厂回族自治县（0.39）、任丘市（0.39）、大城县（0.36）、滦县（0.35）、滦南县（0.34）、黄骅市（0.30）、乐亭县（0.27）、肃宁县（0.27）、玉田县（0.26）、迁西县（0.24）、东光县（0.23）、正定县（0.21）、磁县（0.20）、辛集市（0.19）、沧县（0.16）、文安县（0.15）、泊头市（0.14）、永年县（0.12）、魏县（0.11）、定州市（0.10）、抚宁县（0.09）、吴桥县（0.08）、晋州市（0.08）、南皮县（0.07）、满城县（0.06）、青县（0.04）、成安县（0.03）、临西县（0.02）、清河县（0.00）、高碑店市（0.00）、井陉县（0.00）、卢龙县（−0.01）、献县（−0.02）、临漳县（−0.03）、清苑县（−0.03）、青龙满族自治县（−0.05）、沙河市（−0.06）、徐水县（−0.06）、新乐市（−0.06）、蔚县（−0.07）、永清县（−0.07）、故城县（−0.07）、定兴县（−0.08）、安新县（−0.08）、安平县（−0.08）、元氏县（−0.09）、冀州市（−0.09）、大名县（−0.09）、赵县（−0.10）、涿鹿县（−0.10）、无极县（−0.11）、怀来县（−0.12）、南和县（−0.13）、孟村回族自治县（−0.14）、昌黎县（−0.14）、雄县（−0.15）、容城县（−0.17）、行唐县（−0.17）、灵寿县（−0.18）、盐山县（−0.18）、安国市（−0.18）、隆尧县（−0.20）、蠡县（−0.22）、平泉县（−0.22）、平山县（−0.22）、任县（−0.23）、深泽县（−0.23）、望都县（−0.23）、海兴县（−0.23）、涞水县（−0.25）、宽城满族自治县（−0.25）、广平县（−0.25）、南宫市（−0.25）、深州市（−0.25）、曲阳县（−0.26）、宁晋县（−0.26）、内丘县（−0.27）、博野县（−0.27）、景县（−0.27）、柏乡县（−0.27）、广宗县（−0.29）、鸡泽县（−0.29）、高阳县（−0.29）、曲周县（−0.29）、平乡县（−0.30）、高邑县（−0.30）、怀安县（−0.31）、赞皇县（−0.31）、巨鹿县（−0.33）、威县（−0.34）、馆陶县（−0.34）、宣化县（−0.35）、易县（−0.35）、肥乡县（−0.36）、万全县（−0.36）、饶阳县（−0.36）、枣强县（−0.38）、阳原县（−0.40）、滦平县（−0.41）、围场满族蒙古族自治县（−0.42）、隆化县（−0.43）、临城县（−0.43）、承德县（−0.44）、新河县（−0.46）、顺平县（−0.47）、涉县（−0.48）、武强县（−0.48）、阜城县（−0.50）、赤城县（−0.51）、邱县（−0.51）、唐县（−0.51）、丰宁满族自治县（−0.54）、邢台县（−0.54）、涞源县（−0.55）、张北县（−0.59）、沽源县（−0.60）、兴隆县（−0.60）、武邑县（−0.60）、尚义县（−0.64）、崇礼县（−0.70）、阜平县（−0.79）、康保县（−0.91）	132

注：数据来源于 2015 年河北省统计年鉴

由表 9-4 可知，河北省省域中心城市有 2 个，为石家庄市、唐山市；区域中心城市为廊坊市；地区中心城市有 8 个，为秦皇岛市、承德市、衡水市、张家口市、保定市、沧州市、邢台市、邯郸市；地方中心城市有 132 个，为各地级市辖区范围内的县级市和县级别城镇。通过系统聚类分析划分的 4 个类别基本与各城镇综合得分相一致，前三个等级中均为河北省地级市，表示本书所建立的城镇等级体系具有一定的可信度。

9.3　河北省城镇组群划分

9.3.1　河北省城镇初步重组

在河北省城镇等级结构的划分结果中，11 个地级市集中位于前三个等级范围内，地方中心城市为县级市和县级别城镇。根据城镇组群划分的原则，对第四等级向前三等级进行城镇初步重组，形成城镇组团。通过 ArcGIS 测算各城镇之间的平均交通距离、平均到达时间，计算经济隶属度数据和中心城市可达性数据，并根据两种数据分别进行城镇组团划分。

经济隶属度数据和中心城市可达性数据在个别城镇组团划分中出现不一致现象。例如，辛集市在经济隶属度上属于石家庄城镇组团，在中心城市可达系数上属于衡水城镇组团；兴隆县在经济隶属度上属于唐山城镇组团，在中心城市可达系数上属于承德城镇组团等。经济隶属度是相对性指标，而中心城市可达性是绝对性指标，两组数据出现不同时难以进行对比评判。运用式（9-3）把中心城市可达性相对化，进行综合比对，得出河北省 143 个城镇的初步重组结果，重组结果详情见表 9-5。

表 9-5 河北省城镇初步重组结果

城镇组团	石家庄城镇组团	保定城镇组团	邯郸城镇组团	张家口城镇组团
县级市和县级别城镇	井陉县、正定县、行唐县、灵寿县、高邑县、深泽县、赞皇县、无极县、平山县、元氏县、赵县、辛集市、晋州市、新乐市、宁晋县、阜平县、涞源县、曲阳县、定州市、饶阳县、安平县、深州市、临城县、柏乡县、隆尧县、新河县、清河县、南宫市（共 28 个）	满城县、清苑县、涞水县、徐水县、定兴县、唐县、高阳县、容城县、望都县、安新县、易县、蠡县、顺平县、博野县、雄县、安国市、河间市、高碑店市、任丘市、肃宁县（共 20 个）	临西县、沙河市、邯郸县、临漳县、成安县、大名县、涉县、磁县、肥乡县、永年县、邱县、广平县、馆陶县、魏县、曲周县、武安市（共 16 个）	宣化县、张北县、康保县、沽源县、尚义县、蔚县、阳原县、怀安县、万全县、怀来县、涿鹿县、赤城县、崇礼县（共 13 个）
城镇组团	沧州城镇组团	唐山城镇组团	邢台城镇组团	廊坊城镇组团
县级市和县级别城镇	沧县、青县、东光县、南皮县、海兴县、盐山县、吴桥县、献县、孟村回族自治县、泊头市、大城县、黄骅市（共 12 个）	卢龙县、滦县、滦南县、乐亭县、迁西县、玉田县、遵化市、兴隆县、宽城满族自治县、迁安市（共 10 个）	邢台县、内丘县、任县、南和县、巨鹿县、广宗县、平乡县、威县、鸡泽县（共 9 个）	固安县、永清县、文安县、霸州市、涿州市、香河县、大厂回族自治县、三河市（共 8 个）
城镇组团	衡水城镇组团	承德城镇组团	秦皇岛城镇组团	
县级市和县级别城镇	枣强县、武邑县、故城县、景县、阜城县、冀州市、武强县（共 7 个）	承德县、平泉县、滦平县、隆化县、丰宁满族自治县、围场满族蒙古族自治县（共 6 个）	青龙满族自治县、昌黎县、抚宁县（共 3 个）	

注：数据来源于《河北经济年鉴 2015》

9.3.2 河北省城镇组群划分

在河北省城镇等级体系中石家庄、唐山为省域中心城市，廊坊为区域中心城市。通过对河北省城镇空间结构状况进行分析发现，河北省城镇规模结构存在明显的差异，石家庄市、唐山市不足以成为全省区域发展的增长极城市。因此，在对城镇组团向城镇组群重组过程中，除了构建石家庄市、唐山市城镇组群以外，还考虑把区域中心城市廊坊市作为核心城市进行城镇组群构建。

在城镇组团划分的基础上，根据河北省城镇等级体系，对地方中心城市所建立的城镇组团向区域中心城市、省域中心城市城镇组团进行归属划分。采用ArcGIS 软件对上下级城镇间的交通距离进行测算，根据式（9-1）计算得出经济隶属度数据，根据式（9-2）计算得出中心城市可达性数据，计算结果如表9-6 和表9-7 所示。

表9-6 河北省城镇组群经济隶属度

地区城镇组团	石家庄城镇组团	唐山城镇组团	廊坊城镇组团
秦皇岛城镇组团	0.0624	0.8895	0.0481
承德城镇组团	0.1130	0.7997	0.0873
张家口城镇组团	0.3522	0.4439	0.2039
衡水城镇组团	0.8396	0.1112	0.0492
邢台城镇组团	0.9327	0.0482	0.0191
邯郸城镇组团	0.8926	0.0780	0.0295
沧州城镇组团	0.3835	0.4330	0.1834
保定城镇组团	0.7026	0.1609	0.1365

表9-7 河北省城镇组群中心城市可达性

地区城镇组团	石家庄城镇组团	唐山城镇组团	廊坊城镇组团
秦皇岛城镇组团	0.4573	1.5723	0.8493
承德城镇组团	0.5615	1.3021	0.6891
张家口城镇组团	0.7093	0.5614	1.2362
衡水城镇组团	1.3543	0.5741	0.6580
邢台城镇组团	2.0140	0.5986	0.5456
邯郸城镇组团	1.7112	0.5646	0.6081
沧州城镇组团	0.6989	0.6801	0.9101
保定城镇组团	0.9875	0.5290	0.9115

通过以上数据进行河北省城镇组群的划分。其中，衡水城镇组团、邢台城

镇组团、邯郸城镇组团在经济隶属度和中心城市可达性指标上均归属于石家庄城镇组团，形成以石家庄市为核心的石家庄城镇组群；承德城镇组团和秦皇岛城镇组团在两个指标上均归属于唐山城镇组团，形成以唐山市为核心的唐山城镇组群。张家口城镇组团、沧州城镇组团和保定城镇组团在两个指标上归属有所不同，利用式（9-3）对中心城市可达性数据相对化，得出张家口城镇组团归属于廊坊城镇组群，沧州城镇组团归属于唐山城镇组群，保定城镇组团归属于石家庄城镇组群。

通过建立河北省 143 个城镇的等级体系，根据经济隶属度和中心城市可达性两个指标，逐次进行城镇组团归属划分、城镇组群归属划分，最终把河北省分为石家庄城镇组群、唐山城镇组群和廊坊城镇组群。

唐山城镇组群中，以唐山城镇组团、秦皇岛城镇组团和沧州城镇组团中的沿海城镇为主，构建河北省沿海城市带。同时，以承德城镇组团作为承接沿海城市内陆产业的有效支撑，既能够推动沿海城市产业变革，又能促进自身发展。为此，一方面，要加快步伐壮大中心城市规模，唐山市要依靠资源优势，优先发展海洋产业，促进工业产业升级；秦皇岛市在已有海洋资源产业的基础上持续发力，响应国家政策号召，建设高新技术产业基地；沧州市不断完善城市功能，建设成为环渤海现代化的港口城市；承德市继续发展旅游服务产业，建设成为河北省风景旅游城市。另一方面，加大力度培养基础良好、发展潜力大的中等城市，如迁安市、任丘市、黄骅市等，逐渐形成大中小城市协同发展、产业有效过渡发展的城镇组群。石家庄城镇组群中，充分发挥交通资源优势，合理确定城镇职能分工，打造一批各具特色的产业园区。石家庄市要不断提高省会城市的重要性，加强各方资源的集聚效应，继续发展第三产业，逐步成为河北省第三产业经济发展增长极城市。邯郸市要充分抓住地理位置所带来的机遇，利用良好的经济基础和历史文化城市底蕴，逐渐打造成冀、鲁、豫、晋四省交界的区域中心城市。邢台市和衡水市要不断优化产业结构，完善城市功能，提高中心城市对周边区域城市的带动作用。保定市一方面依靠石家庄城镇组群的丰富资源不断发展城市规模，另一方面要作为北京部分非首都功能的承接区，完善各项城市功能。在廊坊城镇组群中，廊坊城镇组团、张家口城镇组团在已有产业基础上统筹发展，充分利用京津冀一体化战略背景的发展机遇，积极整合周边资源，不断发展城镇规模，着力构建成为环京津经济发展的新区域。

9.4　城镇组群发展轴线

城镇空间组织有两种形式，一种为城镇空间组团，另一种为城镇发展轴线。

城镇空间组团把各城市节点的流通过经济、空间联系程度分析结合到一起，为城镇间相互发展提供了更为宽阔的地理框架，能够更为有效地带动区域经济发展。城镇作为空间结构中重要的组成部分，并非仅仅指的是地理空间意义上的连续，而是以"节点+轴线"的方式带动自身及周围地区的发展[81]。仅依靠城镇空间重组不仅无法完成城镇组团间流的流通，甚至可能会造成更大区域范围内的城镇空间发展失衡现象。因此，为了促进流、节点、通道、网络的形成，完善城市间相互作用的系统功能，应在城镇空间组团的基础上，根据各城市间的交通网络构建城镇组群发展轴线。

河北省内环京津，公路、铁路运输量居全国第一，具有庞大便利的交通网络，可以在此基础上构建河北省城镇组群的发展轴线。根据河北省公路、铁路交通路线，在河北省城镇组群划分的基础上把发展轴线分为两级：一级发展轴线穿过河北省东西南北向，呈"大"字形分布；二级发展轴线连接各级城镇呈环形。

一级发展轴线有三条，第一条由张家口、唐山、秦皇岛等地区构成东西轴线，以京哈高速、京藏高速、京新高速、110国道、102国道及大秦线等为主要交通路线；第二条由承德、邢台、保定、邯郸、石家庄等地区构成南北轴线，以大广高速、京港澳高速、107国道、101国道、京九线、京承线、京石高速、石郑高速等为主要交通路线；第三条由北京、廊坊、沧州等城镇构成南北轴线，以京台高速、廊沧高速、京沪高速等为主要交通路线。三条发展轴线呈"大"字形分布，囊括河北省10个地级市。

二级发展轴线是在一级发展轴线的基础上由河北省周边城市交通线路组成。二级发展轴线有三条，第一条由首都环线高速、京昆高速、黄石高速、307国道及石德线等主要线路构成，沿途包含张家口、保定、石家庄、衡水、沧州等城市；第二条由京港澳高速、邢衡高速、黄石高速等主要交通线路构成，沿途经过邯郸、邢台、衡水、沧州等城市；第三条由京哈高速、唐津高速、长深高速、京沪高速、津秦高铁和京沪高铁等主要线路构成，经过秦皇岛、唐山市、沧州等城市。二级发展轴线总体呈环形分布，与一级发展轴线共同构成交通网络，从而实现各个城市间的相互连接。

9.5　本章小结

本章提出了河北省城镇空间结构优化的内容，在静态方面对河北省进行空间布局优化，在动态方面确定河北省城镇发展轴线。采用定量与定性结合的方法，使用SPSS21.0对河北省143个城镇进行聚类分析，建立河北省城镇等级体系；通过进一步研究，确立了以石家庄市、唐山市为省域中心城市，以廊坊市为区域中心城市，以秦皇岛市、邯郸市、张家口市、邢台市、保定市、承德市、沧州市和衡水市为地区中心城市，以其他 132 个城镇为地方中心城市的等级体系。在城镇等级体系的基础上，用经济隶属度和中心城市可达性指标数据进行归属划分，最终确立以石家庄市、唐山市和廊坊市为核心的三个城镇组群，并分别提出了三条一级发展轴线和三条二级发展轴线。

第10章   主要结论与研究展望

10.1   主 要 结 论

本书以河北省 143 个城镇作为研究对象,提出对其城镇空间结构进行优化。以河北行政区范围内的城镇空间密度、城镇空间地域与规模结构、城镇空间形态三条线索为出发点,围绕城镇空间结构优化的总体目标,以城镇空间结构基本理论为指导,构建了城镇空间结构优化内容及其指标体系,深入研究了城镇空间结构优化的政府作用机制、市场配置资源机制和社会公众协调机制,并以此展开对河北城镇空间总体格局、基本状况和城镇空间结构的实证研究,同时理顺了城镇空间结构优化调整的政府作用机制、市场配置资源机制和社会公众协调机制的关系和作用。最后通过定量与定性结合的方法确定了河北省城镇等级结构,并在此基础上构建了河北省城镇组群和交通发展轴线。本书基于古典区位理论和城镇空间结构相关理论,通过对河北省城镇空间结构进行优化研究,得出以下几方面结论。

(1)河北省城镇空间结构演化受自然环境、交通、政治政策及产业经济因素的影响,逐渐经历了低水平均衡阶段、极核聚集阶段和扩散均衡阶段,并从 2011 年开始进入空间一体化阶段。通过对河北省近几年城镇发展数据进行分析发现,河北省当前城镇等级体系存在"弱核多中心"现象,并没有形成能够有效带动全省城镇发展,合理配置资源流动的增长极城市。城镇规模结构差异明显,人口分布呈现"西疏东密,北疏南密"的特点。除此之外,河北省城镇发展不均衡现象突出,各地经济增速、人均经济水平具有很大的落差。

(2)以河北省县级以上城镇为研究对象,共计 143 个。从城镇规模、城镇经济水平和城镇基础建设三方面共 10 个指标构建了城镇实力指标体系,通过主成分分析和系统聚类分析的方法建立起河北省四级城镇等级体系。石家庄市、唐山市为省域中心城市;廊坊市为区域中心城市;秦皇岛市、邯郸市、承德市、邢台市、张家口市、衡水市、保定市、沧州市为地区中心城市;其余县级市、县级别城镇为地方中心城市。

(3)在城镇等级体系划分的基础上,通过经济隶属度和中心城市可达性两个归属指标对河北省 143 个城镇进行归属划分。首先,划分出 11 个城镇组团。然后,根据城镇组团核心城市间的归属数据把河北省划分为三个城镇组群,分别为唐山城镇组群、石家庄城镇组群和廊坊城镇组群。

（4）根据建立的三个城镇组群，在河北省已有交通网络的基础上，构建河北省两级发展轴线。一级轴线有三条，呈"大"字形分布，分别连接三个城镇组群。二级发展轴线也有三条，它是在一级发展轴线的基础上构成的，呈环形分布。

结合以上得出的几点结论，提出以下见解及对策。

（1）加强交通一体化，形成与京津两大巨型城市优势互补的城市体系。积极推进京津冀地区交通一体化，为环京津城镇群与京津两地交流合作提供支持和保障。加大交通廊道建设，建设以京津两大城市为核心的 100 公里、200 公里、300公里快速交通圈，以京唐秦、京津保、京张承三个三角地区为骨架，进一步构筑环京津城镇密集地区。加强与京津两市交通的分工与协作，利用高速公路、国道和省道，带动京津秦、京石邯城市密集带和沿海城市的发展。进一步加强冀中南城市经济区与环京津城市经济区的联系，以石家庄为核心，完善和壮大环省会城镇群，继续强化石家庄省域中心建设，统筹安排区域性交通设施，带动冀中南地区加快发展。发挥河北省环京津、环渤海优势，加快实施大北京战略，使河北省与京津共同形成全国最具竞争力和经济最发达的地区之一。

（2）构筑大中小城市协调发展的城市布局，改变中等城市比例偏低的状况。依据河北省情，加快发展区域性中心城市，积极发展中小城市，走大中小城市协调发展的城镇化道路。第一，采取非均衡增长的策略，重点发展石家庄、唐山两大城市，形成河北省的城市发展中心，优化城市空间布局，最终形成北部以唐山为中心、中南部以石家庄为中心的城镇格局。石家庄在医药、纺织、商贸流通、特色农业等传统主导产业的基础上，大力发展高新技术产业，不断提高在全国省会城市综合实力中的位次，充分发挥省会、中南部经济中心、交通中心的优势，迅速增长为冀中南的城市中心。唐山应联合京津，通过合理分工、优势互补，增强唐山经济中心的辐射力。第二，中等城市比例偏低使河北省县域集聚功能弱化，区域带动作用受到限制，形成小城市功能分散、发展落后的局面。在继续完善和壮大现有中等城市的基础上，进一步有计划地扶持一批小城市的发展，选择基础条件好、实力强、发展潜力大、区位条件优越的小城市，使其进入中等城市的行列，按照中等城市进行规划建设，改变河北省中等城市数量少且发展不足的现状。同时，考虑设置新的县级小城市、提高城市质量，将县级小城市培育成为地方区域小中心城镇，强化县级市在区域发展中的纽带作用。第三，要与经济建设、农业产业化经营和社会化服务相结合，推进乡镇企业和农村剩余劳动力向小城市集中，发挥小城市的集聚功能。重点建设县城一级的小城镇，有选择地支持一批具有发展潜力的县城按照高标准进行小城市规划建设。

（3）优化城镇体系空间格局，促进城镇空间从点、轴、群向网络城市体系格局转化。京津地区建设"世界城市"、北京承办 2008 年奥运会等为河北省城市的发展提供了良好的区域环境。

河北省应进一步优化城镇体系空间格局，从已有的点、轴、群、带的城镇空间格局向网络城镇体系格局转化，具体措施如下。

（1）进一步加强境内的高速公路、高速铁路专线等交通快速廊道的兴建，推进京津冀交通一体化的进程。

（2）与京津地区形成产业互补，承担京津地区不同的专业职能，建设区域范围内不同职能、不同类型的城市基地。

（3）适当调整设区城市数量，积极促进大城市周边撤县设区，加大区域中心城市建设，形成与腹地范围相匹配的中心城市网络体系。

（4）加大节点城市的建设力度，不断提高各级城市在城市网络中的等级地位，发挥城市核心竞争力，带动区域经济持续快速发展。

10.2　本书不足及有待进一步研究的问题

本书通过建立城镇等级体系，对各级城镇进行归属划分，形成了以石家庄、唐山和廊坊为核心的城镇组群，并提出两级城镇发展轴线。本书在一定程度上丰富了河北省城镇化相关研究内容，为河北省产业发展及新型城镇化建设提供了理论借鉴。但城镇空间结构优化是一个极为复杂的课题，由于作者本人研究水平及资源获取能力有限，本书研究存在一定的欠缺。

（1）河北省内环北京、天津两个大型直辖市，京津冀一体化为临近北京、天津的区域城镇带来了发展机遇，但这种影响范围并没有覆盖整个河北省。为了保证河北省整体的独立性，抛开北京、天津仅对河北省城镇空间结构进行优化，使本书的研究略显不足。下一步将会以京津冀一体化作为城镇空间结构优化的研究对象。

（2）本书建立河北省城镇等级体系，以及对不同等级的城镇进行归属划分都是基于城镇在人口、经济、交通方面的定量化数据展开，没有对政治政策因素进行定量化的研究。政策是对经济影响最大的因素，国家的城镇化一直都是在政策的主导下进行的，自然城镇空间结构优化也是以政策为主导的。因此下一步研究重点将会放在政府政策上。

京津两地的影响范围和影响深度不是河北省各地级市可比的，也不能用简单的定性定量方法将其量化，那么如何将京津地区对河北省的影响力进行定性定量处理，使之能够更加直观可靠地表达出来就成了河北省城镇空间结构优化研究想要继续下去急需解决的问题。还有一个问题就是，在京津冀一体化作为国家战略的大背景下，国家政策影响因素如何纳入河北省城镇空间结构优化研究体系，结合各地级市情况分别进行量化处理。

除了以上两个问题，在未来的研究中，城镇空间结构优化是新型城镇化发展中的主要研究内容，对其研究不仅要在城市体系的框架内与其他结构进行结合，还应充分考虑城镇空间结构与城市基础建设、产业发展、生态文明建设等的关系，不断完善城市体系研究内容，为实现新型城镇化建设目标提供理论支撑。河北省的城镇空间结构优化还有很大的潜力，在京津冀一体化已经上升到国家战略的时期，河北又迎来一个春天。抓住这次机遇，河北的明天一定会更好。

参 考 文 献

[1] 单卓然，黄亚平. "新型城镇化"概念内涵、目标内容、规划策略及认知误区解析. 城市规划学刊，2013，（2）：16-22.

[2] 阎树鑫，董衡苹，黄淑琳，等. 新型城镇化与城市规划. 城市规划学刊，2013，（5）：1-5.

[3] 任丽霞，程书华. 加快河北省工业转型升级的路径研究. 科技管理研究，2014，（8）：99-102.

[4] 张国华，周乐，黄坤鹏，等. 高速交通网络构建下的城镇空间结构发展趋势——从"中心节点"到"门户节点". 城市规划学刊，2011，（3）：27-32.

[5] 宋家泰，顾朝林. 城镇体系规划的理论与方法初探. 地理学报，1988，（2）：97-107.

[6] 王凯. 全国城镇体系规划的历史与现实. 城市规划，2007，（10）：9-15.

[7] 于兰军. 区域发展战略与城镇空间结构规划关系剖析——兼议山东省城镇空间结构. 地域研究与开发，2015，（1）：26-30.

[8] 李后强. "三大发展战略"是科学发展观的重要体现. 四川经济日报，2013-05-24.

[9] 陆大道，刘卫东. 论我国区域发展与区域政策的地学基础. 地理科学，2000，（6）：487-493.

[10] 魏也华. 论发达地区城镇空间结构重组. 地域研究与开发，1990，（2）：23-26.

[11] 杜能 J H. 孤立国同农业和国民经济的关系. 吴衡康译. 北京：商务印书馆，1986：189-190.

[12] 林耿. 地理区位与权力——以广州市×市场为例. 地理研究，2011，30（9）：1577-1591.

[13] 韦伯 A. 工业区位论. 李刚剑，陈志人，张英保译. 北京：商务印书馆，1997：102-106.

[14] Christaller W. Central Places in Southern Germany. Upper Saddle River：Prentice Hall，1966.

[15] 勒施 A. 经济空间秩序. 王守礼译. 北京：商务印书馆，2010：140.

[16] Howard E. Garden Cities of To-Morrow. London：Routledge，2003.

[17] Saarinen E. The City：Its Growth，Its Decay，Its Future. New York：Reinhold Publishing Corporation，1943：80.

[18] Harris C D, Ullman E L. The nature of cities. The Annals of the American Academy of Political and Social Science，1945，242（1）：7-17.

[19] 涂妍，陈文福. 古典区位论到新古典区位论：一个综述. 河南师范大学学报（哲学社会科学版），2003，（5）：38-42.

[20] Perroux F. Economic space：theory and applications. Quarterty Journal of Economic，1950，64（1）：80-101.

[21] Ullman E L. American Commodity Flow. Seattle：University of Washington Press，1957：17-66.

[22] Friedmann J. Regional Development Policy：A Case Study of Venezuela. Cambridge.：MIT Press，1966：15.

[23] Button K J. Urban Economics—Theory and Policy. London：Macmillan Publishers Ltd，1976：5-36.

[24] Lewis W A. Economic development with unlimited supplies of labour. The Manchester School，

1954，22（2）：139-191.

[25] McGee T G. The Urbanization Process in the Third World. London：G. Bell and Sons，Ltd.，1971.

[26] Lynch K. A Theory of Good City Form. Cambridge：MIT Press，1981：5-14.

[27] 谢守红、宁越敏. 世界城市研究综述. 地球科学进展，2004，（5）：56-66.

[28] Peirce N R，Johnson C W，Hall J S. Citistates：How Urban America Can Prosper in a Competitive World. Washington：Seven Locks Press，1994.

[29] Hettne B，Inotai A. The New Regionalism：Implications for Global Development and International Security. Helsinki：UNU/WIDER，1994.

[30]]Hettne B，Söderbaum F. The new regionalism approach. Social Science Electronic Publishing，1998，17：6-21.

[31] 布伦纳 N. 全球化与再地域化：欧盟城市管治的尺度重组. 徐江译. 国际城市规划，2008，23（1）：4-14.

[32] Taylor P J. Specification of the world city network. Geographical Analysis，2001，33：181-194.

[33] Taylor P J，Berudder B. Word City Network：A Global Urban Analysis. 2nd. New York：Routledge，2015.

[34] 霍尔 P，佩因 K. 从大都市到多中心都市. 罗震东，陈烨，阮梦乔译. 国际城市规划，2009，24（z1）：319-331.

[35] 徐江. 多中心城市群：POLYNET 引发的思考. 国际城市规划，2008，23（1）：1-3.

[36] 佩因 K. 全球化巨型城市区域中功能性多中心的政策挑战：以英格兰东南部为例. 董轶群译. 国际城市规划，2008，23（1）：58-64.

[37] 罗震东，朱查松. 解读多中心：形态、功能与治理. 国际城市规划，2008，23（1）：85-88.

[38] 昆斯曼 K R. 多中心与空间规划. 唐燕译. 国际城市规划，2008，23（1）：89-92.

[39] Dendrinos D S. Regions，anti-regions and their dynamic stability：the US case（1929—1979）. Journal of Regional Science，2006，24（1）：65-83.

[40] Nijkamp P，Reggiani A. Dynamics spatial interaction models：new directions. Environment and Planning A，1988，20：1449-1460.

[41] Krugman P. Space：the final frontier. Journal of Economic Perspectives，1998，12（2）：161-174.

[42] Albrechts L，Healey P，Kunzmann K R. Strategic spatial planning and regional governance in Europe. Journal of the American Planning Association，2003，69（2）：113-129.

[43] Jacobs-Crisioni C，Rietveld P，Koomen E. The impact of spatial aggregation on urban development analyses. Applied Geography，2014，47：46-56.

[44] David B. Urban spatial structure and environmental emissions：a survey of the literature and some empirical evidence for Italian NUTS 3 regions. Cities，2015，49：134-148.

[45] Angel S，Blei A M. The spatial structure of American cities：the great majority of workplaces are no longer in CBDs，employment sub-centers，or live-work communities. Cities，2016，51：21-35.

[46] Giorgio F. Geographical structure and convergence：a note on geometry in spatial growth models. Journal of Economic Theory，2016，162：114-136.

[47] 陆大道. 区域发展及其空间结构. 北京：科学出版社，1995.

[48] 谢永琴. 城市外部空间结构理论与实践. 北京：经济科学出版社，2006.

[49] 许学强，周一星，宁越敏. 城市地理学. 北京：高等教育出版社，1997.

[50] 姚士谋，朱英明，陈振光，等. 中国城市群. 合肥：中国科学技术大学出版社，2001.

[51] 薛东前，姚士谋. 城市群形成演化的背景条件分析——以关中城市群为例. 地域开发与研究，2000，19（4）：50-53.

[52] 朱英明，姚士谋，李玉见. 我国城市群地域结构理论研究. 现代城市研究，2002，17（6）：50-52.

[53] 马丽，刘毅. 经济全球化下的区域经济空间结构演化研究评述. 地球科学进展，2003，18（2）：270-276.

[54] 王开泳，王淑婧，秦泗刚. 城市空间结构演变的时间序列分析——兼论知识经济条件下的发展趋势. 海南师范大学学报（自然科学版），2004，（4）：378-382.

[55] 唐茂华. 城市群体空间：演化机理与发展趋势. 上海行政学院学报，2005，5（5）：79-82.

[56] 陈田. 省域城镇空间结构优化组织的理论与方法. 城市问题，1992，（2）：7-15.

[57] 沈玉芳. 产业结构演进与城镇空间结构的对应关系和影响要素. 世界地理研究，2008，17（4）：17-25.

[58] 李松志，张晓明. 欠发达山区城镇空间结构的优化研究——以粤北山区龙川县城为例. 城市发展研究，2009，16（1）：60-63.

[59] 车前进，段学军，郭垚，等. 长江三角洲地区城镇空间扩展特征及机制. 地理学报，2011，66（4）：446-455.

[60] 周可法，吴世新. 基于 RS 和 GIS 技术下城镇空间变化分析及应用研究. 干旱区地理，2002，25(1)：61-64.

[61] 谢守红. 湖南省的城镇空间布局. 城市问题，2003，（2）：26-29.

[62] 杜宏苑，张小雷. 近年来新疆城镇空间集聚变化研究. 地理科学，2005，25（3）：268-273.

[63] 张国华，李迅，马俊来. 引导城镇空间一体化统筹发展的区域综合交通规划. 城市规划学刊，2009，（3）：64-68.

[64] 沈玉芳. 长三角地区城镇空间模式的结构特征及其优化和重构构想. 现代城市研究，2011，（2）：15-23.

[65] 钟业喜，尚正永. 鄱阳湖生态经济区城镇空间结构分形研究. 南昌：江西师范大学学报（自然科学版），2012，36（4）：436-440.

[66] 郑卫，邢尚青. 我国小城镇空间碎化现象探析. 城市发展研究，2012，19（3）：96-100.

[67] 陈涛，李后强. 城镇空间体系的科赫（Koch）模式——对中心地学说的一种可能的修正. 经济地理，1994，14（3）：10-14.

[68] 王凯. 50 年来我国城镇空间结构的四次转变. 城市规划，2006，30（12）：9-14.

[69] 韦善豪，覃照素. 广西沿海地区城镇空间格局及演化规律. 经济地理，2006，26（s1）：259-264.

[70] 唐亦功，王天航. 山西省小城镇空间分布的数字特点研究. 西北大学学报（自然科学版），2006，36（6）：996-999.

[71] 贾百俊，李建伟. 丝绸之路沿线城镇空间分布特征研究. 人文地理，2012，（2）：103-106.

[72] 高晓路，季珏，樊杰. 区域城镇空间格局的识别方法及案例分析. 地理科学，2014，34（1）：1-9.

[73] 胡彬，谭琛君. 区域空间结构优化重组政策研究——以长江流域为例. 城市问题，2008，（6）：

7-13.

[74] 何伟. 基于协调度函数的区域城镇空间结构优化模型与实证. 统计与决策, 2008,（7）: 47-50.

[75] 鲍海君, 冯科, 吴次芳. 从精明增长的视角看浙江省城镇空间扩展的理性选择. 中国人口·资源与环境, 2009, 19（1）: 53-58.

[76] 陈存友, 胡希军, 郑伯红. 城郊型县域城镇空间结构优化策略——以长沙市望城县为例. 城市发展研究, 2010, 17（3）: 51-55.

[77] 郭荣朝, 苗长虹. 县域城镇空间结构优化重组研究——以河南省镇平县为例. 长江流域资源与环境, 2010, 19（10）: 1144-1149.

[78] 李快满, 石培基. 兰州经济区城镇空间组织结构优化构想. 干旱区资源与环境, 2011, 25（3）: 8-14.

[79] 杨山, 沈宁泽. 基于遥感技术的无锡市城镇形态分形研究. 国土资源遥感, 2002, 14（3）: 41-43.

[80] 赵河, 向俊. 川渝小城镇形态的现代演化. 北京: 小城镇建设, 2004,（7）: 84-87.

[81] 熊亚平, 任云兰. 铁路运营管理机构与城镇形态的演变. 广东社会科学, 2009,（4）: 104-111.

[82] 王建国, 陈乐平. 苏南城镇形态演变特征及规律的遥感多时相研究. 城市规划汇刊, 1996,（1）: 31-39.

[83] 阚耀平. 近代新疆城镇形态与布局模式. 干旱区地理, 2001, 26（4）: 321-326.

[84] 江昼. 苏南乡镇在经济转型升级过程中城镇空间形态发展定位研究. 生态经济, 2011,（9）: 76-79.

[85] 朱建达. 我国镇(乡)域小城镇空间形态发展的阶段模式与特征研究. 城市发展研究, 2012, 19（12）: 33-37.

[86] 宋连盛. 论新型城镇化的本质内涵. 济南: 山东社会科学, 2016,（4）: 47-51.

[87] 朱士鹏, 毛蒋兴, 徐兵, 等. 广西北部湾经济区城镇规模分布分形研究. 广西社会科学, 2009,（1）: 19-22.

[88] 苏海宽, 刘兆德, 朱岩. 基于分形理论的鲁南经济带城镇规模分布研究. 国土与自然资源研究, 2011,（2）: 76-78.

[89] 周国富, 黄敏毓. 关于我国城镇最佳规模的实证检验. 城市问题, 2007,（6）: 6-10, 14.

[90] 蒙莉娜, 郑新奇, 赵璐, 等. 区域城镇点-轴系统空间结构的分形模型. 地理科学进展, 2009, 28（6）: 944-951.

[91] 徐美, 刘春腊. 泛长株潭城市群空间结构优化研究. 热带地理, 2009,（4）: 356-361.

[92] 郭荣朝, 苗长虹, 夏保林, 等. 城市群生态空间结构优化组合模式及对策——以中原城市群为例. 地理科学进展, 2010, 29（3）: 363-369.

[93] 尚正永, 刘传明, 白永平, 等. 省际边界区域发展的空间结构优化研究——以粤闽湘赣省际边界区域为例. 经济地理, 2010, 30（2）: 183-187.

[94] 郭荣朝, 宋双华, 夏保林, 等. 周口市域城镇空间结构优化研究. 地理科学, 2013,（11）: 1347-1353.

[95] 胡述聚. 新型城镇化背景下吉林省城镇体系空间结构的调查与优化研究. 长春: 东北师范大学, 2015.

[96] 崔大树, 孙杨. 基于分形维数的湖州旅游景区系统空间结构优化研究. 地理科学, 2011, 22（3）:

337-343.

[97]　刘静玉, 丁志伟, 孙方, 等. 中原经济区城镇空间结构优化重组研究. 经济地理, 2014, 34(10): 53-61.

[98]　王发曾, 张改素, 丁志伟, 等. 中原经济区城市体系空间组织. 地理科学进展, 2014, 33(2): 153-168.

[99]　代学珍, 杨吾扬. 河北省国土开发整治的点轴系统分析. 经济地理. 1998, 18(2): 57-62.

[100]　代学珍. 河北省区域开发增长极系统的确定. 北京大学学报(自然科学版). 1999, 35(4): 558-562.

[101]　王亚欣. 河北省城市体系研究. 保定师专学报, 1999, 12(4): 38-42.

[102]　黄朝永, 甄峰. 从分区点轴推进到"两环"联合开发——论河北省内外空间联合开发模式. 经济地理. 1999, 19(3): 70-73.

[103]　陆玉麒, 董平. 双核结构模式与河北区域发展战略探讨. 地理学与国土研究, 2000, 16(1): 14-16.

[104]　张莉, 陆玉麒. 河北省城市影响范围及空间发展趋势研究. 地理学与国土研究, 2001, 17(1): 11-15.

[105]　郑占秋, 王海乾. 河北省城镇发展的空间布局模式研究. 经济地理. 2001, (S1): 139-142.

[106]　陈璐, 薛维君. "大北京"框架下河北省"金三角"区域经济发展新思路与实施方略. 经济研究参考, 2002, (81): 29-36.

[107]　穆学明, 穆立欣. 京津冀区域的结构化与城镇布局——T字型城市带的规划建设与开发. 环渤海经济瞭望, 2004, (1): 1-5.

[108]　于涛方, 吴志强. 京津冀地区区域结构与重构. 城市规划, 2006, (9): 36-41.

[109]　孙桂平. 河北省城市空间结构演变研究. 石家庄: 河北科学技术出版社, 2006: 1-192, 204-210.

[110]　李晓珍. 河北省区域经济差异分析及协调发展研究. 天津: 河北工业大学硕士学位论文, 2005: 1-41.

[111]　张冉. 河北省区域经济差异分析与协调发展研究. 北京: 北京交通大学硕士学位论文, 2007: 1-46.

[112]　甄建岗. 河北省区域经济差异及协调发展研究. 保定: 河北农业大学硕士学位论文, 2008: 1-61.

[113]　吴良镛. 京津冀地区城乡空间发展规划研究三期报告. 北京: 清华大学出版社, 2013.

[114]　张磊. 河北省环渤海城市体系空间布局研究. 石家庄: 河北师范大学硕士学位论文, 2007: 1-69.

[115]　樊杰. 京津冀都市圈区域综合规划研究. 北京: 科学出版社, 2008.

[116]　杨丽华. 河北省新型城镇化发展研究. 石家庄: 河北师范大学硕士学位论文, 2013: 3-6.

[117]　何伟. 区域城镇空间结构及优化研究. 南京: 南京农业大学硕士学位论文, 2002.

[118]　朱坡. 徐州市城镇空间结构优化研究. 南京: 南京师范大学硕士学位论文, 2014.

[119]　马兰, 张曦. 农业区位论及其现实意义. 云南农业科技, 2003, (3): 3-5.

[120]　魏伟忠, 张旭昆. 区位理论分析传统述评. 浙江社会科学, 2005, (5): 184-192.

[121]　保建云. 企业区位理论的古典基础——韦伯工业区位理论体系述评. 人文杂志, 2002, (4): 57-61.

[122]　张仁军. 用克里斯泰勒中心地理论分析南充市辖3区城镇体系[J]. 四川师范大学学报(自然科学版), 1998, (6): 96-99.

[123] 葛本中. 中心地理论评介及其发展趋势研究. 安徽师范大学学报(自然科学版), 1989, (2): 80-88.

[124] 刘虹. 廖施市场区位论评述. 地域研究与开发, 1988, (3): 59-61.

[125] 陆大道. 2000 年我国工业生产力布局总图的科学基础. 地理科学, 1986, 6 (2): 110-118.

[126] 刘勇. 区域空间结构演化的动力机制及影响路径探讨. 河南师范大学学报 (哲学社会科学版), 2009, 36 (6): 60-64.

[127] 吴向鹏. 市域经济空间结构: 理论、演化与优化. 重庆社会科学, 2006, (6): 18-22.

[128] 张继东. 城镇空间结构理论研究综述. 科技创新导报, 2008, (4): 88.

[129] 张炜, 廖婴露. 推进生态文明建设的理论思考. 经济社会体制比较, 2009, (3): 155-158.

[130] Chorley R, Haggett P. Models in Geography. New York: Oxford University Press, 1967: 17-89.

[131] 魏后凯. 我国宏观区域发展理论评价. 北京: 中国工业经济研究, 1990, (1): 76-80.

[132] 丁成日. 国际卫星城发展战略的评价. 城市发展研究, 2007, 12 (2): 121-126.

[133] Porter M E. The Competitive Advantage: Creating and Sustaining Superior Performance. New York: Free Press, 1985: 123-222.

[134] Illeris S. Producer services: The key sector for future economic development? Entrepreneurship & Regional Development, 1989, 1 (3): 267-274.

[135] Dunning J H. Explaining the international direct investment position of countries: towards a dynamic or developmental approach//Black J, Dunning J H. International Capital Movements. London: Palgrave Macmillan: 84-121.

[136] Lucas R E. On the mechanics of economic development. Journal of Monetary Economics, 1988, 22 (1): 3-42.

[137] 陆铭. 中国区域经济发展: 回顾与展望. 上海: 格致出版社, 2011: 73.

[138] 徐现祥, 王贤彬, 舒元. 地方官员与经济增长——来自中国省长、省委书记交流的证据. 经济研究, 2007, (9): 18-31.

[139] 赫希 W. 城市经济学. 刘世庆, 李泽民, 廖果译. 北京: 中国社会科学出版社, 1990: 68-88.

[140] 佩鲁 F. 新发展观. 张宁, 丰子义译. 北京: 华夏出版社, 1987.

[141] Myrdal G. Economic Theory and Underdeveloped Regions. London: Gerald Duckworth, 1957.

[142] Lasuen J R. Urbanization and development: the temporal interaction between geographical and sectoral clusters. Urban Studies, 1973, 10 (2): 163-188.

[143] riedmann J R P. A general theory of polarized development//Hansen N M. Growth Centers in Regional Economic Development. New York: Free Press, 1972: 82-107.

[144] 郭红莲, 王玉华. 城市规划公众参与系统结构及运行机制. 城市问题, 2007, (10): 71-75.

[145] 张疏峰, 胡雯, 阎星. 转轨时期中国城市区域的一体化发展——基于劳动空间分工及其协调机制的研究. 经济社会体制比较, 2007, (5): 144-146.

[146] 朱富强. 协调机制演进和企业组织的起源. 学术月刊, 2004, (11): 46-54.

[147] 费孝通. 乡土中国 生育制度. 北京: 北京大学出版社, 1998.

[148] 艾大宾. 我国城镇社会空间结构的演变历程及内在动因. 城市问题, 2013, (1): 69-73.

[149] 刘伟, 张辉, 黄泽华. 中国产业结构高度与工业化进程和地区差异的考察. 经济学动态, 2008, (11): 4-8.

[150] 刘艳军, 李诚固, 孙迪. 城市区域空间结构: 系统演化及驱动机制. 城市规划学刊, 2006, (6):

73-78.

[151] 于亚滨. 哈尔滨都市圈空间发展机制与调控研究. 长春：东北师范大学博士学位论文，2006.

[152] 赵常兴. 西部地区城镇化研究. 杨凌：西北农林科技大学博士学位论文，2007.

[153] 赵小明. 长株潭城市群空间结构和形态研究. 长沙：湖南大学硕士学位论文，2004.

[154] 张丽青. 关中城市群空间结构演化与布局研究. 西安：西安理工大学硕士学位论文，2006.

[155] 郑国. 关中地区城市空间发展的动力机制研究. 西安：西北大学硕士学位论文，2002.

[156] 段汉明. 城市学基础. 西安：陕西科学技术出版社，2000.

[157] 王开泳，肖玲. 城市空间结构演变的动力机制分析. 华南师范大学学报（自然科学版），2005，（1）：116-122.

[158] 夏显力. 陕西关中城镇体系协调发展研究. 杨凌：西北农林科技大学博士学位论文，2004.

[159] 鲁锐，张玉忠. 我国应尽快解决"候鸟式"移动问题. 黑龙江社会科学. 2004，（5）：102-105.

[160] 刘生龙，胡鞍钢. 交通基础设施与中国区域经济一体化. 经济研究，2011，（3）：72-81.

[161] 付磊. 全球化和信息化进程中城市经济空间结构的演变特征与趋势. 现代城市研究，2006，（7）：40-45.

[162] 甄峰. 信息时代的区域空间结构. 北京：商务印书馆，2004.

[163] 甄峰，朱传耿，赵勇. 信息时代空间结构影响要素分析. 地理与地理信息科学，2004，（5）：98-103.

[164] 刘晓霞，甄峰，张年国. 信息时代区域空间结构成长机制研究. 西北大学学报（自然科学版），2005，35（5）：645-648.

[165] 刘玉. 信息时代城乡互动与区域空间结构演进研究. 现代城市研究，2003，18（1）：33-36.

[166] 王慧，田萍萍，刘红. 西安城市"新经济"发展的空间特征及其机制. 地理研究，2006，25（3）：539-550.

[167] 王慧. 城市"新经济"发展的空间效应及其启示——以西安市为例. 地理研究，2007，26（3）：577-589.

[168] 唐根年，徐维祥. 中国高技术产业成长的时空演变特征及其空间布局研究. 经济地理，2004，24（5）：604-608.

[169] 李宏民. 提升河北省县域经济竞争力对策研究，经济与管理. 2015，（11）：5-7.

[170] 殷洁，张京祥，罗小龙. 基于制度转型的中国城市空间结构研究初探. 人文地理，2005，20（3）：59-62.

[171] 张京祥，吴缚龙，马润潮. 体制转型与中国城市空间重构. 城市规划，2008，（6）：55-60.

[172] 张京祥，罗震东，何建硕. 体制转型与中国城市空间重构. 南京：东南大学出版社，2007.

[173] 河北省城乡规划设计研究院. 河北省环京津城市群发展规划. 2007：1-6.

[174] 孙久文. 区域经济学. 北京：首都经济贸易大学出版社，2003：138-161.

[175] 河北省城乡规划设计研究院城市规划研究所. 河北省人口发展功能区研究政策框架——人口城镇化政策研究. 2008：26-34，36，38-40.

[176] 河北省城乡规划设计研究院城市规划研究所. 河北省人口发展功能区研究政策框架——人口城镇化政策研究. 2008：42-53.

[177] 河北省城乡规划设计研究院. 河北省沿海地区城镇发展规划研究. 2008：37.

[178] 河北省城乡规划设计研究院. 河北省沿海地区城镇发展规划研究. 2008：44-45.

[179] 河北省城乡规划设计研究院. 京津冀城镇群（河北）规划（2005—2020）. 2005：7，12-13.

[180] 王贤彬，徐现祥. 地方官员更替与经济增长. 经济学（季刊），2009，8（4）：1301-1328.

[181] 宋勃，高波. 房价与地价关系的因果检验：1998—2006. 当代经济科学，2007，29（1）：73-77.

[182] 吴群，李永乐. 财政分权、地方政府竞争与土地财政. 财贸经济，2010，（7）：51-59.

[183] 刘激元，徐晓伟. 欠发达区域承接外资产业条件实证分析. 经济地理，2012，32（7）：81-86.

[184] 罗重谱. 顶层设计的宏观情境及其若干可能性. 改革，2011，（9）：12-17.

[185] 踪家峰，李蕾，郑敏闽. 中国地方政府间标尺竞争——基于空间计量经济学的分析. 经济评论，2009，（4）：5-12.

[186] 徐现祥，王贤彬. 中国区域发展的政治经济学. 世界经济文汇，2011，（3）：26-58.

[187] 张炜，廖婴露. 论产业集群内的中介组织. 求索，2005，（11）：24-25.

[188] 孙咏梅. 我国经济增长中的矛盾与资源的有效配置. 当代经济研究，2011，（11）：37-41.

[189] 王洪光. 收益递增、运输成本与贸易模式. 经济学（季刊），2008，7（4）：1231-1246.

[190] 燕继荣. 社区治理与社会资本投资——中国社区治理创新的理论阐释. 天津社会科学，2010，（3）：59-64.

[191] 吕岩威，孙慧，周好杰. 基于主成分聚类分析的西部地区经济实力评价. 科技管理研究，2009，29（12）：157-160.

[192] 周国华，朱翔，唐承亮. 长株潭城镇等级体系优化研究. 长江流域资源与环境，2001，（3）：193-198.

[193] 牛惠恩，孟庆民，胡其昌，等. 甘肃与毗邻省区域经济联系研究. 经济地理，1998，18（3）：51-56.

[194] 张落成. 城市区域辐射与沿海经济低谷崛起. 规划师，2001，17（1）：34-37.

[195] 李国平，王立明，杨开忠. 深圳与珠江三角洲区域经济联系的测度及分析. 经济地理，2001，21（1）：33-37.

附　　录

河北省城镇实力指标数据

城镇	U_1	U_2	U_3	U_4	U_5	U_6	U_7	U_8	U_9	U_{10}
石家庄市	2 858 798	27 347 365	28 805 725	2 639 516	0.56	25 996	11.76	1.31	36.34	138.49
承德市	495 993	2 799 078	2 703 028	491 301	0.45	20 983	23.46	2.48	73.73	264.16
张家口市	753 039	4 501 774	3 324 505	143 113	0.48	21 651	19.55	2.30	46.46	178.89
秦皇岛市	863 746	7 314 305	4 590 962	886 949	0.65	26 053	18.41	2.09	42.59	173.70
唐山市	1 719 280	31 727 774	23 401 179	2 236 993	0.37	28 891	8.77	1.43	26.59	101.10
廊坊市	549 489	6 564 736	3 137 803	387 081	0.70	29 416	10.77	1.60	29.33	132.35
保定市	1 057 509	6 241 095	4 525 300	829 032	0.38	21 673	36.69	3.50	75.89	236.15
沧州市	512 984	6 412 092	6 557 928	856 028	0.49	24 174	27.67	2.75	113.95	178.82
衡水市	327 781	2 598 919	2 197 199	668 382	0.35	19 614	16.05	1.75	65.51	205.56
邢台市	631 686	2 735 261	2 883 289	271 521	0.54	20 007	32.46	2.56	86.32	287.61
邯郸市	1 257 701	7 937 317	8 289 585	853 574	0.47	22 699	18.74	1.66	75.50	257.15
井陉县	73 286	1 436 280	2 319 397	55 045	0.44	21 661	15.36	0.10	27.15	89.49
正定县	111 914	2 526 705	2 183 105	122 388	0.46	23 120	11.32	0.15	33.15	125.16
行唐县	63 147	1 219 104	1 425 431	32 662	0.28	21 937	13.94	0.04	25.29	76.64
灵寿县	73 461	884 699	973 754	25 126	0.32	21 577	16.66	0.07	30.23	90.38
高邑县	53 383	773 031	651 534	35 312	0.27	19 603	14.53	0.10	17.45	87.10
深泽县	37 302	944 413	675 774	34 883	0.24	20 781	8.95	0.10	29.73	64.10
赞皇县	33 823	962 588	1 239 051	25 173	0.24	19 741	15.26	0.09	21.13	75.33
无极县	77 450	1 684 163	1 142 749	42 921	0.31	21 256	6.10	0.07	15.97	68.09
平山县	69 964	2 122 834	1 827 955	85 070	0.26	22 390	28.01	0.07	27.72	82.22
元氏县	80 115	1 711 000	1 727 209	53 226	0.32	20 367	11.32	0.13	30.78	82.64
赵县	97 058	1 963 067	1 307 830	42 469	0.23	22 325	6.44	0.07	19.14	74.19
辛集市	252 265	3 759 329	1 934 776	115 658	0.25	24 735	7.42	0.08	27.86	81.96
晋州市	92 347	2 546 152	2 262 548	70 321	0.31	24 520	8.31	0.10	16.90	65.80
新乐市	126 408	1 821 923	1 925 789	54 975	0.28	20 545	8.93	0.14	31.89	71.03
承德县	62 970	1 235 724	1 570 935	94 190	0.27	19 555	32.27	0.08	27.32	64.04
兴隆县	75 417	938 038	1 336 152	57 201	0.29	18 531	42.06	0.09	34.02	76.02

城镇	U_1	U_2	U_3	U_4	U_5	U_6	U_7	U_8	U_9	U_{10}
平泉县	132 585	1 481 363	1 612 916	96 236	0.29	19 988	21.56	0.08	18.25	76.75
滦平县	68 858	1 512 204	1 583 577	88 211	0.26	21 044	32.37	0.08	36.32	78.56
隆化县	79 990	1 087 601	1 316 509	48 690	0.26	18 835	29.60	0.06	24.99	72.41
丰宁满族自治县	68 111	916 188	1 546 179	66 151	0.33	16 883	34.30	0.07	31.42	84.39
宽城满族自治县	49 236	2 120 259	1 575 432	90 391	0.27	22 350	28.43	0.11	24.98	96.90
围场满族蒙古族自治县	91 004	949 788	1 025 000	43 237	0.32	17 581	26.94	0.06	22.50	60.98
宣化县	48 979	838 899	1 147 647	34 509	0.33	18 903	19.29	0.07	20.56	76.76
张北县	78 289	858 400	1 024 425	64 385	0.27	19 212	37.56	0.07	23.15	80.85
康保县	46 225	418 840	464 933	17 312	0.27	18 264	56.30	0.03	16.01	67.28
沽源县	29 977	403 713	648 274	26 063	0.27	18 665	29.37	0.07	14.38	67.89
尚义县	46 013	333 015	164 875	13 350	0.27	17 366	26.15	0.04	22.26	67.10
蔚县	78 035	818 210	752 324	51 609	0.50	21 363	19.20	0.05	14.68	73.59
阳原县	79 287	422 993	422 822	25 661	0.42	16 625	20.07	0.06	20.83	91.41
怀安县	80 191	617 845	839 402	32 446	0.47	18 893	29.66	0.08	17.37	65.38
万全县	41 813	634 602	783 556	38 551	0.33	20 796	24.05	0.08	28.55	94.91
怀来县	105 415	1 240 577	1 131 690	116 537	0.58	22 027	40.50	0.08	25.78	97.91
涿鹿县	57 017	891 432	1 104 135	47 318	0.36	21 891	17.64	0.09	21.05	73.10
赤城县	50 521	746 941	849 808	47 367	0.22	20 627	27.27	0.06	13.49	65.72
崇礼县	26 826	362 262	737 885	39 500	0.22	21 750	40.20	0.07	28.10	72.14
青龙满族自治县	86 043	1 085 822	737 668	54 749	0.38	25 134	22.96	0.05	23.76	65.54
昌黎县	152 499	1 944 713	1 155 109	81 383	0.27	23 300	18.66	0.11	37.99	80.22
抚宁县	98 237	1 554 577	825 201	74 838	0.39	25 576	20.89	0.12	27.97	95.86
卢龙县	90 965	1 000 802	764 915	38 665	0.38	23 778	19.02	0.07	19.27	94.85
滦县	94 878	4 131 075	2 757 177	150 002	0.30	29 133	12.75	0.16	34.31	90.67
滦南县	87 317	3 193 220	2 132 322	95 000	0.40	27 574	15.85	0.14	34.71	90.70
乐亭县	87 526	3 062 546	1 390 937	100 117	0.40	26 679	16.99	0.12	24.83	79.12
迁西县	50 069	4 222 778	2 035 970	100 212	0.31	28 890	17.56	0.11	28.15	107.32
玉田县	108 626	3 338 370	2 391 670	93 262	0.35	26 726	16.54	0.12	28.44	63.52
遵化市	107 981	5 706 914	2 583 692	111 051	0.40	28 329	10.37	0.12	38.44	80.06
迁安市	142 287	9 936 761	5 261 108	350 861	0.31	29 861	21.26	0.16	49.80	82.53

续表

城镇	U_1	U_2	U_3	U_4	U_5	U_6	U_7	U_8	U_9	U_{10}
固安县	79 829	1 596 996	1 505 494	254 137	0.53	26 304	11.19	0.11	18.54	68.71
永清县	41 256	884 359	1 129 501	61 973	0.26	25 481	13.11	0.10	14.39	61.21
香河县	91 502	1 360 032	1 552 977	266 010	0.41	31 134	12.90	0.20	41.90	91.87
大城县	59 704	1 034 320	1 273 322	60 626	0.40	27 409	11.14	0.12	25.79	90.88
文安县	54 861	1 275 240	2 324 086	64 341	0.29	27 671	14.90	0.15	17.55	94.00
大厂回族自治县	33 198	781 425	1 059 758	149 849	0.45	30 010	14.53	0.20	37.24	91.97
霸州市	248 164	3 525 495	2 492 097	169 794	0.31	31 565	9.69	0.17	37.92	90.09
三河市	199 233	4 861 994	4 285 536	655 417	0.41	32 398	10.32	0.19	60.34	86.91
满城县	71 241	962 414	710 672	37 016	0.26	22 167	9.36	0.11	33.91	77.89
清苑县	109 960	1 220 028	1 113 692	36 721	0.24	22 436	7.70	0.10	14.06	56.70
涞水县	62 273	526 903	978 186	43 091	0.52	17 224	18.21	0.09	21.95	70.75
阜平县	38 819	327 140	468 629	21 237	0.51	11 647	38.49	0.07	20.19	76.98
徐水县	117 838	1 553 216	1 393 872	88 055	0.30	22 129	11.62	0.13	24.23	59.30
定兴县	121 842	1 044 486	1 113 170	43 569	0.27	22 059	7.01	0.07	12.43	58.95
唐县	47 760	670 797	620 120	24 518	0.30	14 462	8.96	0.08	19.21	66.31
高阳县	75 154	1 068 131	582 657	48 434	0.21	19 919	8.32	0.14	27.94	81.38
容城县	95 968	577 526	544 227	34 318	0.24	19 863	5.66	0.09	25.57	73.81
涞源县	78 805	726 926	701 113	56 327	0.29	17 190	25.36	0.11	31.61	84.04
望都县	62 358	544 828	478 028	18 524	0.26	19 879	11.78	0.12	26.70	77.33
安新县	72 460	625 581	766 946	30 494	0.28	21 020	5.96	0.11	16.61	81.40
易县	111 892	974 391	1 161 171	36 908	0.33	16 976	14.42	0.08	17.07	76.41
曲阳县	158 931	666 475	388 766	31 479	0.44	15 138	10.35	0.09	21.80	68.03
蠡县	101 308	880 273	459 907	32 378	0.27	19 578	7.49	0.11	16.08	67.04
顺平县	50 402	478 662	392 574	21 292	0.25	18 721	15.50	0.09	25.58	66.36
博野县	50 301	426 139	418 629	18 255	0.31	17 553	7.36	0.08	22.51	54.25
雄县	107 402	907 527	714 237	39 878	0.19	23 724	8.39	0.12	16.80	69.04
涿州市	190 751	2 318 958	1 713 862	162 297	0.52	25 678	7.59	0.14	48.30	63.90
定州市	279 970	2 774 236	2 209 046	144 430	0.25	21 081	7.81	0.09	20.29	66.55
安国市	101 519	1 017 281	1 092 006	40 072	0.32	18 820	7.74	0.12	21.91	73.13
高碑店市	223 426	1 297 356	1 111 993	86 382	0.28	22 456	8.05	0.11	25.77	59.48
沧县	67 343	2 218 625	1 738 347	64 999	0.43	24 278	13.36	0.03	12.57	74.36
青县	120 053	1 630 652	1 597 056	51 624	0.34	24 370	11.65	0.10	30.62	80.48

城镇	U_1	U_2	U_3	U_4	U_5	U_6	U_7	U_8	U_9	U_{10}
东光县	77 562	1 357 993	1 122 013	54 502	0.51	24 154	17.21	0.11	29.07	89.67
海兴县	57 260	371 673	445 899	26 843	0.36	18 593	15.45	0.15	22.27	76.50
盐山县	106 302	1 316 221	1 531 281	42 440	0.27	20 689	11.04	0.03	26.41	75.50
肃宁县	73 100	1 360 119	1 623 834	117 460	0.42	24 393	8.05	0.10	24.92	79.71
南皮县	61 081	867 446	1 117 465	38 192	0.41	22 451	11.11	0.07	27.29	79.76
吴桥县	50 923	700 344	874 917	27 291	0.49	22 364	16.88	0.07	27.59	70.54
献县	122 173	1 741 014	1 689 684	55 540	0.35	21 077	11.68	0.07	20.48	79.51
孟村回族自治县	64 145	856 349	925 293	31 503	0.29	22 771	13.45	0.04	16.59	88.39
泊头市	194 491	1 820 142	1 709 739	68 358	0.36	23 088	7.96	0.09	22.76	76.06
任丘市	368 105	6 000 536	1 482 515	245 295	0.32	26 003	10.06	0.18	45.49	83.58
黄骅市	167 851	2 320 478	2 071 260	117 705	0.43	24 690	18.04	0.16	56.90	96.14
河间市	180 799	2 581 477	1 722 061	99 322	0.45	24 302	7.85	0.11	19.08	67.25
枣强县	71 960	824 022	855 151	44 424	0.29	19 730	18.82	0.13	14.74	79.20
武邑县	50 308	594 424	349 872	35 251	0.34	14 252	18.45	0.07	20.93	84.12
武强县	34 670	503 487	303 436	22 922	0.34	15 026	15.56	0.10	17.24	83.52
饶阳县	50 928	497 458	472 192	23 855	0.31	17 009	11.37	0.10	30.36	70.69
安平县	103 320	1 022 005	875 265	54 740	0.37	19 711	11.69	0.15	31.31	78.26
故城县	93 647	903 493	1 205 692	65 833	0.42	17 745	10.55	0.10	26.22	69.69
景县	76 753	1 355 000	1 142 302	59 048	0.31	18 648	14.29	0.08	21.07	73.67
阜城县	46 583	591 422	549 267	24 860	0.26	17 787	18.09	0.06	16.32	74.78
冀州市	74 038	869 256	995 288	60 611	0.37	22 880	17.11	0.13	18.61	104.14
深州市	97 371	1 340 459	886 568	46 567	0.34	17 666	14.01	0.08	20.15	63.29
邢台县	61 429	1 217 505	937 570	56 913	0.22	21 157	27.26	0.07	38.73	78.19
临城县	26 998	612 517	573 093	24 725	0.25	17 528	17.94	0.09	31.28	73.64
内丘县	44 635	655 949	1 018 127	31 859	0.34	19 032	18.07	0.09	30.26	79.93
柏乡县	30 948	301 306	284 394	11 173	0.32	16 774	8.60	0.07	27.36	82.86
隆尧县	92 677	907 339	801 613	36 952	0.30	18 745	10.01	0.07	21.68	73.41
任县	84 938	424 950	483 740	27 403	0.35	17 868	9.10	0.07	18.41	66.36
南和县	56 980	478 522	569 096	26 680	0.35	20 374	9.03	0.16	19.87	56.72
宁晋县	166 640	1 729 749	1 913 769	60 041	0.24	19 564	10.61	0.08	21.82	64.97
巨鹿县	46 024	518 846	629 749	31 398	0.34	17 662	13.61	0.09	20.77	73.28
新河县	16 943	246 324	208 187	10 146	0.30	16 545	13.65	0.06	22.36	90.73

续表

城镇	U_1	U_2	U_3	U_4	U_5	U_6	U_7	U_8	U_9	U_{10}
广宗县	17 817	403 054	488 793	9 976	0.33	17 906	12.03	0.03	23.74	60.35
平乡县	44 706	485 247	627 644	29 387	0.36	17 799	13.29	0.05	21.05	71.02
威县	110 640	657 637	627 152	33 574	0.35	16 592	12.59	0.05	19.14	69.01
清河县	47 717	1 176 192	1 258 701	51 811	0.41	20 923	9.92	0.13	43.16	77.66
临西县	68 578	549 661	648 981	29 001	0.44	18 564	10.61	0.08	18.28	63.47
南宫市	85 881	845 004	991 643	33 141	0.37	17 613	10.34	0.06	19.52	75.79
沙河市	119 600	2 107 883	2 010 201	92 392	0.37	22 040	17.72	0.15	26.52	116.66
邯郸县	121 183	1 465 423	1 827 083	57 046	0.49	24 934	8.98	0.03	28.97	73.61
临漳县	233 460	1 038 244	1 426 549	26 100	0.35	20 937	11.87	0.03	12.59	65.85
成安县	112 139	1 300 016	1 522 031	30 132	0.34	24 743	11.74	0.05	23.92	67.97
大名县	171 468	1 234 548	1 553 172	26 890	0.31	20 089	7.66	0.04	16.64	69.39
涉县	44 864	2 075 065	2 106 271	91 033	0.36	14 343	18.22	0.10	21.43	72.46
磁县	114 130	2 282 678	2 100 542	118 406	0.42	24 992	15.47	0.12	19.83	82.98
肥乡县	116 552	857 072	1 041 814	41 323	0.27	17 943	13.05	0.06	21.01	78.67
永年县	69 750	2 400 096	1 989 857	92 606	0.29	23 357	5.42	0.05	20.82	74.52
邱县	68 725	687 316	659 651	17 066	0.37	12 744	12.43	0.05	21.63	85.33
鸡泽县	122 197	880 505	1 185 923	20 367	0.31	19 238	16.42	0.09	19.07	67.83
广平县	77 327	703 030	832 271	22 938	0.40	15 931	8.20	0.04	23.10	70.23
馆陶县	64 877	899 698	1 176 233	28 578	0.28	18 250	12.52	0.06	33.03	72.55
魏县	256 010	1 246 727	1 720 027	48 108	0.41	20 001	8.36	0.03	17.71	54.13
曲周县	42 817	1 089 707	1 348 165	31 688	0.26	20 372	11.46	0.05	19.10	80.02
武安市	143 323	5 901 931	2 897 855	325 762	0.32	26 861	8.19	0.14	28.08	96.80

注：数据来源于 2015 年河北统计年鉴

后 记

本书从前期立项、资料收集及整理，到创作完成，再到后期的修改、加工、定稿，经历了长时间的艰苦的写作历程，是项目负责人带领课题组成员共同努力、共同成长的过程，写作过程中所经历的酸甜苦辣在最后都化作了欣慰之情。

本书是在京津冀协同发展和中国新型城镇化发展的大背景下，对河北省城镇空间结构进行了一些思考和探索，这些只是我国新型城镇化发展过程中城镇空间结构的发展趋势、发展理念的一个缩影，中国的城镇空间结构发展正处于一个十分关键的十字路口，前有中国经济转型发展的带动，后有京津冀协同发展国家战略的推动，还有中国新型城镇化发展的保驾护航，这些为河北省城镇空间结构优化发展带来了经济、政策、观念上的新机遇。我们也会继续前行，对城镇空间结构优化理论更加全面和深入地进行研究，多出优秀成果，为中国新型城镇化发展做出应有的贡献。

本书为作者承担的河北省社会科学基金项目（HB15YJ103），研究生张小歧和同事黄远、黄亮、杜巍等为本书的资料收集整理及创作付出了辛勤的劳动，河北工程大学河北省重点学科"管理科学与工程"、河北省水生态文明及社会治理研究中心给予本书诸多帮助，在此一并表示感谢！

此外，受资料收集、调研和作者学术水平等方面条件的限制，本书可能存在一些瑕疵和不足，恳请读者给予批评和指正。

作 者

2018 年 11 月